生活因阅读而精彩

生活因阅读而精彩

心态的惊人力量

心境决定意境，角度决定高度

郑建斌●编著

中国华侨出版社

图书在版编目(CIP)数据

心态的惊人力量 / 郑建斌编著.—北京:中国华侨出
版社,2009.7(2013.7 重印)
ISBN 978-7-5113-0008-9-01

Ⅰ.①心… Ⅱ.①郑… Ⅲ.①成功心理学—通俗读物
Ⅳ.①B848.4-49

中国版本图书馆 CIP 数据核字(2009)第 106152 号

心态的惊人力量

编　　著 / 郑建斌
责任编辑 / 文　心
责任校对 / 高晓华
经　　销 / 新华书店
开　　本 / 787×1092 毫米　1/16 开　印张/19　字数/270 千字
印　　刷 / 北京建泰印刷有限公司
版　　次 / 2013 年 7 月第 1 版　2013 年 7 月第 2 次印刷
书　　号 / ISBN 978-7-5113-0008-9
定　　价 / 30.00元

中国华侨出版社　北京市安定路 20 号院 3 号楼　邮编:100029
法律顾问:陈鹰律师事务所
编辑部:(010)64443056　　64443979
发行部:(010)64443051　　传真:(010)64439708
网址:www.oveaschin.com
E-mail:oveaschin@sina.com

前　言

　　"心态决定命运"，这句话已经流传了许多年，但是却没有引起我们每个人足够重视，很多人会以为，这不过是一句诗意的口号而已。

　　事实上却并非如此。

　　心态即心理态度的简称，它主要是指人们的各种修养和能力，也就是人的意识、动机、观念、情感、气质、兴趣等心理状态的总和，是人的心理对各种信息刺激做出反应的趋向。它的力量是隐形的、软性的，然而却是全面、强大的。决定人生成败的因素有很多，出身、能力、教育背景、关系和机遇等等，都是非常重要的因素，然而，心态却是串联在其中的一条主线，任何人的得失成败，都逃不脱心态的指引和支配。

　　成功学大师拿破仑·希尔曾说过："积极的心态是使心灵健康的营养，能吸引财富、成功、快乐和健康；消极的心态却是心灵的疾病和垃圾，不仅排斥财富、成功、快乐和健康，甚至会夺走生活中的一切。"我们所产生的行为、我们对别人的态度、我们所做的决定，都是自己的心态在作主，一个人如果心态好，积极、乐观地面对人生，平和地接受挑战和应付麻烦事，那他就成功了一半。

　　有一个小故事，能更清楚地说明以上的道理：

　　雨后，一只蜘蛛艰难地向墙上已经支离破碎的网爬去，由于墙壁潮湿，它爬到一定的高度，就会掉下来，它一次次地向上爬，一次次地又掉下来……第一个人看到了，他叹了一口气，自言自语："我的一生不正如这只蜘蛛吗？忙忙碌碌而无所得。"于是，他日渐消沉。第二个人看到了，他说："这只蜘蛛真愚蠢，为什么不从旁边干燥的地方绕一下爬上去？我以后可不能像它那样愚蠢。"于是，他变得聪明起来。第三个人看到了，他立刻被蜘蛛屡败屡战的精神感动了。于是，他变得坚强起来。

　　故事的重点，是三个人在观察同一只蜘蛛。如果替换成真实的人生场景，我们可以说，他们拥有相同的时间、地点、环境和遭遇，唯一不同的，是他们的心态。可就是因为心里的想法不同，在相似的场景中，不同的人却有了不同的发现，从一个共同的点开始，走向了通向四面八方的人生之路。

　　在现实中，人与人之间心态的差异也是巨大的。有的人积极热忱，笑口常开；有的人心灰意懒，怨气冲天。心态良好的人，自己身上的潜力完全被激发出来，可以愉快地接受任何艰难的任务，坦然面对任何意想不到的变化，宽容化解任何生活里的纷争，他获得的机会当然就会更多，自然也就会超越他人。而让消极心态左右的人，因为眼睛里看不到希望，许多事情想做又不敢做，于是心态更加灰暗，对自己也厌恶起自己来。很多原本应该得到的东西，却哪一样都抓不住。

　　我们都羡慕好心态的人，或者有人会说"他幸运，他成功，所以他自信，他乐观；我失意，我不幸，所以我才忧心忡忡。"事实却是，他自信，他乐观，所以他幸运，他成功；你心态欠佳，所以你失意，你不幸。有一句话，很冷酷，却也让人警醒：可怜的人，必有其可恨之处。

　　每个人的不幸，并非是命运强加给他的，而是他在自己不良心态的指引下，一次次向着狭隘、阴暗、灰心、仇怨的方面摇摆的结果。不能自强和自救，即使有人想帮助他，也找不到一个理想的切入点。

　　幸福和快乐与其说是一种运气，不如说是一种感觉。每天早晨起来，你可以选择坏心情，也可以选择好心情；当有不好的事情发生时，你可以选择怨天尤人甚至自暴自弃，也可以选择从中学习，把这当成一次成长的机会；当你遇到难以解决的问题时，你可以选择推诿和逃避，也可以以巨大的毅力，让自己沉浸其中，全心全意地寻找解决的办法。这一连串的选择，将决定你命运的基调，决定你最终是成功者还是失意的人。

　　在我们的生活中，我们所向往的更高的收入、更好的人际关系、更多的发展机会，都可以通过改变或者调整自己的心态来解决。而且，一个良好的心态，还可以使我们得意时不张狂，失意时不消沉，在这个喧嚣浮躁的世界上，在内心永远保持一片清凉之地。

目　录

第一章　有一种心态叫激情：成功者的心态与普通大众区别在哪里

拿破仑·希尔说："人与人之间只有很小的差异，但是这种很小的差异却造成了巨大的差异！很小的差异就是所具备的心态是积极的还是消极的，巨大的差异就是成功和失败。"心态决定人的命运，成功人士始终用最积极的思考、最乐观的精神和最丰富的经验支配和控制自己的人生，无惧生活中的困难，始终为自己的理想而努力。而失败者则恰恰相反，他们的思想受过去的种种失败和疑虑所支配，失败也就因他们的这一心态而产生了。

心态的惊人力量

第二章　有一种心态叫明智：学习调试，你可以由内而外地改变自己

当你自身还不够强大的时候，与其抱怨环境、抱怨社会，不如埋起头来练内功，趁自己还年轻，努力去尝试，即使不断地碰壁，最终总有一扇门会为你打开。"知人为智，自知为明"，一个人如果能自强自立，修正缺点，弥补不足，长期坚持下来，自有百炼成钢，成其大器的日子。

第三章　有一种心态叫灵活：换一种角度看事态，换一种方法做事情

世上的万事万物，自有它们本身的节奏和步调，能跟上它们的节拍的人，才会步步顺利，总是受到命运的眷顾；如果一成不变地凭老经验办事，不注意发现新情况新问题，就免不了会吃大亏。俗话说："变则通，通则久。"只要我们学会变通，适当改变自己，转换角度，随时调整自己的方向和步骤，才能找到适应于这个社会的生存之道。

第四章　有一种心态叫自信：相信自己拥有让身边的人大吃一惊的能力

自信是一种生活态度，是成就一切的基石。当你自信能够完成一件事情时，就会调动起你身上一切积极的力量，创造出一种连自己都不敢相信的奇迹来。哪怕你已经陷入人生的谷底，只要信心还在，前途依然是光明的。对自己有信心的人不会怀疑自己的能力，也从不会担心自己的未来。

第五章　有一种心态叫坚韧：心中有章程，自然可以抗击一切重压

谁都不希望遭受打击，更不愿意陷入困境，但它们又常常不期而至：失恋、离婚、竞争失利、遭受失败、工作失误及天灾人祸等，生活中无处不有、无人不遇，以至使人精疲力竭，走投无路。这个时候，正是人和命运较量的关口，我们要相信，顽强的毅力可以征服世界上任何一座高山，凡是经得起考验的人，都会因为他的毅力而获得丰厚的报酬。

第六章　有一种心态叫快乐：乐观可以使我们的表现更为出色

人们常说心态决定命运，养成快乐的心理习惯，我们就成为自己命运的主人，因为快乐的习惯将使我们不受外在条件的支配，在顺境中不得意忘形，在困境中不惊慌失措。一份快乐的心情，不仅仅可以改变自己，同时，更会感染他人，在相互关爱、相互支持的良好氛围中，开始自己每一天的新生活。

第七章　有一种心态叫敬业：表现出最佳的职业水准，首先要有最好的职业态度

你可以把工作看成是为老板工作，为薪水工作，也可以把工作看成是为自己的个人简历工作，为自己的成长工作。不一样的心态，会决定你的行动是敷衍塞责还是兢兢业业、力求达到自己的最佳水平。当然，你也会因为自己不同的工作态度，获得不同的回报，年轻的你尤其要牢记：要从工作中得到金钱、地位、尊严和荣誉，首先要尽自己最大所能为工作付出。

心态的惊人力量

第八章　有一种心态叫宽容:热情大度的人拥有更融洽的人际关系

生活中,好人缘的人总是让人羡慕的,他们走到哪里都有朋友,工作生活中遇到什么困难,也很容易就能找到可以帮助自己的人。但是我们要知道,这一切并非凭空得到,所谓"种瓜得瓜,种豆得豆",今天他们所收获的"人情"的果实,都来源于平日播下的好的种子。你以什么样的态度对待别人,决定他将以什么样的态度对待你。

第九章　有一种心态叫放下：放弃对完美的苛求，才能使我们的生活真正圆满起来

要充分地享受生活的美好，首先要有一种知足常乐的心态。要让自己的一切追求和欲望都符合自然之道，在自己的能力范围之内生活，珍惜现在所拥有的平静与喜悦。在这个基础上，我们才可以放手去追寻自己的幸福，不会因为患得患失而把自己逼进人生的死胡同。

第十章　有一种心态叫淡定：克服焦虑与浮躁，还自己一个清爽的心境

在现代都市里，流行一种叫"浮躁"的情绪病。人的个性完全淹没在世俗的潮流之中，每个人都来去匆匆，看形势，估行情，每天所想的，都是如何把自己推销出去，加薪升职发大财。因为急，因为乱，我们忘记了生活的本来面目，忘记了蓝天白云，忘记了如何投入全身心地去爱。

第一章　有一种心态叫激情：
成功者的心态与
普通大众区别在哪里

拿破仑·希尔说："人与人之间只有很小的差异,但是这种很小的差异却造成了巨大的差异! 很小的差异就是所具备的心态是积极的还是消极的,巨大的差异就是成功和失败。"心态决定人的命运,成功人士始终用最积极的思考、最乐观的精神和最丰富的经验支配和控制自己的人生,无惧生活中的困难,始终为自己的理想而努力。而失败者则恰恰相反,他们的思想受过去的种种失败和疑虑所支配,失败也就因他们的这一心态而产生了。

▶每个人都是一座天生的宝藏

一个人只有具备积极的自我意识，才会知道自己是个什么样的人，并知道怎样才能够成为这样的人，所以他总能最大限度地开发和利用自身的巨大潜能，干出非凡的事业来。

有时候你会有这种感觉，平时觉得自己脑子很慢，可是如果参加脑筋急转弯比赛或者猜灯谜，脑子就会飞速运转起来，连你自己都惊叹不已。其实，万事万物都是如此，你没有发现它的无穷魅力，只不过是因为还没有机会。我们的生活太平淡，就无法看到自己潜在的能力和进步的余地。如果这时候有个紧急任务，或者发生了十万火急的危险情况，你的体力和脑力就会全部被调动起来，全力以赴地完成某一个目标。

其实，每个人都是一座天生的宝藏，但是我们大多数人都很少去开发隐藏在自身中的思想宝藏。罗斯福曾说过："杰出的人不是那些天赋很高的人，而是那些把自己的才能在尽可能的范围内发挥到最高限度的人。"在现实中，如果做什么事情只会做"规定动作"，只满足于和别人做得一样好，而不能突破自我，超越别人，就难以在强手如林的竞争中胜出。

让自己进步的方法很多，"每天做点困难的事"，就是"逼"自己进步的办法之一。

一位音乐系的学生，其指导教授是个极其有名的音乐大师。授课的第一天，教授给自己的新学生一份乐谱。"试试看吧！"他说。乐谱的难度颇高，学生弹得生涩僵滞、错误百出。"还不成熟，回去好好练习！"在下课时，教授如此叮嘱。

学生练习了一个星期，没想到第二周上课时，教授又给他一份难度更高的乐谱，学生再次挣扎于更高难度的技巧挑战。第三周，更难的乐谱又出现了。同样的情形持续着，学生每次课堂上都被一份新的乐谱所困扰，然后把它带回去练习，接着再回到课堂上，重新面临两倍难度的乐谱，却怎么样都追不上进度，一点也没有因为上周练习而有驾轻就熟的感觉，学生感到越来越不安、沮丧和气馁。教授走进练习室。学生再也忍不住了。他必须向钢琴大师提出这三个月来何以不断折磨自己的质疑。教授没开口，他抽出最早的那份乐谱，交给了学生。"弹奏吧！"他以坚定的目光望着学生。

不可思议的事情发生了，连学生自己都惊讶万分，他居然可以将这首曲子弹奏得如此美妙、如此精湛！教授又让他弹奏了第二堂课的乐谱，学生依然呈现出超高水准的表现……演奏结束后，学生怔怔地望着老师，说不出话来。"如果，我任由你表现最擅长的部分，可能你还在练习最早的那份乐谱，就不会有现在这样的水平……"钢琴大师缓缓地说。

人的潜能是十分巨大的，我们能做的比我们想到的要多得多。根据研究，即使世界上记忆力最好的人，其大脑的使用也没有达到其功能的1%，人类的智慧和知识，至今仍是"低度开发"！人的大脑真是个无尽的宝藏，可惜的是，每个人终其一生，都忽略了如何有效地发挥它的潜能——潜意识中激发出来的力量。

人生在世，你只要按照自己的禀赋发展自己，不断地抛开心灵的束缚，你就不会忽略了自己生命中的太阳，而湮没在他人的光辉里。

凯斯特是一名普通的汽车修理工，生活虽然勉强过得去，但离自己的理想还差得很远，他希望能够换一份待遇更好的工作。有一次，他听说底特律一家汽车维修公司在招工，便决定前去试一试。他星期日下午到达底特律，面试的时间是在星期一。

吃过晚饭，他独自坐在旅馆的房间中，想了很多，把自己经历过的事情都在脑海中回忆了一遍。突然间，他感到一种莫名的烦恼：自己并不是一个智商低下的人，为什么至今依然一无所成、毫无出息呢？

　　整个晚上，他都坐在那儿自我检讨。他发现自从懂事以来，自己就是一个极不自信、妄自菲薄、不思进取、得过且过的人；他总是认为自己无法成功，也从不认为能够改变自己的性格缺陷。

　　于是，他痛下决心，自此而后，绝不再有不如别人的想法，绝不再自贬身价，一定要完善自己的情绪和性格，弥补自己在这方面的不足。

　　第二天早晨，他满怀自信地前去面试，顺利地被录用了。在他看来，之所以能得到那份工作，与前一晚的感悟以及重新树立起的这份自信不无关系。

　　在走马上任的两年内，凯斯特逐渐建立起了好名声，人人都认为他是一个乐观、机智、主动、热情的人。现在，凯斯特已是同行业中少数可以做到生意的人之一了。公司进行重组时，分给了凯斯特可观的股份，并且加了薪水。

　　一个人如果总觉得自己低人一等，如果总觉得自己能力不足，总觉得自己无足轻重，那么，尽管他实际上非常有能力，他也是低人一等的。因为思想决定行动，他的思想早已给他的行动埋下了不良的种子。相反的，如果一个人对自己的能力非常有信心，他确实也有这个能力，那么，他就能最大限度地开发自己的潜能，只有这样才能逐渐走向成功。

　　即使那些表面上成就卓著的人，也曾经有灰暗的一面，也有失去信心的时候。但与一般人不同的是，他们没有将自己的怀疑表现在言辞上。要知道，抱怨会使一个人的失意更为清晰，从而引发更多的负面影响，会驱使运气全部都跑掉。所以，当你感觉到信心不足的时候，千万不要说出口，也不要诉诸文字。你应该这么想："你们等着瞧"，"我绝对做成功给你们看！"

　　有意思的是，当你超越自己，做出了一定的成就的时候，心态也自然而然地发生了改变，热情越来越高、信心越来越足时，过去已被远远地甩在脑后。

从来没有"命运安排"这回事

追求成功的人生，就要敞开胸怀接纳上天赋予我们的一切，在困厄和缺陷面前绝不要退缩和消沉，战胜了自己，就是创造了命运。

一位哲人说过这样一句话："自救是摆脱厄运唯一的武器。"是的，当你身遭痛苦与不幸之时，你可以诅咒命运的不公，但绝不可以放弃心中的勇气和希望。只要看重自己，自珍自爱，生命就有意义、有价值。绝不能相信"命运安排"这种说法。大多数人的命运史表明，无论你是从事任何的职业，无论你是在较高层次的平台上演绎人生，还是在一般层次上努力求索，尽管所遇到的困境、逆境及诸种矛盾的状况不一，但有一点是共同的，即必须依靠自己点燃与命运搏斗的激情之火，依靠自我去抓住可行的机遇，挖掘自身的潜能，开拓创造新的命运之路。

很多人之所以不能迈出人生的关键一步，就是因为每当他感到压力的时候，就会一蹶不振，接受"命运安排"，很难把失败的惩罚当成不断前进的新动力。任何要想成功的人，他首先要学会的就是经历苦难。经历苦难是一种痛苦，因为苦难常常会使人走投无路、寸步难行，苦难常常会使人失去生活的乐趣，甚至生存的希望。但有过苦难体验的人，都不会忘记在生活泥潭里奋力挣扎的情景。当你战胜苦难之后，这由苦难带来的痛苦往往也会变为千金难买的人生财富。

台湾十大杰出青年企业家赖东进成名前曾经是一个乞丐，从小到处流浪要饭。在奔波行乞的日子里，他经常抱着弟妹长途行走，动辄就是几十公里；每天用破水桶到水沟往栖身处提水，一折腾就是数十个来回；在夜市或车站躲避抓捕,见到警察就玩命地奔逃;在野地或大宅门前,不时遭遇恶狗疯狂追逐。长期如此的磨难练就了他出奇的爆发力。

一次学校举办运动会,他报了一个竞赛的项目。发令枪一响,他奋力往前冲,只顾专心奔跑,并没有感受到场外的异常。等到快要跑到终点,他突然发现全场一片寂静,还来不及琢磨发生了什么事情,人已冲到了终点。

看台上的师生全都站立起来,响起了暴风雨般的掌声和口哨声。赖东进回头一看才弄明白,原来同组竞赛的同学才跑到一半。他那惊人的速度,让大家看傻了眼。

人的力量都是拼出来的,灾难就是最好的教练。赖东进早年在底层所遭受的艰难困苦,磨砺了他的精神和意志,这种无论在什么条件下都要拼命向前的精神,足以使他后来在商界与政界笑傲人生。一个强有力的人,正是一个能战胜自己的人。要纠正偏见,改变习惯,克服弱点,主宰感情,驾驭性格……总之,就是不要让生活牵着鼻子走,而是做自己命运的主宰。

西方有一则谚语说:"上帝只拯救能够自救的人。"追求成功的人生,就要敞开胸怀接纳上天赋予我们的一切,在缺陷面前绝不要退缩和消沉,战胜了自己,就是创造了命运。

美国最受爱戴的总统罗斯福,八岁时,他的身体虚弱到了极点,呆钝的目光,露着惊讶的神色,牙齿暴露唇外,不时地喘息着。学校里的老师,唤他起来读课文,他便颤巍巍地站起,嘴唇微张,吐音含糊而不连贯,然后颓然坐下,生气全无,真是低能儿童的典型。而世界上像他同类的儿童不知有多少,大都是这样的神经过敏,如果稍受刺激,情绪便受影响,处处恐惧畏缩,不喜交际,顾影自怜,毫无生气。在别人看来,他没有任何可以取得成功的条件。但罗斯福并不如此,他虽有天生的缺憾,同时他也有奋斗的精神,他抱定必胜的信心,克服他天生的缺陷,去为成功创造条件。他积极地锻炼,以达到他的目的,他要和别的健康的孩子一样,活泼地去骑马、划船和做剧烈的运动。他用坚毅的态度,对付他畏怯的天性,用忍耐的精神,克服他先天的不足。处处以快乐和蔼对待人们,他就要先除去怕羞、畏缩和不喜交际的个性。果然,在他入大学之前，他已获得大大的成功，他已是人们乐于接近的一个精神饱满、体力充沛的青年了，他经常在假期中，到亚烈拉去追逐野牛，到洛矶山狩猎巨熊，以及到非洲大陆去袭击狮子，终至他胜任军队的艰苦生活，带领马队，在与西班牙的战争中，功绩显赫。

由于罗斯福没有在缺陷面前消沉，不相信"命运安排"，而是在顽强之中抗争，不因缺陷而气馁，甚至将它变为资本加以利用，在晚年，已经很少有人知道他曾有严重的缺陷。

事实上，所谓靠自己拯救自己，在很大程度上首先所突破的就是自己对自己的不信任。正是那种"命该如此"的灰暗思想，将一个又一个前景非常看好的希望和一个又一个具有远大前途的成功者扼杀在摇篮中。失败的人之所以失败，就是因为他们从来都不相信自己的力量。古人曾说："哀莫大于心死，而身死次之。"没有信心的人是很难成功的，就像没有脊梁骨的人很难站得挺直那样。

人都会有自己的机遇也会有自己的挫折，有自己的顺风也会有自己的厄运。命运由我做主，幸福在于自己去寻求，无论身处逆境或是顺境，时刻以一种乐天知命而不信命的态度超越自己，去做自己命运的主人。

▶自我设限，等于谋杀自己的潜能

我们有时会在头脑中给自己设立极限，以为我们无法超越它。实际上，正是这种预先设立的极限妨碍了我们的潜能的发挥，失去了面对挑战的勇气，最终一事无成。

在生活中，由于自己碰过壁，或者由于别人不断向你灌输某种"你不行"

的理念。本来颇有能力的人,也容易产生"四面八方都通不过"的感觉,最终干脆放弃努力。应该警惕的是:所谓"事实证明我不行",不过是有几次偶尔的挫折和失败,它们并不能代表生活的全部,更不代表你永远失败,你完全可以通过改变外在条件,或提高内在能力,否定"事实证明我不行"。多试几次看一看,说不定你会创造原来意想不到的奇迹。

有位跳高教练发现了一棵好苗子:男孩才 16 岁,身高 1.88 米,双腿修长,弹跳出色。教练如获至宝,对他进行精心的培养,安排了一整套训练计划:从体能到爆发力、从理论课到过杆技术,无不细心指点。

3 个月下来,男孩有了长足进步:已经能越过 1.89 米,成绩足足提高了二十多厘米。教练非常高兴,因为再提高一厘米,自己的弟子就可破市纪录了。可就是这一厘米,却成了无法逾越的障碍。教练想了各种各样的办法,诸如增强弹力、技术更新、补充营养,甚至物质刺激、精神鼓励等,但是两个月下来,男孩的成绩正常状况下只能维持在 1.85 米至 1.89 米之间。这可把教练急坏了。

苦思冥想后,教练终于想出了一个奇招,准备试试。一天,跳过 1.86 米后,教练直接将横杆升至 1.90 米。按照平时的习惯,横杆总是两厘米两厘米地往上升。此时,男孩并不清楚横杆的实际高度。第一次试跳失败时,教练大声呵斥:"怎么连 1.88 米也跳不过去? 男孩第二次居然一跃而过! 教练心中暗喜:原来心理作用有时大于生理和体能本身。他严守着"秘密",直到自己的弟子在这种"特殊培训"下越过 1.92 米时,才将一切告诉他。最终,男孩儿在市田径运动会上,如愿以偿地破了纪录。"

很多事情,不是你能力达不到,而是认识达不到,过低地估计了自己水平。

在我们成长的环境中,也有许多肉眼看不见的链条系住了我们。我们经常将这些铁链当成习惯,视为理所当然。就这样,我们独特的创意被自己抹杀,认为自己无法成功。然后,开始向环境低头,甚至于开始认命、怨天尤人。其实,这一切都是我们心中那条系住自我的铁链在作祟罢了。当我们发现自己被那一条条铁链锁住时,要当机立断,运用我们内在的能力,立即挣开消极习惯的束缚，使自己的潜能得以发挥。

一个人能走多远，是与他内心对自己的期望值分不开的。

解放前，福建某贫穷的乡村里，住了兄弟两人。他们忍受不了穷困的环境，便决定离开家乡，到海外去谋发展。

大哥似乎幸运些，他被奴隶船卖到了富庶的旧金山，弟弟则被卖到比中国更穷困的菲律宾。

40年后，兄弟俩又幸运地聚在一起。现在他们已今非昔比了，做哥哥的，在旧金山开了间中式餐馆和一个杂货铺，子孙满堂，而且下一代也能自食其力了。

弟弟呢？居然成了一位享誉世界的银行家，拥有东南亚相当分量的山林、橡胶园和银行。经过几十年的努力，他们都成功了。但为什么兄弟两人在事业上的成就，却有如此的差别呢？

哥哥说，我们中国人到白人的社会，既然没有什么特别的才干，唯有用一双手煮饭给白人吃，为他们洗衣服。总之，白人不肯做的工作，我们华人统统包办上了，生活是没有问题的，但事业却不敢奢望了。比如我的子孙，书虽然读得不少，也不敢妄想，唯有安安分分地去担当一些技术性工作来谋生。至于要进入上层的白人社会，却很难办到。

看见弟弟这般成功，做哥哥的，不免羡慕弟弟的幸福。弟弟却说，幸运是没有的，但我心中一直有一定要干出个名堂来的信念，我们有力气，也有头脑，总有一天会成功。初来菲律宾的时候，担任些低贱的工作，但发现当地的人比较愚蠢和懒惰，于是便顶下他们放弃的事业，慢慢地不断收购和扩张，生意便逐渐做大了。

事在人为，和运气、环境等外界因素都没有必然的联系。如果一个人只以基本的生活保障为理想，到了这一步时，他以为这已是阶梯的尽头，完全失去了向上的动力。而雄心勃勃，一直想把整个世界掌控在自己手里的人，眼睛总盯着更高的地方，步子也就迈得更快。

在竞争激烈的现代社会，不前进，则意味着被淘汰。如果你天天得过且过，甘愿做一个掉在队伍后面的边缘人，而不能根据自己的强项，去争取做个强者，这就注定无法成其大事。

相信自己的力量，相信自己的前途中存在一切可能，这才能充分调动一个人的主观能动性。特别在一个人年轻的时候，就有可能充分挖掘他的潜力和天赋，还能增进他为人处世的积极性。从而能有一个好的心态和好的习惯去实事求是、踏踏实实地做事情。不会因为偶尔的挫折去怀疑自己的能力。

▶缩手缩脚，永远难成大事

墨守成规，在风险面前缺乏勇气的人，选择的是一种看似安泰其实却充满潜在危机的生存方式。反而是那些一心向前的人，以攻为守，将自己的根扎得无比牢固，足以抵挡世间的风云变幻。

有时候，一些人总是与成功无缘，是因为他们一直循规蹈矩地生活在自己熟悉的环境中，从来没有"出圈儿"的念头。即使面临新的机遇，建立在以往经验和知识基础之上的心理定势，也会产生消极影响，成为他们思维行为的障碍。

人脑是一个制造模式的系统，按照最简单的原则行事，它依赖于早年形成的模式，置模式外的信息而不顾，所以人脑最易趋向习惯。一个人的日常活动，90%已经通过不断地重复某个动作，在潜意识中，转化为程序化的惯性。也就是说，不用思考，便自动运作。这种自动运作的力量，会把人们拘禁于一个谨小慎微的牢笼之中。

世界上有无数的失败者，都是因为他们没有坚强的自信心，因为他们心神不定、犹豫怯懦，因为他们三心二意，缩手缩脚，对事情缺乏果断的决策能力。如果失去了金钱，失去的也只是一点点；失去了工作，你就失去了许多；如果你失去了勇气，那你就什么都失去了。

日本三洋电机的创始人是井植岁男，有一天，他家的园艺师傅对井植说："社长先生，我看您的事业越做越大，而我却像树上的蝉，一生都坐在树干上，太没出息了。您教我一点创业的秘诀吧！"井植点点头说："行！我看你比较适合园艺工作。这样吧，在我工厂旁有两万平方米空地，我们合作种树苗吧！""树苗一棵多少钱能买到呢？""40元。"井植又说："好！以一平方米种两棵计算，扣除走道，两万平方米大约种两万棵，树苗的成本不到100万元。三年后，一棵可卖多少钱呢？""大约3000元。""100万元的树苗成本与肥料费由我支付，以后三年，你负责除草和施肥工作。三年后，我们就可以每棵获利3000元，共两万棵，应为6000万元！到时候我们每人一半利润。"听到这里，园艺师傅却拒绝说："哇！我可不敢做那么大的生意！"最后，他还是在井植家中栽种树苗，按月领取工资，白白失去了致富的良机。

在很多时候，一个人在成功路上的最大障碍恰恰就是自己。因而，我们应该努力学会清除前进路上的荆棘。贪图安逸、犹豫不决等都是阻止自己前进脚步的障碍；怯懦、怀疑和恐惧则是自己最大的敌人。所以，你要时时警惕自己身上的弱点，拥有了征服自己的勇气，就会征服一切困难。

在一些不思进取的小人物中间，流行过所谓的"三不主义"路线：即不积极、不缺席、不迟到的生活方式。表面看起来，这是最太平、最安全的处事方法。这样的处世路线，在变化速度还不算太快的时代，可使一个人平安度过他的一生，但随着社会竞争日趋激烈，变化速度日趋加快，新的生活方式必将取代旧的生活方式。

两颗相同的种子一起被抛到了地里。

一颗这样想：我得把根扎进泥土，努力地往上长，要走过春夏秋冬，要看到更多美丽的风景……

于是，它努力地向上生长。几年后，变成一棵枝繁叶茂的大树。

另一颗却这样想：我若是向上长，可能碰到坚硬的岩石；我若是向下扎根,可能会伤着自己脆弱的神经;我若长出幼芽,可能会被蜗牛吃掉;若开花结果,可能被小孩连根拔起。还是躺在这里舒服、安全。

于是,它瑟缩在土里。一天,一只觅食的公鸡过来,三啄两啄,便将它啄到肚子里。

在慨叹两颗种子迥然不同的命运时,我们惊讶地发现这样简单的道理:越是想安于现状,越不能安于现状,因为各种偶然的因素使你的周围充满风险,相反,坚定地树起奋发向上的信念,敢于冒险,敢于承受岁月的风风雨雨,就一定会拥有令人羡慕的成就。

据社会学专家们预测,未来的社会将变成一个复杂的、充满不确定性的高风险社会,我们要想发展,必须树立不怕失败的信念,果断地作出决定,投身新的环境,去发挥全部才能。这种不怕失败,准备在万分紧迫的情况下发挥全部才能的态度,反而有可能防止更大的失败,并大大提高自己的才干。

看过摔跤运动,你就会有这样一个印象:尽管比赛双方抱缠摔打,场面激烈,但绝少有人遭受到意外的致命伤,这是因为在平时练习中,经历了时常遭受轻伤的锻炼。同样,平时倾注全力在社会上打拼的人,不但不会遭受意外的致命打击,反而能从微小的失败中得到许多教训,养成刚毅大胆的气质。

"勇敢"是一个想获得成功的人必不可少的品质。蒙哥马利在他的回忆录中这样说:"要取得成就有很多必要条件,其中两条非常重要,那就是苦干和正直。现在得再加上一条:勇气。"很多时候,成功的门都是虚掩着的,勇敢地去叩开成功之门,并大胆地走进去,才能探寻出个究竟来。

▶起点太低，不是成功的障碍

普通人和成功者的距离，首先是心态的距离。不要因为自己现在一无所有、默默无闻，就否定了自己创造美好生活的潜力。没有人是注定要受苦的，处于苦难中时，不沮丧、不屈服，一定要想方设法让自己爬出来，站起来。

很多成功者，他们都出身贫寒或学历较低，但白手起家创大业，赢得了令人羡慕的财富和名誉。他们创业时不是一帆风顺的，甚至还大起大落，几经沉浮，但最后他们成功了。逆境不会长久，强者必然胜利。

普通人和成功者的距离，首先是心态的距离。事实上，在绝大多数情况下，我们对目标望而却步，并非目标真的"不可能"实现，而是自认为无法实现。自认为一切都"不可能"，久而久之，"不可能"成了心理上的一道浓重的阴影。而成功者却是一些善于利用梦想的人，不管现在的生活境遇多么困苦，他们都不会轻易屈服。

克莱恩是古希腊的一个奴隶。在他生活的那个时代，奴隶只是人们的一种劳动工具。法律规定，除了自由民之外，像他这样的劳动工具是不准从事和追求艺术的，否则就要被宣判死刑。然而作为奴隶的克莱恩却没有被这不公正的法律吓倒，他以狂热的心态追求着艺术和神圣的美，并决心要让自己的雕塑作品在某一天得到伟大的雕塑大师伯利克里的肯定。于是在关爱他的姐姐的帮助下，他把自己的工作放在了屋子里的地下室进行。姐姐为他准备了两盏油灯和足够的食物。

地窖里阴暗，潮湿，缺乏氧气，但是为了自己心中的艺术，克莱恩什么样

13

的困难都能克服。

　　时隔不久，所有的希腊人都被邀请到雅典参观一个艺术品的展览。这次展览在当地的大市场上举行，由伯利克里亲自主持。在他的旁边，站着其他许许多多的知名人士。

　　所有伟大的艺术巨匠的作品都被陈列于此，在琳琅满目、美不胜收的艺术珍品中，克莱恩的作品显得尤为出类拔萃、卓尔不群，它们是那么地精美绝伦，仿佛就是阿波罗本人凿刻出来的。这堆作品成了人们瞩目的中心，所有人都在其摄人心魄的艺术美之前心荡神移、赞叹不已，就连那些参与竞争的艺术家也一个个心悦诚服地甘拜下风。

　　因为环境、际遇的不同，不是每个年轻人都可以一帆风顺地成长为栋梁之材的。我们所要做的，只是不在命运中随波逐流。为了摆脱困境，我们应该有这样的认识：没有人是注定要受苦的。处于苦难中时，我不沮丧，不屈服，一定要想方设法让自己爬出来，站起来。而成功者的经历也告诉我们，只要不言放弃，随时都有进取的机会。

　　日本最有名的推销员原一平，在刚走上推销岗位的头七个月，没有拉到一分钱保险，当然也拿不到一分钱薪水。只好上班不坐电车，中午不吃饭，每晚睡在公园的长凳上。但他依旧精神抖擞。每天清晨5点左右起来后，就从这个"家"徒步去上班。一路走得很有精神，有时还吹吹口哨，还热情地和人打打招呼。有一位很体面的绅士，经常看见他这副模样，很受感染，便与他寒暄："我看你笑嘻嘻的，全身充满干劲，日子一定过得很痛快啦！"并邀请他吃早餐，他说："谢谢您！我已经用过了。"绅士便问他在哪里高就，当得知他是在保险公司当推销员时，绅士便说："那我就投你的保险好了！"听了这句话，原一平猛觉"喜从天降"。原来这位先生是一家大酒楼的老板，他不仅自己投保，还帮助原一平介绍业务。从此，原一平彻底"转运"了。

　　到了1939年，他的销售业绩荣膺全日本之首，并从1948起，连续15年保持全日本销量第一的好成绩。1968年，他成为了美国百万圆桌会议的终身会员。

　　最足以损害我们的能力，破坏我们前途的，无过于以不幸的环境为理由，而不想去挣脱它。因为自己不能像成功人士一样地生活，不能享受成功人士所得的幸福，所以处于困境中的人往往心灰意冷、不想奋斗。人们的生活是好还是坏，全因人的思维方式而定，这是一条不变的法则。

　　你认为成功的可能性大，则大；你认为成功的可能性小，则小。艰辛的生活不是哪个人永远的重负，我们应该只把它当成一种过程，时刻都准备着从艰难之中穿越过去，享受战胜了自己的喜悦。

　　在 19 世纪，一些德国移民来到了美国。他们资金微薄，也没有什么技能，不得已只好四处沿街叫卖，依靠小本经营谋生。当时来北美的移民平均每人身上带了 15 美元，而他们却只有 9 美元。一个观察家描绘德国移民当年的状况说："一个装备齐全的叫卖小贩，需要 10 美元的总投资：5 美元办一个执照，1 美元买个篮子，剩下的用来买货。"可以想象他们当年的困窘之状。

　　然而在不过两三年的时间里，许多德国移民的家庭就从难民变成了富有的中产阶级。到了后来，这里面竟然产生了后来富甲一方、声名远扬的戈德曼、古根海默、莱曼、洛布、萨克斯和库恩等巨富。他们是依靠自己"推小车起家"或者"靠脚板起家"的，这些成为了德国移民的自豪和骄傲。

　　和世界上的任何事物一样，对现实的认识也可以是两面性的。普通人也许没有资金，没有学历，也没有家族的强大力量可以依靠，这一切，都是对他们个人发展的限制。可是如果从积极的方面看，他们没有身份的包袱，不受社会上各种条条框框的束缚，反而可以放开手脚，一往无前地走向成功的大道。

心态的惊人力量

心态的惊人力量

你的发展取决于你的野心

我们应该换一种眼光来看待人类的欲望，从积极的方面说，野心和欲望是推动一个人前进的最有效的动力。如果一个人没有什么追求了，他的成就也就到此为止。

对于目标与成功的关系，古人早就说过:"取法上者得乎中,取法中者得乎下,取法下者得乎无"。

那些志向远大、敢于想像的人，所取得的成就必定是远远超出起点。一个理想高、目标大的人，即使做起来没有实现最终的理想和目标，但其实际达到的目标，都要比理想低、目标小的人最终达到的目标还要大。

所以，我们应该换一种眼光来看待人类的欲望，从积极的方面说，野心和欲望是推动一个人前进的最有效的动力。一个人没有房子住的时候想房子住，有房子住了，还想更大的房子住，有了更大更好的时候，还想有别墅住。在不断的追求中，推动着社会向前。如果一个人没有什么追求了，社会也会因此停止前进了。

一些成功人士毫不掩饰地承认:野心是永恒的特效药，是所有奇迹的萌发点。

美国的大富豪福勒出生在美国路易斯安娜州一个贫困的黑人家庭，他们家以租种富人的土地为生，他在五岁时就跟着父亲下田劳动。福勒的大多数伙伴都是佃农的孩子，他们都是很早就参加劳动了。这些家庭按部就班地一天天过下去，已经习惯了这种状态，他们并不要求改善自己的生活。

小福勒有一点与其他的孩子们不同:他有一位不平常的母亲，他的母亲不肯接受这种仅够糊口的生活。她时常对自己的儿子说："福勒，我们不应该贫穷。我不愿意听到你说：我们的贫穷是上帝的意愿。我们的贫穷不是由于上帝的缘故，而是因为你的父亲从来就没有产生过出人头地的想法。"

"没有人产生过致富的愿望"，这个观念在福勒的心灵深处刻下了深深的烙印，以至改变了他整个的一生。正是靠这种"一定要出人头地"的欲望的激励，福勒从卖肥皂开始，一步步建立起自己的商业王国。

别人看你是无足轻重的小人物，这还不算什么，因为他们只是拿最普遍的外在标准衡量你，而这一切都是可改变的；如果你自己先对环境失望，然后再对未来失望，最终就会逐渐向命运缴械投降了。在不知不觉中，连你的思维也开始僵化，变成一个彻头彻尾的失败者。

上帝想改变一个乞丐的命运，就化做一个有钱人来点化他。

他问乞丐："我如果给你1000元，你如何用？"

乞丐说："那太好了，我就可以买个手机了。"

上帝不解，问他为什么，他回答说："我可以用它和这个城市的各个地区联系，哪里人多，我就去哪里乞讨啊！"

上帝很失望，又问："假如我给你10万呢？"

乞丐说："那我可以买部车了，这样以后就可以开车出去乞讨了，很快的！"

上帝感到很悲哀，再问道："假如我给你100万呢？"

乞丐听了眼睛都放光了，说："那太好了，我可以把这个城市最豪华的地段买下来。"

上帝听了很高兴，这时乞丐又说："到那时我把我领地的乞丐全撵走，不让他们抢我的饭碗。"

上帝听完，长叹一声，黯然离去。

世界上的每个人，都应该给自己定个位。定什么位，将决定自己一生成就的大小，志在千里的人决不会自甘平庸，吃饱穿暖就满足了的人，永远也成不了巨富。我们必须在物质生活变得富裕之前，让思想先富起来，而信念，是成功人生第一法则。

"吉利"集团的创始人李书福曾说:"20 岁出头我开始创业,那时谁也不认识我,最支持我的人就是我的哥哥、弟弟了。我在海南给家里打电话,告诉哥哥我要生产摩托车,经过认真考虑他决定支持我。尽管从没做过这一行,但我们成功了,短短一年左右,我们就生产出了全中国第一辆踏板式摩托车。后来我决定投身汽车业,其他人都当成一个玩笑。我自己就领着两个人到浙江临海去准备生产汽车了。那时候临海是一片荒地,没有电、没有路、没有桥,只有蚊子。我们建了发电厂,造了桥,修了路,光填平 800 亩地就动用了五六百辆汽车。这时依然没有人相信我们能生产汽车,我就暗自告诉自己,造出一辆车来给他们看看,我的汽车生产史也就慢慢开始了⋯⋯"

如果没有李书福披荆斩棘,一定要在荒无人烟处走出一条路来的信念,就没有今天"吉利"的辉煌。对于意志无比坚定的人来说,外界的嘲讽和阻碍都不能使他们动摇,一定要成功的信念始终贯穿于他们的行动之中。

在西方,最为流行的神话之一就是:"我们可以得到我们心中所期盼的一切。如果你相信自己能行,你也可以成为百万富翁、开办一家公司或成为首相。"对你起激发作用并决定你个人价值的就是你的内在力量,首先你要自信自己是个有用的人,只要你相信自己终有一天会成功,就会精力充沛、豪情万丈,活得有滋有味。但是,如果你不能正确认识自我,你取得成功的机会就会减少。在你感到不适应或注意力不集中的时候,你的判断就会动摇,你可能会分不清积极的风险与消极的风险,可能会缺少解决问题的决断力。即使你在技术上胜任某一角色,但如果你感到自己无能力、无信心,你也发挥不出最佳状态。

爱默生曾经说过:"哲学家论人之伟大在于寡欲,但是,一间茅舍、一把炒豆,真的能教人对自己满意吗?"我们应该勇于追求更好的职业、更好的待遇、更高品质的生活。知足常乐的心态,只能是一个人在困境中的一种自我调整,养好了精神气力之后,依然要沿着欲望的指引去打拼,让自己的生活发生质的改变。

▶依赖是对个人能力的最大束缚

没有什么比依靠他人的习惯更能破坏独立自主的能力。有依赖心理的人，不能独立地完成任何事，更无从谈起来操纵和把握自己的命运，他的命运只能被别人操纵。

有依赖心理的人遇事首先追随别人，求助别人，人云亦云，没有主见，没有信心，不敢相信自己，不断自行决断。这些人在家中依赖父母、爱人，在学校依赖老师、同学，在单位依赖同事，不敢自己创造，即使有这个能力，也不敢表现自己，害怕独立，他的人格不成熟，不健全，仍然停留在童稚阶段。

有依赖心理的人，不能独立地完成任何事，更无从谈起来操纵和把握自己的命运，他的命运只能被别人操纵，只有在他具有利用价值时，人家才会利用他；一旦他的利用价值没有了，那么他只有被抛弃的命运。

人生的路需要自己走，求人不如求己，总想着依靠他人帮助的人，是无法完成任何伟大的事业的。潜能激励专家魏特利曾说过这样的话："没有人会总带你去钓鱼，要学会自立自主。"

许小姐去年刚刚大学毕业，相对于办公室里那些年近半百的大妈级同事来说，她的到来立刻让昔日里死气沉沉的办公室变得活跃热闹起来，特别是那些年轻的男同事有事没事都爱跟许小姐开开玩笑，争着帮她买买午餐、打打水什么的，甚至是帮她完成工作。可以说，许小姐每天在办公室既安逸又舒适，时间长了，她对一切都产生了一种强烈的依赖心理，这也为她以后的工作埋下了极大的隐患。

一次，她随办公室主任到上海参加一个会议，临场前 40 分钟主任突然交给她一份资料,必须在会议开始前制成一张表格。这时,让许小姐汗颜的事情发生了,以前制表格时,自己从来都是依赖办公室那些"护花使者",现在到了非得自己上战场的时候,却手忙脚乱不知所措。很简单的一张表格,许小姐用电脑摆弄了一个多小时还没有搞定,结果使自己陷入了狼狈的境地,而主任对她的能力也开始怀疑起来。

"坐在舒适软垫上的人容易睡去。"依靠他人,觉得总是会有人为我们做任何事,所以不必努力,这种想法对发挥自主自立和奋斗进取精神是致命的障碍!

总是依赖他人,最容易削弱自己潜在的才能。每个人都有许多事要做,他只可能最大限度地帮助我们,别人只可能帮一时却帮不了一世。所以,靠人不如靠自己,最能依靠的人只能是你自己。

坐在健身房里让别人替我们练习,我们是无法增强自己肌肉的力量的。没有什么比依靠他人的习惯更能破坏独立自主的能力。如果你依靠他人,你将永远坚强不起来,也不会拥有创造力。

李嘉诚是华人首富,对于这个名字,人们都不会陌生。李嘉诚童年过着艰苦的生活,在他 14 岁那年(1940 年),正逢中国战乱,他随父母逃往香港,投靠家境富裕的舅父庄静庵,但不幸的是不久父亲因病去世。为了帮助李嘉诚一家,舅父决定让他进入自己的公司上班,可是李嘉诚认为这样自己就会失去锻炼的机会,于是他谢绝了舅父的好意。

身为长子的李嘉诚,为了养家糊口,同时又不想依赖别人,决定靠自己的能力找工作,他先在一家钟表公司打工,之后又到一塑胶厂当推销员。由于勤奋上进,业绩显赫,只两年时间便被老板赏识,升为总经理,那时,他只有 18 岁。

成大事者的身上具有许多优良品质——勇敢、忠诚、创新、进取,当然独立也是这些品格中不可缺少的品质之一。

具备了独立自主精神的人,无论在什么情况下都会处乱不惊。当机会到来时,他是不会把它轻易放走的。他们做起事情来,会很有分寸,因为他们是那种对事情、对自己都知之甚清的人,他们是那些正在向自强自立的成功人生迈进的斗士。

世界上或许会有不需付出就可获得的好事,但你觉得自己有那么好的运气得到这样的机会吗?我们无法掌握运气,更不能把自己的一生交到运气手里,天下没有免费的午餐,要品尝成功的美味就得自己去做。只有凭借自己的能力,利用自己的双手,积极努力地做事,才能做出可口的午餐。很多人都有一种投机取巧的心理,他们觉得全力以赴地去做一项工作是笨人所为,他们总是企图走捷径、耍小聪明,结果把事情弄得一塌糊涂。想彻底摆脱这种状态,真正走上一个良性的循环,就必须彻底抛弃这种想法,真正发挥自己的能力,利用自己的双手去奋斗。

小蜗牛问妈妈:"为什么我们从生下来,就要背负这个又硬又重的壳呢?"

妈妈:"因为我们的身体没有骨骼的支撑,只能爬,又爬不快,所以要这个壳的保护!"

小蜗牛:"毛虫妹妹没有骨头,也爬不快,为什么她却不用背这个又硬又重的壳呢?"

妈妈:"因为毛虫妹妹能变成蝴蝶,天空会保护她啊?"

小蜗牛:"可是蚯蚓弟弟也没骨头爬不快,也不会变成蝴蝶,他为什么不背这个又硬又重的壳呢?"

妈妈:"因为蚯蚓弟弟会钻土,大地会保护他啊?"

小蜗牛哭了起来:"我们好可怜,天空不保护,大地也不保护。"

蜗牛妈妈安慰他:"所以我们有壳啊!"

你自立的壳子也许过于沉重,但这恰恰是你力量的体现。靠自己的能力谋生,才是真正的本事。我们不靠天,也不靠地,我们靠自己。

心态的惊人力量

▶从决定去做的那一刻，成功就存在

成功者敢想敢做，敢做敢当，可是失败者即便是想到了，也不敢付诸实践，空浪费一腔热情。理想与行动是一对孪生兄弟，既有理想，又有行动，成功才会有保证。

我们正处于一个"快鱼吃慢鱼"的信息时代，不前进，就是后退，只有积极的行动，才能使我们在激烈的竞争中获得一个更为有利的位置。网易的丁磊说："人生是个积累的过程，你总会摔倒，但即使跌倒了，你也要懂得抓一把沙子在手里。"

衡量一个人成功与否，与金钱无关，与年龄无关，关键在于你是否能够抱有理想，你是否勇于进取。

我们都知道在前进中会有许多未知的危险，却不知停滞不前的危险更大，若不想被生活的激流吞没，向前走才是安全的。强者的本色，应该是在进攻中站稳脚跟。

二战中，巴顿创造的战绩是巨大的，也是惊人的。正如驻欧洲盟军总司令艾森豪威尔将军在战后所说："在巴顿面前，没有不可克服的困难和不可逾越的障碍，他简直就像古代神话中的大力神，从不会被战争的重负压倒。在二战的历次战役中，没有任何一位高级将领有过像巴顿那样神奇的经历和惊人的战绩。"

在作战方面，巴顿堪称世界现代战争史上最杰出的军事家之一，其主要特点是勇敢无畏的进攻精神。巴顿特别强调装甲部队的大范围机动性，尽一切努力使部队推进、推进、再推进。巴顿在战斗中的一句口头禅是："要迅速地、无情地、勇猛地、无休止地进攻！"有时，他下令："我们要进攻、进攻，直到精疲力竭，然后我们还要再进攻。"有时，他对部下说："一直打到坦克开不动，然后再爬出来步行……"正是这种勇敢无畏的进攻精神，使得巴顿率领的部队在战场上所向无敌，无往而不胜。

人生有如战场，唯有拼搏才会胜利。喜欢拼搏的人，总是积极向上；害怕奋斗的人，在气势上已先输了一筹。生活中，有许多年轻人之所以懒洋洋地提不起精神，不是因为缺乏向上的实力，而是因为主观认识上的不足。

要想最大限度地发挥自己的能力，我们应该把自己放在能够焕发斗志的环境中。只有这样，才可以让我们渐渐走上发展事业的道路。另外，这样的环境也可以迫使我们慢慢克服自己身上的惰性，而不断地在压力中面对挑战，挖掘自身的潜力，从而开创出辉煌的业绩。

大陆私营企业领军人物，新希望集团总裁刘永好，曾是四川省机械厅干部学校讲师。1982 年，他与几位兄弟相继辞去公职，卖掉自己的自行车、手表等一切值钱的东西，凑足 1000 元人民币，到川西农村创业，办起良种场。

万事开头难，刘氏兄弟的第一笔生意差点就让良种场夭折。当时，资阳县一个专业户向他们预订了十万只良种鸡。种种原因，对方后来只要了两万只，剩下的 8 万只鸡怎么办？打听到成都有市场后，他们连夜动手编竹筐，此后四兄弟每日凌晨 4 点就开始动身，先蹬三个小时自行车，赶到 20 公里以外的集市，再用土喇叭扯起嗓子叫卖。等几千只鸡卖完，拖着疲惫的身子蹬车回家时，早已是月朗星疏了。这样，十几天下来，四兄弟个个掉了十几斤肉，但所幸的是八万只鸡苗总算全脱手了。

回顾这段经历，刘永好说，为了创业我投下了一切赌注，如果干不下去，我的公职、财产将一无所有，所以再苦再难，也要往前走。无论再艰辛，压力再大的事儿，只要横下心来去做了，这一关就总能挺过来。

这就是干大事的人的气魄，有退路的人可以随时回避艰险，所以很难保证他前进的决心有多大，而自己把一切撤退的后路都封死，就等于封死了自己瞻前顾后的可能性。美国的企业家协会信条中有这样一句话：

心态的惊人力量

我是不会选择去做一个普通人的，如果能够做到的话，我有权成为一位不寻常的人，我寻找机会，但我不寻找安稳。

不管在世界的哪一个角落，那些曾经赤手空拳而成功创业的人，血液里都有一种共同的"不安分因子"。切断退路，四处出击，这与中国人传统的"知足常乐"的行为准则不合，一些从来没有品尝过成功的甘甜的小人物，是因为他们既渴望成功，又害怕失败，偏爱坐而论道，缺乏果敢的行动。

山穷水尽的背水一战，常常是成功的必修课程，尽管他们清楚这种决断之后的道路会十分艰险，但是没有这一步，人生就是一潭死水，淹没的是一个人的挑战性和创造性。

随波逐流固然轻松愉快，但长此以往就要被生活的波涛吞没。有的人也知道放纵自己不好，但他想："先放纵自由一段时间，待以后再抓紧也不迟。"然而，要回过头来再抓紧自己，那是很难的，需要付出十倍、百倍的代价，因为你已经习惯了顺流而下。而那些义无反顾地投入到生活中去了的人，即使暂时还没有品尝到成功的果实，也已经磨砺了自己的精神和体魄，增强了与命运抗争的能力。一个人在年轻时的选择，对自己一生的成就至关重要，给自己选了逆流险滩的年轻人，中年后才有享受人生的资格。

▶热诚主动的精神，可以使你突破平庸

那些能干又肯干的人，都是心态积极的人。如果你喜欢成功，一定要调动起自己最大的热情去争取。你的心态是你唯一能完全掌握的东西，你的心态越积极，对你需要的东西付出的热情越多，得到你想要的东西的可能性就越大。

我们远观成功才获得成功的过程，总觉得他们占尽了天时、地利、人和，

运气来时，挡都挡不住。但是不知你是否这样想过：成功为什么总是亲近他而不亲近你呢？你是否也拥有他们不停地寻找成功、接近成功的热情和主动？

是因为积极的和消极的心态的差异，最终造成了成功与失败的两极分化。当一个人浑身的积极与热情被调动起来的时候，便会形成一种不可抗拒的力量，足以克服一切的贫穷和生活中的不如意。

汉斯从哈佛大学毕业后，进入一家企业做财务工作，尽管赚钱很多，但汉斯很少有成就感，他不喜欢枯燥、单调、乏味的财务工作，他真正的兴趣在于投资，做投资基金的经理人。

在一次旅途的飞机上，汉斯与邻座的一位先生攀谈起来，由于邻座的先生手中正拿着一本有关投资基金方面的书，双方很自然地就转入了有关投资的话题。汉斯特别开心，总算可以痛快地与人谈论自己感兴趣的投资的话题了，因此就把自己的想法以及现在的职业与理想都告诉了这位先生。这位先生静静地听着，时间过得飞快，飞机很快到达了目的地。临分手的时候，这位先生给了汉斯一张名片，并告诉汉斯，他欢迎汉斯随时给他打电话。

回到家里，汉斯整理物品的时候，发现了那张名片，仔细一看，汉斯大吃一惊，飞机上邻座的先生居然是著名的投资基金管理人！自己居然与著名的投资基金管理人谈了两个小时的话，并留下了良好的印象。汉斯毫不犹豫，马上给他打电话。一年之后，汉斯成为一名小有成就的投资基金的新秀。

汉斯成功的例子看似偶然，其实却有着它的必然性。汉斯由于钟爱投资管理，因此与陌生人进行十分专业的谈话，并且谈了两个小时，可见汉斯具有良好的基础。如果汉斯不是特别着迷，也不会与陌生人交谈如此专业的话题，最多谈一谈天气，或者篮球，然后睡一小时觉。这样就不可能获得这个偶然的机会了。

在众多的成功者中，有一个共同的特点，那就是他们总是保持积极的心态去面对人生道路上的风风雨雨。是创造力、进取精神和鼓舞、激励人心的力量在支撑和构造着所有的成就。一个强健、充满活力的人总是创造条件，使心中的愿望实现。鉴于没有什么事情会自动推动自己发展，因此他总是主动地推动事情的发生和发展。

在人的一生中,积极的心态是一种有效的心理工具,是你能够看透自己的必备素质。如果你认为自己能够发挥潜能,那么积极的心态便会使你产生直觉,从而使你如愿以偿。

比克与邦德是非常要好的朋友。几年前,两人看到本地的人们开始摆脱过去那种自给自足的生活方式,穿鞋戴帽都趋向了商品化。于是,两人决定每人办一家服装厂。比克说干就干,立即行动起来。没用多长时间,就将产品推向了市场。

而邦德却多了个心眼,他想先看看比克的服装厂效益怎么样,因此没有行动。

比克的服装厂开办不久,确实遇到了很大困难:市场打不开,产品滞销,资金周转不灵,工资不能按时发放,工人的积极性下降……见此情况,邦德心中暗自庆幸自己没有盲目行动,否则也会陷入困境。

但是顽强的比克没有在困难面前倒下,他面对困难一一想出解决办法。一年后,他的服装厂终于渡过难关,利润滚滚而来。

看到比克的腰包一天天鼓起来,邦德后悔莫及。于是,他也开办了一家服装厂,但已为时过晚。由于早办了一年,比克赢得了众多客户和广阔市场,而邦德的客户寥寥无几。几年之后,比克的营销网络遍及美国各地,拥有数亿元资产。邦德的服装厂却只能为朋友的鞋厂进行加工,资产更是少得可怜。

成功人士和平庸之辈,是两种截然不同的人。只要仔细研究这两种人的行为,就可以找到积极主动的人都是不断做事的人,他们凡事现在就去做,直到成功为止。消极被动的人,都是懒惰散漫的人,他们会找借口偷懒,直到最后他证明这件事不应该做、没有能力去做,或已经来不及了,然后放弃。

直到今天还没有建立起自己事业基础的人,可以从细节着手,当你的生活每出现一次小小的改观时,给你带来的满足和喜悦,将会激发你取得更大成就的热情。这是一种滚雪球效应,更多的成就产生更多的喜悦,更多的喜悦产生更多的热情,更多的热情又产生更多的成就。有史以来,热情驱使着世界上诸多杰出的人士在各自的领域达到人类成就的高峰，而主动与热情也会为你做同样的事。

▶没有机会的时候要学会制造机会

成功不是一张现成的馅饼，端上来就可以吃。一个成功者，首先就在于，他从不苛求条件，而是竭力创造条件。调动一切可以利用的力量，把不可能经营成可能，这最能考验一个人的功夫。

亚历山大在打了一个胜仗之后，有人问他："假使有机会，你想不想把第二个城邑攻下？""什么？"他怒吼起来，"机会？我要制造机会！"是的，世界上最需要的，正是那些能够制造机遇的人。

大多数中国人都相信"生死由命，富贵在天"，其实，我们完全可以设计自己的命运。成功是需要很多条件的，比如，健全的体魄、聪明的头脑、雄厚的资金和广泛的社会关系等，但这些条件并不是每个人都能具备的。一个成功者，首先就在于，他从不苛求条件，而是竭力创造条件。

杰克13岁的时候，特别想拥有一辆自行车，可是当时他的爸爸正失业在家，家里的经济也很拮据，他不能再任性地向爸爸索取了。于是小杰克决定利用暑假出去打一份零工，这样就可以赚到一笔数目不小的财富，如果情况好的话，没准他可以完全靠自己的能力去买一辆自行车呢。

他的运气特别好，因为假期刚一开始就有公司贴出了招工广告，这家公司需要送外卖的兼职人员，当时公司正在现场面试，所有参加面试者都要填一张申请表，然后再排队等待面试。

杰克拿了登记表，然后细心地填好，他站在队伍的末端耐心随着队伍一

心态的惊人力量

27

点点向前移动。很长时间过去了，可是杰克面前还站着好多人。工作职位是有限的，待遇又这么丰厚，杰克真的很想得到这份工作啊，可是前面的人这么多，万一招聘的人选够数儿了怎么办呢？

杰克心急如焚，最后，他想出了一个好办法。他找到白纸，写了一张小纸条，然后央求秘书递给面试官。

面试官很好奇：一个小男孩会告诉自己什么？打开一看，原来上面写着"上午好，先生！我不知道多久才能轮到我面试，不过在您看到我之前，请不要作决定。"

面试官很欣赏小男孩的勇气和睿智，于是很快做出了决定，杰克如愿以偿得到了这份工作，当然，他的自行车也不再是遥远的梦想了！

一个优秀的人不会只等待机会的到来，而是会寻找并创造机会，然后把握机会，最终获得成功。

走向成功的人，绝不是一个逍遥自在、没有任何压力的观光客，而是一个积极投入、持之以恒的参与者。善于制造机遇，并张开双臂迎来机会的人，最有希望与成功为伍。

在成功的金苹果将要砸到脚背上的时候，只要不是太蠢钝的人，都会伸手去接。这并不困难，调动一切可以利用的力量，把不可能经营成可能，这最能考验一个人的功夫。

罗蒂克·安妮塔是英国著名的女企业家，她是美容小店连锁集团董事长、家庭主妇创办公司的成功典范。

安妮塔出生于意大利，毕业于面向贫民子女的牛顿学院，与丈夫戈登结婚后，日子过得并不宽裕。

安妮塔决定自己创业。结婚前，安妮塔曾到南太平洋旅行，对土著居民使用的以绿色植物为原料的化妆品产生了浓厚的兴趣，她采集了不少天然化妆品配方。她认为天然化妆品一定会比市场流行的化学化妆品更受消费者欢迎，当前的困难在于4000英镑的投入，唯一的办法只有向银行贷款。

安妮塔带着两个女儿来到小汉普顿的一家银行，向经理诉说她的困境，说她急需开一间小店养家糊口，希望银行出于人道主义考虑，向她提供资金支持。经理认为银行不是慈善机构，拒绝了安妮塔的贷款要求。

但是，坚强的安妮塔没有绝望，她在时刻不停地想办法。安妮塔研究了一番，一周后她穿上特制的西服，俨然一副商界女士的打扮再次来到银行。她还准备了一大摞文件，包括可行性报告和房产凭据等。文件中把她筹划的小店吹捧成世界上最好的投资项目，把自己美化成具有丰富经验的化妆品专业的商界奇才。这次她改变了策略，用商业银行的游戏规则——越有钱的人越容易借贷，来与银行周旋。

那位银行经理因为一周前根本就没把安妮塔放在眼里，所以没认真注意她。这次改头换面再来时，竟没认出她来。安妮塔的资历通过了银行的审查，很顺利地贷到了 4000 英镑，这笔钱成为她非常重要的启动资金。

1976 年 3 月 27 日，安妮塔的美容小店正式开张。由于此前《观察家报》报道了她开店的情况，结果该店一炮打响，顾客盈门，第一天的收入就达到 130 英镑。

此后，安妮塔不断开设分店，走上了连锁经营的道路，她的小店变成了网络遍布全球的大企业，许多当初抱有像她一样愿望的家庭主妇，加盟她的连锁集团后成为百万富婆。

许多人处于贫困之中的时候，往往会抱怨命运没有给自己一个展示能力的平台，以至于有劲儿使不上，要致富也不知从何处下手。却不知你要上天，必须自己搬梯子；要入地，必须自己掘土。所谓机遇，你对它倾心，它才会对你钟情，给你报答。它绝不轻易光顾你的门庭，不愿意投入的人，也绝然得不到它的偏爱与回报。机遇最喜爱善于进攻、有挑战性格的人，并乐意为其"效劳"。

第二章 有一种心态叫明智：学习调试，你可以由内而外地改变自己

当你自身还不够强大的时候，与其抱怨环境、抱怨社会，不如埋起头来练内功，趁自己还年轻，努力去尝试，即使不断地碰壁，最终总有一扇门会为你打开。"知人为智，自知为明"，一个人如果能自强自立，修正缺点，弥补不足，长期坚持下来，自有百炼成钢，成其大器的日子。

心态的惊人力量

▶ 读懂自己,正确对待自己的优点和缺点

读懂自己,就是要客观地评价自己,认清自己的优势和劣势。通过对自我的深刻认识,会了解自己真正的价值所在,从而把自己的价值发挥到极致。

自从每个人懂事时起,就会问自己这样的问题:我是谁? 我从哪里来? 我往哪里去? 这是人生最复杂的问题,也是哲学史上的三大难题,又是人生必须面对的问题。现实中的很多问题在一定程度上都决定于你能不能对自己有正确的认识。所以从现在开始你就该好好认识你自己了。

世上最困难的事情就是认识自己,要想全面而深刻的认清自己,就要完全地接纳自己,既要接受自己的优点,也要接受自己的缺点。

专家研究显示,人的智商、天赋都是均衡的,或许你在某一方面有优势,但不一定在别的方面能够赢过人家。有优势的同时就会存在劣势。知道自己的长处,找到自己的发展方向,走一条适合自己的路,这对于你的成功,有着事半功倍的效果;相反,如果你在一个你不擅长的方面辛苦拼搏,成效可能不会很大,甚至无功而返。

二十多年前,当梅艳芳崭露头角时,以一张稚嫩纯真的脸,一头飘逸的秀发,以及她低沉的嗓音和自己所特有的舞台风格,一举夺得香港新秀的桂冠。那时候,有人说她是徐小凤第二,也有人嫌她不太漂亮。但是在 20 世纪八九十年代,梅艳芳红遍了香港乃至东南亚,并成为人们眼中的"天皇巨星",人们尊称她为影后和圈内的"大姐大"。随后,她起初的个人身世以及后来的成名在香港演艺界被称为一代传奇。

可以说,梅艳芳长得并不是十分出众,但她自童年起就以舞台卖艺为生

的经历，让她自有一番与生俱来的独特气质，并且她十分清楚怎么样把自己的优点突显出来。因此，她在舞台上姿态万千，艳压群芳，得到了"百变女王"的称号。

人生的诀窍就是经营自己的长处，这是因为经营自己的长处能给你的人生增值，经营自己的短处会使你的人生贬值。正如富兰克林所说："宝贝放错了地方便是废物。"把自己想做什么、能做什么，社会需要做什么，综合加以分析，找出最佳结合点，正确作出职业选择，你就迈出了人生事业发展的第一步。

每个人都有自己的长项和短项，如果抱着自己的短项不放，那就荒废了自己的长项。人生的成功，很大程度上取决于自己的长项与短项上的抉择。在成功心理学看来，判断一个人是不是成功，最主要的是看他是否最大限度发挥了自己的优势。专家通过研究发现，人类有四百多种优势，这些优势本身的数量并不重要，最重要的是你应该知道自己的优势是什么、劣势是什么，之后要做的就是敢于放弃劣势，将你的生活、工作和事业发展都建立在你的优势上，这样你才会成功。

德塞纳维尔是别人眼里一无是处的庸才，但他总觉自己有点与众不同的地方。有一天，他脑子里飘起一段曲调，他便将它大致哼出来，并用录音机录了下来，请人写成乐谱，名为《阿德丽娜叙事曲》。阿德丽娜是他的大女儿。曲子谱好后，他就在罗曼维尔市找了一个游艺场的钢琴演奏员为之录音。这个演奏员毫无名气，穷酸得很，德塞纳维尔给他取了个艺名，叫理查德·克莱德曼……这一弹奏在音乐界引起了轰动，唱片在全世界一下子卖了2600万张，德塞纳维尔轻而易举地发了财。他说："我不会玩任何乐器，也不识乐谱，更不懂和声，不过我喜欢瞎哼哼，哼出些简单的大众爱听的调儿。"德塞纳维尔只作曲，不写歌，他的曲子已有数百首，并且流行全球。20年来，德塞纳维尔靠收取巨额版税而腰缠万贯。

一个人做自己擅长的事，是获取成功的一件法宝。每个人在年轻的时候都会立大志，但不是每个人都能出人头地。培养一技之长，一步一步去累积自己的个人资源，才是成大事的必由之路。许多成就卓越的人士，他们的成功首先得益于他们充分了解自己的长处，根据自己的特长来进行定位或重新定位，最终找准了真正属于自己的行业。

成功人士都是这样，保持特质，最后他们得到了一片蓝天。人的兴趣、才能、素质是不同的，如果你不了解这一点，没有能把自己的所长利用起来，你所从事的行业需要的素质和才能正是你所缺乏的，那么你将会自我埋没；反之，如果你有自知之明，善于设计自己，从事你最擅长的工作，你就会获得成功。每个行业都有它存在的价值，只要你选准位置，做出成绩，就会受人尊敬，或成为某一领域的专家。劣势可以变优势，只要努力去选择，就会有收获。

每个人的脚下都有一条路

成就一番事业的途径有很多，就一个人本身的基础论，当然是起点高了容易发展，权势、地位、雄厚的资金乃至学历技术都可以是成功的垫脚石。从头脑性格等方面说，则是乐观、勤奋、独立思考、有信用、有人缘的人容易成功。

如果你拥有上述的特点，即使只拥有一部分，你可以说已经拥有了成功的基础。只要肯努力，成功就在不远处。另一方面，如果我们一穷二白，没有可以自豪的长处，那么又该如何打造自己的人生呢？

条条大道通罗马，只要一心向前，命运之神是不会忘记眷顾任何一个人的。

英国人霍布代尔是一所中学的一位勤勤恳恳的清洁工，已经在那所学校工作多年。一次偶然的机会，学校新来的校长发现霍布代尔是个文盲，这位校长不能容忍自己的学校中有一个文盲，于是，将他解雇了。霍布代尔痛苦万分，因为，对于他这样一个文盲，到哪儿去工作都很困难。痛苦中的霍布代尔并没有自暴自弃，他开始思考这样一个问题：我真的一无是处了吗？突然，他高兴起来了，原来他想到了他的手艺——做腊肠。霍布代尔做的腊肠曾深受学校师生的欢迎，基于此，霍布代尔产生了做腊肠生意的念头。他做得很好，几年后，在英国有人不知道莎士比亚，不知道劳斯莱斯，但没有人不知道霍布代尔的腊肠。

在我们身边，有许多人因为出生在贫困、闭塞的环境里，往往没有多少受教育的机会，成年后，他们面对外面的世界，难免有一丝丝的自卑。眼前别的创业者提着笔记本电脑，一出口还夹杂着几个英语单词，于是一些教育背景差的人开始气馁：我靠什么与人竞争呢？

是的，比学历、比专业你可能要逊色一些，但是换一种想法是：我们为什么一定要拿自己的弱项比别人的强项？他学历高，你头脑活；他敏锐，你勤勉；他看得远，你做得细。在每个城市都有一批来自边远地区没有受过多少正规教育的小老板，他们的成功，就是以弱胜强的样本。

成功的路有很多条，别人能走得通的，不一定也适合你；反之亦然，如果说你并不具备人们所要求的种种条件，却不可判定你不能另辟蹊径，走出一条自己的路来。

甲骨文公司的创建者埃里森没有显赫的身世，甚至说出身卑微。1944年，他母亲19岁时生下他，又遗弃了他，全靠姨妈把他抚养成人。在埃里森的记忆里，只与母亲见过一面，知道她是犹太人，而父亲的身份至今还是一个谜。不知是否和身世有关，埃里森的坏脾气臭名远扬，"骄傲、专横、爱打嘴仗"成了埃里森的代名词。

"读了三个大学，没得到一个学位文凭"，换了十几家公司，还是一事无成，直到32岁，埃里森才凭1200美元起家，创造出"甲骨文奇迹"。

埃里森是推销高手，他不只直接推销产品，更聪明的是为产品的市场环境造势。他到处宣传关于数据库的概念，称其可以加快数据处理效率，容纳和管理更多的数据。与此同时，每次埃里森推介演讲时，题目经常是"关于数据库技术的缺陷"，然后紧跟着就介绍甲骨文是如何解决这些问题的，当场演示，让人们印象深刻。可以说，埃里森成功靠的不仅是技术，更多的是市场推销。

埃里森懂得抢先占领市场的重要性：研制产品并将其卖出去是最主要的事情，其余的事情都不重要。他公司的发展策略是：拼命向前冲，拼命兜售ORACLE 的产品，扩大其市场占有率。

他培养了一批"狼性"十足的销售人员。这些人员的贪婪和竞争本能得到了最大程度的调动，继而转化为不可思议的战斗力，最终转化为不可思议的业绩。ORACLE 的销售部门不是一个"懦夫呆的地方"，它是一个竞技场。疯狂追逐胜利的"疯子"在 ORACLE 会成为吃香的人，发挥平常的人则不受待见，甚至被迫卷铺盖走人。

一般来说，那些世界级的大富豪们，总有些宽容、沉稳、谦逊、大度的性格特点，这里面埃里森是一个另类。按说这么一个目中无人、我行我素的家伙，是很难与成功、富有等词联系起来的，但是埃里森恰恰就这么取得了让人望尘莫及的成就。我们可以这么说，在成功的道路上，没有绝对的好性格和坏性格。比如执著和固执、琐碎和细心、胆识和莽撞等等，其实也只一线之隔，你没有做事的雄心，就是一个坏脾气的凡人；你将自己性格中好的一面引导出来，用在事业上，就是一个特立独行的创业者。

我们每个人都有自己的优势与劣势，有自己强大或弱小的一面。我们当前最要紧的事就是认清自己，在已有的基础上决定未来的发展方向。

如果拥有主动性和创造力，你就可以克服令人难以置信的巨大障碍。但是，如果你不能正确认识自我，你取得成功的机会就会减少。在你感到不适应或注意力不集中的时候，你的判断就会动摇。即使你本身能胜任某一角色，但如果你感到自己无能力、无责任心，你也发挥不出最佳状态。

如果想做得更好，一定要在看清外部世界的同时也看清自己的内心，不高估自己，也不妄自菲薄，成功没有一定之规，谁都会有机会。

▶以真诚面对生活，保持自己的本色

一个人只有接纳自己，善待自己，才能获得内心
的平静和快乐；只有喜欢自己，按照自己的本色生
活，才能更好地给予他人，才会让别人喜欢自己。

一个人要想活得健康、成熟，"喜欢自己"是必要的条件之一。只有懂得爱
自己、喜欢自己的人，才会让别人喜欢。

但有时我们为了权力而勾心斗角，为了地位而委曲求全、为了财富而不
择手段，而这一切会让我们失去了健康、幸福和快乐，没有了内心的平静。所
有的这些愿望让我们磨光一个人的棱角，失去了做人的本色。

生活在这个世界上的每一个人，都有自己的处世风格，而只有真实才是
保持做人本色的本真体现，做人就应该讲究真实。坚持着自己想要的，始终本
着自己的原则，一如既往地挺起脊梁做人，在某种意义上来说，这是更大的成
功。但有些时候、某些情况下，许多事情不是我们所必须做的；然而，有些事却
是我们必须做的，哪怕是一生只做一次，哪怕因此而付出巨大的代价，我们都
必须不顾一切地勇往直前。

一位护士刚从学校毕业，在一家医院做实习生，实习期为一个月，在这一
个月内，如果能让院方满意，她就可以正式获得这份工作；否则，就得离开。

一天，交通部门送来一位因遭遇车祸而生命垂危的人，实习护士被安排
做外科手术专家——该院院长亨利教授的助手。复杂艰苦的手术从清晨进行
到黄昏，眼看患者的伤口即将缝合，这位实习护士突然严肃地盯着院长说：
"亨利教授，我们用了 12 块纱布，可是你只取出了 11 块"。

"我已经全部取出来了，一切顺利，立即缝合。"院长头也不抬，不屑一顾

地回答。"不,不行!"这位实习护士高声抗议道:"我记得清清楚楚,手术中我们用了 12 块纱布。"院长没有理睬她,命令道:"听我的,准备缝合。"这位实习护士毫不示弱,她几乎大声叫起来:"你是医生,你不能这样做。"

直到这时,院长冷漠的脸上才露出欣慰的笑容。他举起左手里握的第 12 块纱布,向所有的人宣布:"她是我最合格的助手。"

这位实习护士理所当然地获得了这份工作。

真实是保持做人的本色,真实是一个人一生中不可或缺的品格,真实就是坚持自己的原则,不丧失自我,不为眼前的利益卑躬屈膝,从而在生活中把握自己的方向。

随着我们自己变得越来越真实,我们就能看到表面之下的灵魂,不再担心年龄、外表和日渐稀疏的头发,这个时候,我们看到了精神的美,那是由亲密而生的温暖所滋养的。

有一个饭店老板的女儿叫凯丝·珊妲尔,她想成为歌唱家,可是她的脸蛋儿长得并不好看:她的嘴巴很大,牙齿向外突。每一次公开演唱的时候,她总是想把上嘴唇拉下来盖住她的牙齿。她极力想表现得很美,结果,她使自己大出洋相。

在夜总会里有位听过珊妲尔唱歌的客人,认为她很有天分。他对珊妲尔直率地说:"我跟你说,我一直在看你的表演,我知道你想掩盖的是什么,你觉得自己的牙齿长得很难看,对不对?"珊妲尔非常羞窘,可是那个客人继续说道:"难道说一个人因为长了龅牙就罪大恶极了吗?不要执意去遮掩,张开你的嘴巴,如果观众觉得你不在乎的话,他们就会喜欢你的。再说,那些你想遮起来的牙齿,说不定还会给你带来好运呢。"

凯丝·珊妲尔受到了极大的鼓励,她接受了这位客人真实的忠告,不再去注意她的牙齿。从那时候开始,她只想着她的观众,她张大了嘴巴,热情而愉快地歌唱,终于,歌声使她成了电影界和广播界的一流歌星。并且,现在的喜剧演员还以学她的样子为荣。

真实是一种力量,更是保持做人的本色。失去本色的人生是灰色的、无光泽的人生。一个人最为看重的幸福和成功只能从自己生命的本色里去获得。富翁看重金子,而本分的庄稼人却看重脚下那片拴紧他们灵魂的土地,因为他们深信"泥土里面有黄金"。

当我们与自己内心和谐一致的时候,我们觉得自己是真实的。真实就像循环的能量一样帮助我们充满活力。保持做人的本色,就是不要丢掉自己真实的一面,用你真实的一面去体察,你就能够透过肤浅的表象,看到一个人的实质。

成功掌握在自己的手中,一个人对自我的态度,既可以作为武器,摧毁自己,也能作为利器,开创一片无限快乐与平和的新天地。要知道,你在这个世界上是个唯一这样的人,应该为这一点而庆幸,应该尽量利用大自然所赋予你的一切。你只能唱你自己的歌,你只能画你自己的画,你只能做一个由你的经验、你的环境和你的家庭所造就的你。不论好与坏,你都得自己创造一个自己的花园;不论是好是坏,你都得在生命的交响乐中,演奏你自己的小乐器。

▶放松自己才能启动自动成功机制

一个人若是整天处在不良的情绪之中,生命便消磨得很快,情绪可以使一个人获得成功,也可以毁灭一个人的一生。所以,要培养好心情,用乐观的心态去对待生活,认清坏心情的背后一定有不少垃圾思想和消极情绪,要把它扫地出门。

你曾经为高兴而开怀,为悲伤而伤心,这就是情绪。情绪是一种心理状态。我们经历各种各样的事情,它们给我们带来许多感受:有时人们精神焕发,有时人们委靡不振;有时人们冷静,有时人们冲动;有时人们理智地去思考，有时人们失去控制地暴跳如雷；有时人们觉得生活充满了甜蜜和幸福，有时人们又感觉生活是那么无味而沉闷、抑郁和痛苦。情绪存在于每个人心中，而且在不同时期、不同场合产生着奇妙的效果。

俗话说"一碗饭填不饱肚子，一口气能把人撑死"。世界上没有一个人会因情绪而获得好处，也没有人因情绪而改变自己的境遇。而情绪时时刻刻都伴随着我们，我们虽然无法做到心如止水，没有丝毫情绪的波澜，但我们却应学会理性地控制自己的情绪，要时常在心里提醒自己"这些小事还烦不倒我，我没必要为这些事而生气"，提醒自己不要被琐事所烦、避免去想不如意的小事，控制好自己的情绪。

如果把大量的时间和精力都耗费在无谓的烦闷上，总跟自己的坏情绪较劲，并任由坏情绪控制自己的行动，就不可能发挥自己的固有能力，只能落得一个让人悔之不及的结果。

在非洲草原上，牧民们常常会获得免费的野马肉，而让他们坐享渔人之利的却是一种不起眼的动物。

这种动物叫吸血蝙蝠，它身体极小，靠吸食动物的血生存，故得名。这一毫不起眼的动物，恰是野马的天敌。它在攻击野马时，常附在马腿上，用锋利的牙齿极敏捷地刺破野马的腿，然后用尖尖的嘴吸血。

野马在受到这种外来的攻击后，立即开始蹦跳、狂奔，但这种蝙蝠却可以从容地吸附在野马身上，或是落在野马头上，让野马无法摆脱。待其吸饱喝足，才满意地飞去。而野马却常常在暴怒、狂奔、流血中无可奈何地死去。

动物学家对这种现象感到极为诧异，他们一致认为吸血蝙蝠所吸的血量是微不足道的，远不会将野马置于死地，那么，是什么导致了野马的死亡呢？事实上，野马之死这一悲剧发生的真正原因是其暴怒的习性和狂奔。对野马来说，蝙蝠吸血只不过是其成长过程中的一种外因，而就是这一外因激发了野马暴怒的习性，最终导致野马丧命。

要想把握自己，你必须控制你的思想，你必须对思想中产生的各种情绪保持着警觉性，并且视其对心态的影响是好是坏或接受或拒绝。乐观会增强你的信心和弹性，而仇恨会使你失去宽容和正义感。如果你无法控制自己的情绪，你的一生将会因为不时的情绪冲动而受害。

缺乏自我控制能力的人想必已经明白，你是生活在社会中，为了更好地适应社会、取得成功，你有必要控制自己的情绪，把握自己的情感，理智地处理各种事情，做到不感情用事是至关重要的。但是，控制并不等于压抑，积极的情感可以激励你上进，加强你与他人之间的交流与合作。如果你把自己的许多能量消耗在抑制自己的情感上，不仅容易患病，而且没有足够的能量对外界做出强有力的反应。因此，一个成功的聪明人，就应该学会调控自己情绪。

王女士习惯每天愁眉苦脸，小小的事情似乎就引起不安、紧张。孩子的成绩不好，会令她一整天忧心忡忡，先生几句无心的话会让她黯然神伤。她说："几乎每一件事情，都会在我的心中盘踞很久，造成坏心情，影响生活和工作。"

有一天，她有个重要的会议，但是沮丧却挥之不去，看看镜子里自己的脸庞，竟然无精打采。她打了电话问朋友："我该怎么做？我的心情沮丧，我的面容憔悴，没有精神，怎么参加重要的会议？"朋友告诉她："把令你沮丧的事放下，洗把脸，把无精打采的愁容洗掉，修饰一下仪容以增强自信，想着自己就是得意快乐的人。注意！装成高兴、充满自信的样子，你的心情会好起来。很快地你就会谈笑风生，笑容可掬。"她照着去做，当天晚上在电话中告诉朋友说："我成功地参加这个会议，争取到新的计划和工作。我没想到强装信心，信心真的会来；装着好心情，坏心情自然消失。"

驱除烦恼最好的方法，就是常常保持一种乐观的心态，要把不如意看成是暂时的、特定的、外在的因素；而不要处处只想到生活与工作的不幸。因此，人要懂得改变情绪，才能改变思想和行为，思想改变情绪会跟着改变。

而快乐的心态会使人从不良的情绪中得到松弛。快乐是从实现有意义的目的中得到的，快乐体验呈现有信心和有意义的意识状态，伴随着满意感和满足感。快乐使人对外界产生亲切感，更易于接受和接近外界，更易于与人处在和谐关系中。快乐体验还具有一种超越的自由感，使人处于轻快、活跃、主动和摆脱束缚的状态，使人享受生活乐趣。在烦恼的时候，我们只要用希望来代替失望，用勇敢来代替沮丧，用乐观来代替悲观，用宁静来代替烦恼，用愉快来代替烦闷就够了，那样的话，烦恼在我们的心灵中就无处生存。

变得强大的第一步是先承认你不强大

要想获得成功，要敢于承认自己的不足。虚心向他人学习，取长补短，不断提高自己在各方面的能力以适应社会的发展趋势，让自己立于不败之地。

不论你从事何种职业，担任什么职务，只有谦虚谨慎，才能保持不断进取的精神，才能增长更多的知识和才干。因为谦虚谨慎的品格能够帮助你看到自己的差距，永不自满，不断前进；可以使你冷静地倾听他人的意见和批评，谨慎从事。否则，骄傲自大，满足现状，停步不前，主观武断，轻者使工作受到损失，重者会使事业半途而废。

闻一多说："我们不怕承认自身的'弱'，愈知道自身弱在哪里，愈好在各人自己的岗位上来尽力加强它。"虚怀若谷的人，不会被头上各色各样的光环所蒙蔽。他清楚自己的长处与弱点，失败与成就。他能虚心接受不同的意见，更能以宽广的胸怀接受他人的批评，甚至为批评自己的人鼓掌。

富兰克林年轻时是个才华横溢的人，但同时也很骄傲轻狂。有一天，富兰克林去拜访一位老前辈，当他昂首阔步进门的时候，头被门框狠狠地撞了一下，奇痛无比。出门迎接的前辈看着他这副样子，笑笑说："很痛吧！可是，这将是你今天来访问我的最大收获。一个人要想平安无事地活在世上，就必须时时刻刻记住低头，这也是我要教你的事情。"

富兰克林猛然醒悟，也发觉自己许多社交失败和悲剧命运的真正原因。

从此,"时时刻刻不忘低头"成为富兰克林一生的生活准则之一,他改掉了骄傲的毛病,决心做一个谦逊的人。正是因为具有这一美德,他得到了人们的广泛支持,在事业上取得了巨大成功,成为美国开国元勋之一。

越是有成就的人,态度越谦虚。谦虚就是虚心,不自满,肯接受别人的批评。谦虚的人,能对自己有个客观的评价,实事求是,不贬低自己,也不抬高自己;从不隐瞒自己的缺点和弱点,总是知之为知之,不知为不知;既能坚持正确的观点,又能虚心向别人请教。

谦虚是人的一种修养。凡谦虚之人从不盛气凌人,不以长者自居,不以能人骄人,不以贵人下人,因而人格高雅、尊贵,别人会感到可亲。一般来说,越是见多识广,越是素养高超者,就越是谦虚;而越是无知的小人,就越是不知天高地厚,就越是狂妄。

一代儒家大师孔子,从小家境贫困,只能通过自修来学习。孔子从小就很喜欢读书,为了将来能为国家出力,他认真地学习礼、乐、射、御、书、数六艺。孔子学习刻苦而又虚心,有不懂的事情就向别人请教。他学习礼,要到很远的洛邑(今洛阳),请教大学问家老子。他在齐国听到古代音乐的演奏,就专心学习,竟然达到"三月不知肉味"的程度。孔子问过有名的学者,也问过普通的农夫;问过白发苍苍的老人,也问过梳着小辫的孩童。他愿意向不如自己的人请教,能够"不耻下问"。他的"三人行,必有我师焉"这句佳话一直鼓励着无数虚心学习的人。

一次,孔子进入鲁国的太庙。太庙是古代帝王祭祀祖先的地方,里面陈列着许多文物古器,还常举行祭祀活动,在这里,可以了解历史和有关典章制度。孔子进太庙后,就下功夫认真地进行考察,对每一件不明白的事,都向别人请教。从庙里陈列的件件文物古器到举行仪式时伴奏的音乐,样样都要找人问个究竟。活动结束后,他还拉住别人的衣袖,继续问一些自己不明白的问题。他的做法,有人很不明白,说道:"谁说这个年轻人懂得礼仪呢?他跑进太庙,什么事都要问。"孔子听了之后说:"不懂就问,这就是礼啊!"这就是古书上记载的"子入太庙每事问"的故事。

"谦虚使人进步，骄傲使人落后"，这是从古到今不变的真理。要想取得成功，不但要有不断地学习新知识的渴望，还必须有敢于承认不足的勇气，之后正确地评估自己的目标和能力，取人之长，补己之短。敢于承认不如人，是一种期待成长的勇气，也是某种程度上的自信。只有敢于承认不如人，才能最后胜于人。只有不断地学习，"不耻下问"，才能使我们不断地进步，学习到更多的知识。

鲁迅先生也曾说过一句名言："我哪里有什么天才，我只是将别人喝咖啡的时间都用在了写作上。"谦虚谨慎的品格，还能使一个人面对成功、荣誉时不骄傲，把它视为一种激励自己继续前进的力量。

一个人聪明、有才华是好事，但如果不能做到正确对待，可能会被聪明所累、所误。相反，一个才能平平的人，如果能够做到谦虚谨慎，虚怀若谷，并且努力学习，也能成为一个受成功青睐的人。

▶改变自己比改变环境容易

成功的人会自行创造各种有利于自己的环境，而不是把失败归咎于环境。既然我们对环境的影响力是极为有限的，那么唯一的出路就是改变自己，首先是适应环境，然后再考虑驾驭环境。

人的生存须臾离不开环境。社会环境的变化，会对一个人的命运有直接影响，但是任何一个环境都有可供发展的机遇，紧紧抓住这些机遇，好好利用这些机遇，不断随环境之变调整自己的观念、思想、行动及目标，就有可能在社会竞争的舞台上开创一片天地，站稳自己的脚跟。这就是我们常说的"先适应环境，再利用环境"。

环境常有不尽如人意的时候，问题在于个人怎样面对困难和不顺。知道人力不能改变的时候，就不如面对现实，随遇而安。与其怨天尤人，徒增苦恼，不如因势利导，适应环境，从既有的条件中尽自己的力量和智慧去发掘机会。生而为人，无法选择自己的家世背景，但可以选择自己的生存态度。生活的逻辑总是反复地昭示我们：艰难和挫折是对命运和人生的最好锤炼——树因此而用，人因此而才！

我们生存的世界不是停滞不前的，所以我们每个人所面临的外部环境和客观条件也随时都在改变，它们不会以某个人的意志为转移。你不能因为自己喜欢登高就要求面前是一座山，也不能因为自己擅长游泳而希望面前是一条河，相反，在碰到山的时候你应该学习攀登，遇到河的时候应该学习游泳。

威廉·怀拉是美国一位享有盛名的职业棒球明星，40岁时因体力不济而告别体坛另找出路。他琢磨着，凭自己的知名度去保险公司应聘推销员不会有什么问题。

可结果出乎意料，人事部经理拒绝道："怀拉先生，吃保险这碗饭必须笑容可掬，但您做不到，我们无法录用您。"

面对冷遇，怀拉的热情未受丝毫影响，而是下决心从头开始，坚持苦练笑脸。

由于天天要在客厅里放开喉咙笑上几百次，因此使邻居产生误解：失业对他刺激太大，以至于发起神经来了。为此，他只好把自己关进厕所里练习。

一次，他在路上遇见一个熟人，非常自然地笑着打招呼。对方惊叹道："怀拉先生，一段时日不见，您的变化真大，和以前相比，真是判若两人！"听完熟人的评论，怀拉充满信心地再次去拜见经理，笑得很开心。

"您的笑是有点意思了。"经理指出，"然而还不是真正发自内心的那一种。"

他不气馁，再接再厉，最后终于如愿以偿，被保险公司录用。

这位昔日棒球明星严峻、冷漠的脸庞上，绽放出发自内心的婴儿般的笑容。它是那样的天真无邪，如此讨人喜欢，令顾客无法抗拒。就是靠这张并非

心态的惊人力量

天生而是苦练出来的笑脸，怀拉成了全美推销寿险的高手，年收入突破百万美元。

一个人要想成为生活的强者，就必须适应这个不断变化的大环境——社会，紧扣社会发展的脉搏与时代并驾齐驱，只有这样，事业的发展才能如鱼得水；也就是说，我们要想改变生存环境，首先必须顺应生存环境。如果一个人想改变生存环境，却不能顺应环境，那么想改变环境的目的是不可能达到的。这是一条强者的生存法则！

生活中的许多事情，就像大山一样，是我们无法改变的，或者是暂时无法改变的，只有在适当地改变一下自己，才能达到预期的目标。只有改变自己，才会最终改变别人；只有改变自己，才能改变属于自己的天地。

1936年，李嘉诚一家辗转来到香港。他的父亲李云认识到以前对李嘉诚的那套教育是完全不适应香港社会现实的，于是他不再按四书五经的理论要求儿子，他让李嘉诚"学做香港人"，从而适应并融入香港社会。

要真正融入这片土地，就得先过语言关。如果语言关都过不了，在香港生存都是问题，更不用说什么做大事、立大业了。过香港的语言关就是要熟练地讲广州话和英语。

李嘉诚生长在潮州，只会说潮州话，潮州话属闽南方言。香港的大众语言是广州话，广州话属粤方言，与闽南方言彼此互不相通。可是在香港不会说广州话几乎寸步难行，所以是一定要学的。另外，英语是香港的官方语言，这是一种非常重要的沟通工具，也不容忽视。

功夫不负有心人，李嘉诚经过几年的苦心学习，终于熟练地掌握了广州话和英语这两门语言，这使得他在日后的商战风云中受益匪浅。

语言和经商绝对不是风马牛不相及的，可是试想一下，如果李嘉诚不懂广州话和英语，不要说难以在商场自由驰骋，就是生存质量也要大打折扣，赚钱又从何谈起呢？

对于当年的李嘉诚，要想在香港站稳脚跟，首先应当以一种全新的面目出现在这片土地上，而语言的改变，带来的是生存方式和生活圈子的改变，这种改变使李嘉诚由香港的看客变成了主人。所以说"适应"其实就是一种迂回的发展，因为选取了最佳的着眼点和入手的角度，行动起来就有事半功倍的效果。

改变自己是适应社会的一种好方法。当生活的境遇不能改变时，我们要学习改变自己。当我们在为生活或境遇烦恼苦闷到了极点时，要学会敞开一扇心灵之窗，不能因为一时处于恶劣的环境中就自暴自弃，止步不前。要知道，环境不是为你我而造的，我们一定要学会适应它。

▶不怕犯错，只要不犯同样的错误

犯错误的过程就是一个学习的过程，是一种宝贵的人生资历。无论你有多少关于成功的知识，最终都是纸上谈兵，失败的教训却不同，它能使你更为清晰地认识自身的长短和周围的世界。

"人非圣贤，孰能无过？"一个人再聪明、再能干，也总有失败犯错误的时候。犯错是人生成长的必要经历，因为错误提供的重要信息能帮助我们应付变局，而且能从错误中得到成功所需的宝贵经验教训。

据一家运输公司的老板说，他们招司机，先问有没有翻过车。如果回答是否定的，就接着进行下面的考试；如果真把车开翻过，那么他们就当场拍板聘用此人。这话稍稍有点儿夸张，但也不完全是开玩笑，翻过车的人，就有失败的教训，也有应付险情的经验，对司机，这就是入行的资格。

哈佛商学院教授约翰·利特说："二十年前，当企业主管们讨论一个高级职务人选时，如果提到'这人三十岁时就遭受惨重的失败'，别的人准会附和说：'确实如此，那不是个好兆头！'可是在今天，主管们讨论人选时会说：'太

心态的惊人力量

让我们担心了，因为这个人还未曾经历过失败。'"

从来没有经过失败磨砺的人，不足以托付重责。所以我们做任何事情都不能怕犯错误，人正是这个过程中成长起来的。

有个渔人有着一流的捕鱼技术，被人们尊称为"渔王"。然而"渔王"年老的时候非常苦恼，因为他的三个儿子的捕渔技术都很平庸。

于是他经常向人诉说心中的苦恼："我真不明白，我捕鱼的技术这么好，我的儿子们为什么这么差？我从他们懂事起就传授捕鱼技术给他们，从最基本的东西教起，告诉他们怎样织网最容易捕捉到鱼，怎样划船最不会惊动鱼，怎样下网最容易"请鱼入瓮"。他们长大了，我又教他们怎样识潮汐，辨鱼汛……凡是我长年辛辛苦苦总结出来的经验，我都毫无保留地传授给了他们，可他们的捕鱼技术竟然赶不上那些技术比我差的渔民的儿子！"

一位路人听了他的诉说后，问："你一直手把手地教他们吗？"

"是的，为了让他们得到一流的捕鱼技术，我教得很仔细很耐心。"

"他们一直跟随着你吗？"

"是的，为了让他们少走弯路，我一直让他们跟着我学。"

路人说："这样说来，你的错误就很明显了。你只传授给了他们技术，却没传授给他们教训，对于才能来说，没有教训与没有经验一样，都不能使人成大器！"

犯错误的过程就是一个学习的过程，是一种宝贵的人生资历。无论你有多少关于成功的知识，最终都是纸上谈兵，失败的教训却不同，它能使你更为清晰地认识自身的长短和周围的世界，一个人从失败中学习到的人生经验，印象更深刻，更能使人警醒。

认识到错误的正面价值之后，我们就不会再对自己的过失拼命掩饰。正视自己的错误，就等于重新审视了自己。只有勇敢地承认自己的不足，在错误中找到成功的经验，才可以使自己下一次不再犯同样的错误。这就如同一个人不会被同一块石头绊倒两次是一样的道理。

有一个公司的老总，当他在一次内部会议上宣布改变公司的战略计划时,一个股东大声说:"您五年之前并不是这样主张的呀!"

这位老总的答复是:"是的,那时我的学识还不够,我错了,现在我进步了。"他并没有说什么"但是"、"假若"一类的逃遁之词,而是发表了一个坚强、有头脑的人坦诚的自白,表现了他能与时代同行的精神。最后,他赢得了股东的一致支持。

事实上,一个有勇气承认自己错误的人,他也可以获得某种程度的满足,这不仅可以消除罪恶感和自我保护的气氛,而且有助于解决这项错误所造成的问题,最重要的是:能从错误中找到成功的经验,以便下次不再犯同样的错误。

犯了错误敢于承认,是走向成功的第一步。在人的一生中不犯错误是绝对不可能的,犯错误是积累成功的经验,也是不至于再犯同样错误的重要保证。要用积极的心态去看待错误的教育意义,人们可以分析错误产生的真正原因,还可以从错误中学到不懂的东西,从错误吸取成功的经验,使自己将来不再犯类似的错误。一个小小的错误就可以警告人们避免大的错误。那些不肯承认自己做过错事的人,以至于使自己在错误观点的泥潭中越陷越深,造成无法挽回的损失,同时,也失掉了这种避免大失误的宝贵经验,而以后就会继续犯这种错误。而最终的结果是他颓丧地坐下来,哀叹自己的悲惨命运。

▶找到"埋头"与"抬头"之间的平衡点

我们要想获得成功,最大化地体现你的人生价值,不光要埋头苦干,还要勤于思考,"抬头"看路。掌握好"埋头"和"抬头"的时机,才可以使我们更快地接近自己的目标。

人活一世,生存环境不断变迁,各种事情接踵而来,因循守旧、不知变通是无论如何都行不通的。生活中有一些人总是失败,就是因为他们按图索骥、墨守成规,从而把自己的道路堵死,结果导致自己寸步难行。

当我们期望成功、期望转变的时候,我们必须"埋下头来"或学艺或苦干;但是,一个阶段过后,我们也应当"抬起头来",想想自己身处的环境是否在发生着变化。倘若走到了人生路上一个新的交叉点,最重要的莫过于选择一个正确的方向。这时候,我们需要的是"抬头"!反过来,当我们做出了前进方向的抉择,就应当低下头努力工作。处理好"埋头"和"抬头"的平衡,可以使我们踏上成功的道路,并沿着这条成功的路一直走下去,完成你人生中新的转变与飞跃!

毕业于西点军校的美国前国务卿鲍威尔是黑人,虽出身寒微,年轻时却胸怀大志。鲍威尔在一家汽水厂当杂工时,一次,有人在搬运产品中打碎了50瓶汽水,弄得车间一地玻璃碎片和泡沫。按常规,这是要弄翻产品的工人清理打扫的。老板为了节省人工,要干活麻利的鲍威尔去打扫。

当时他有点气恼,欲发脾气不干,但一想,自己是厂里的清洁工,这也是分内的活儿。于是,鲍威尔尽力把满地狼藉的脏物扫除得干干净净。

过了两天,厂负责人通知他:他晋升为装瓶部主管。自此,他明白了一个道理:凡事竭尽全力,总会有人注意到自己的。不久,鲍威尔以优异的成绩考进了军校。后来,鲍威尔官至美国国务卿。

人的一生机遇至关重要,但如果不努力,不提高自身素质,则机会很难降临。成功需要持续的好运气,而持续的好运气肯定不是因为运气本身在起作用,而是因为积极主动去准备、去创造运气的态度与把握运气的能力。运气的根源其实就是对待运气的态度。

工作中努力是好事情,但是光努力是不够的,还要多动脑、多思考,这样才能真正做出成绩。要善于观察、学习和总结,仅仅靠一味地苦干,只埋头做事而不抬头看路,结果常常是原地踏步,明天将仍旧重复昨天和今天的故事。

人的潜力无穷,能否最大限度地挖掘这些潜能,关键在于是否善于强迫自己、经营自己。希望成功,必须加倍努力。成功人士有一点是相同的,那就是他们比别人更为清晰地认识到自己内心的需求和长远的目标。

四十多年前，有一个十多岁的穷小子，他自小生长在贫民窟里，身体非常瘦弱，却立志长大后要做美国总统。如何实现这样的抱负呢？年纪轻轻的他，经过几天几夜的思索，拟定了这样一系列的连锁计划：

做美国总统首先要做美国州长——要竞选州长必须得到雄厚的财力支持——要获得财团的支持就一定得融入财团——要融入财团就需要娶一位豪门千金——要娶一位豪门千金必须成为名人——成为名人的快速方法就是做电影明星——做电影明星前得练好身体，练出阳刚之气。

按照这样的思路，他开始步步为营。一天，当他看到著名的体操运动主席库尔后，他相信练健美是强身健体的好办法，因而有了练健美的兴趣。他开始刻苦而持之以恒地练习健美，他渴望成为世界上最结实的男人。三年后，凭着发达的肌肉和健壮的体格，他开始成为健美先生。

在以后的几年中，他成了欧洲乃至世界健美先生。22岁时，他进入了美国好莱坞。在好莱坞，他花了十年时间，利用自己在体育方面的成就，一心塑造坚强不屈、百折不挠的硬汉形象。终于，他在演艺界声名鹊起，当他的电影事业如日中天时，女友的家庭在他们相恋九年后，终于接纳了他这位"黑脸庄稼人"。他的女友就是赫赫有名的肯尼迪总统的侄女。

婚姻生活过了十几个春秋，他与太太生育了四个孩子，建立了一个"五好"家庭。2003年，年逾57岁的他，告老退出了影坛，转而从政，并成功地竞选成为美国加州州长。

他就是阿诺德·施瓦辛格。他的经历告诉我们，经营自己的过程要稳扎稳打，在一个台阶上站好了，然后再迅速瞄准下一步，直至完美地实现自己。

许多有抱负的人都忽略了"积少才可以成多"的道理，一心只想一鸣惊人，自以为选择的是一条捷径，其实却是一条只能看到海市蜃楼的死路。

古人云："唯有埋头，乃能出头。"最终的目标绝不是转眼之间就可以达到的，在未付出辛劳艰苦的代价之前，空望着那遥远的目标着急是没有用的。而唯有从基本做起，按部就班地朝着目标行进才会慢慢地接近它、达到它。

▶努力充实自己，挽救你的生存危机

要想在激烈竞争的社会拥有一席之地，就要提高自己的竞争能力，不断学习新知识，只有这样才能在社会中飞速发展不必担心被淘汰，从而最大限度地缓解自己的危机感。

当今社会中的竞争是残酷的、激烈的，即使你非常优秀，你的业绩有目共睹，你的工作能力遥遥领先，面对不断涌进公司的新进职员和变幻莫测的工作环境，不管你的心理素质多好，你都不可能心如止水，不受影响。

你竭尽全力，努力工作，想把工作做好，以便得到领导的赏识和同事的认可。可是，来自外界的各种干扰却打乱了你的工作计划，你感到自己的工作难以有出色的表现，甚至会面临失败的局面，在这种情况下，你担心自己的位置不保，害怕自己有一天会失业，失业后所带来的经济压力和心理压力使自己产生了深深的危机感。

数十年前，高中毕业下乡插队的张女士顶替父职到某企业工作，先后当过工人，车间调度，总公司办公室收发兼档案管理人员，饱经风霜的她任劳任怨。近年来，企业经营不景气，单位进行机构改革与调整，此时此刻，她猛然意识到自己年龄大、学历低，又无专长，下岗的忧患时刻威胁着自己。她思虑再三，决心在短期内掌握一技之长。

平常在工作中她帮打字员校对文稿，发现那位打字员不仅打字速度慢，而且错漏百出，校对后还要耗时修改，工作效率很低。公司里的几位老总都对其不满，看来，换人是迟早的事。

于是，张女士利用空闲时间苦练电脑打字技术，这对 40 多岁的女士来说确实不容易。经过大半年时间的刻苦学习，她的录入速度提高到每分钟 50 字，而且准确率相当高，几乎可以免除校对了。文稿排版美观大方、文字摆放疏密有致，令人赞不绝口。

不久，一位学档案管理专业的大学生接替了她的工作，她则被聘为办公室打字员。而那位比她年轻十多岁的前任则无可奈何地下了岗。

现代社会，知识更新的速度让人难以想象，你必须不断地学习新知识来给自己"充电"，提高自己的竞争力。只有让自己具备更高的竞争力，和别人比拼时才能够凸显自己的优势，证明自己比别人更优秀，只有这样才能在激烈的竞争中不被淘汰，才能最大限度地缓解自己的心理危机。

古往今来，每一次社会的变革和历史的前进，都是依靠知识作为其坚强的后盾，可以说知识是推动人类文明前进的最大动力。而世界每时每刻都在不停变化，如果我们在这一刻停下来，难保下一秒不会被时代无情地抛弃。若你是一个明智的人，就必须要不断求知，不断地丰富自己。

有位记者曾问亚洲首富李嘉诚："李先生，您成功靠什么？"李嘉诚毫不犹豫地回答："靠学习，不断地学习。"不断地学习知识就是李嘉诚成功的奥秘！

李嘉诚勤于自学，在任何情况下都不忘记读书，他青年时代的打工期间，他坚持"抢学"，创业期间坚持"抢学"，经营自己的"商业王国"期间，仍孜孜不倦地学习。李嘉诚一天工作十多个小时，仍然坚持学英语。早在办塑料厂时就专门聘请一位私人教师，每天早晨 7 点 30 分上课，上完课再去上班，天天如此。在李嘉诚已年逾古稀时，仍爱书如命，坚持不断地读书学习。

李嘉诚说："在知识经济的时代里，如果你有资金，但缺乏知识，没有最新的信息，无论干何种行业，你越拼搏，失败的可能性越大；如果你有知识，没有资金的话，小小的付出就能得到回报，并且很有可能达到成功。现在跟数十年前相比，知识和资金在通往成功的道路上所起的作用完全不同。"

停止了学习，也就停止了发展。只有把学习和生活融为一体，使学习成为自身发展的必然需要，在学习中不断发展，才能从一个台阶迈向另一个台阶，才能从成功走向卓越。成年人慢慢被时代淘汰的最大原因，不是年龄的增长，而是学习热情的减退。

　　人类的历史就是不断更新知识的历史，在知识更新周期迅速缩短的今天，只有比别人更早地更新知识，才能在社会的竞争中占据主动。如果你对不断发展变化的客观世界认识不足，对自身所提出的发展要求也有欠考虑，用已过了"有效期"的知识去应对现实世界的挑战，其结果必然是将自己之前的期望变成了现实中一次又一次的失望，这样，被时代的潮流淘汰出局就在所难免了。

　　有位成功人士的话很值得我们借鉴："成功的路上，没有止境，但永远存在险境；没有满足，却永远存在不足；在成功路上立足的根本基础就是：学习、学习、再学习。"

▶克服惰性，做最好的自己

消除自己身上的惰性，最有效的办法是逼迫法，也就是决定自己要做一件事的同时，立即让自己动手，绝不给自己留一秒钟的思考余地，千万不能让自己拉开惰性的架式。

　　人都是很软弱的，遇到新的问题时，总是在想："今天实在太累太苦太疲太倦了，明天再来做吧！"持有这种想法的人很多。把事情拖延到明天，这是不行的，因为可能明天也是做不到的，而且明天还有明天的新工作，所以这样累积下来的工作就会越来越多了。

　　拖延导致低效，是一种影响工作效率的糟糕习惯。不管多么美好的目标、多么伟大的计划，常常都会因为拖延的习惯而无声无息地消失不见。无论做什么，你至少要先起步，才能到达高峰。一旦起步，继续前进便不太困难了。工作越是困难与不愉快，越要立刻去做。你等得越久，就变得越困难、越可怕，这有点像第一次站在游泳池的跳板上准备跳下去一样，你等得越久，担心和害怕越多。

在应该做事的时候，许多人依然像没上发条的闹钟一样，一直紧张不起来。时间一长，最初的热情和已经花费的精力都将在消极等待中消磨殆尽，你不但会失去眼前的机会，还将影响到你的长远规划。

克罗克是美国颇负盛名的麦克唐纳公司的老总。有一段时间，公司出现严重亏损，克罗克发现其中一个重要原因就是公司各职能部门经理总是习惯于靠在舒适的椅背上指手画脚，把许多宝贵时间耗费在抽烟和闲聊上。

于是，他派人将所有经理的椅背都锯掉，"逼"着他们离开舒适的椅子。一开始，经理们不解、不满，觉得克罗克不近人情。不久，他们悟出了老总的良苦用心，于是纷纷深入基层实地调查、处理问题。他们的行动影响和带动了全体员工，公司不到三个月就扭亏为盈。

椅背锯掉了，惰性的温床便不复存在，人的活力与创造力重新被激发，公司效益随即扶摇直上。上帝是公平的，每个人都拥有一份弥足珍贵的馈赠，比如健康、美貌、学识、才智、人缘、机遇等，它们在你迈向成功辉煌的过程中既发挥着推进器的作用，又不可避免地显露出"椅背"的诱惑。

人难免有惰性和依赖心理，但自身又往往很难察觉意识到，只有当境遇大变，"把你逼到那份儿上"，你才知道应该锯掉"椅背"。当你发现懒惰、舒适、享受等诱惑稍占上风，就应该果断地"删除"，否则，你可能轻易失去一张或几张通向成功的"金牌"。

布鲁斯是一个出生在洛杉矶的美国男孩，气质很不错，也算是不甘平庸、有雄心壮志的那种人。他想开一家属于自己的饭店，便计划先从服务生做起，用一年的时间"学艺"，然后再换其他相关工作，用几年时间基本掌握作为饭店老板应具备的知识与能力。他工作任劳任怨，虚心学习，一年下来深得老板赏识。等他向老板提出换工作时，老板热情挽留，这时他犹豫了，便给自己找理由：再干一年吧，肯定还有很多东西要学。做服务生第二年后，他察言观色的能力果然又提高了许多，但遗憾的是，他原来的气质却没有了，做服务生时习惯的谦卑已经定型，融入到他的每个动作中了。更严重的是，布鲁斯的想法已经变了，觉得当服务生也不错，老板又要升他做前台领班，就这样，他由一个雄心勃勃的人变成了一个合格的饭店服务生。

"现在"这个词对成功而言妙用无穷，"现在就做"不仅体现出行为人的充分自信，也体现了重视行动的处事原则，奉行了这一原则的人，没有几个是不成功的。而"明天"、"下个礼拜"、"以后"、"将来某个时候"或"有一天"，往往就是"永远做不到"的同义词。有很多好计划没有实现，只是因为应该说"我现在就去做，马上开始"的时候，却说"我将来有一天会开始去做"。

如果要走的路程有一万步的话，一般人就都认为这段路程只是一万步机械地相加，其实这是错误的。一步一步慢慢走的人，会在心灵深处慢慢播下好种子，因此不久就会得到好的作用，不必等到一万步，在半途中就会有好的变化。同时，若能领悟到潜能的话，就可以得到更大的力量，而提早达到目标。所以纵使路程看起来似乎很遥远，走起来似乎很艰苦，可是也应该忍耐，尽量正确而明朗地怀抱着希望继续走下去。

消除自己身上的惰性，最有效的办法是逼迫法，也就是决定自己要做一件事的同时，立即让自己动手，绝不给自己留一秒钟的思考余地，千万不能让自己拉开和惰性开战的架式。对付惰性最好的办法，就是不让惰性出现。在事情的开始，总是积极的想法先有，然后当头脑中一出现"我是不是可以……"这样的问题，惰性就出现了，战争也就开始了。一旦开仗，结果就难说了。所以要在积极的想法一开始，就马上行动，那么惰性就没有乘虚而入的可能了。

有句格言是："任何时候都可以做的事情往往永远都不会有时间去做。"所有的梦想都会消磨，都会淹没在日常生活的琐碎之中，或者在懒散消沉中流逝。如果你的头脑出现了任何一种好想法，那么马上开始行动！

第三章 有一种心态叫灵活：
换一种角度看事态，
换一种方法做事情

世上的万事万物，自有它们本身的节奏和步调，能跟上它们的节拍的人，才会步步顺利，总是受到命运的眷顾；如果一成不变地凭老经验办事，不注意发现新情况新问题，就免不了会吃大亏。俗话说："变则通，通则久。"只要我们学会变通，适当改变自己，转换角度，随时调整自己的方向和步骤，才能找到适应于这个社会的生存之道。

心态的惊人力量

▶给自己一个新的定位，塑造一个全新的自己

换了一种心态，就等于换了一种活法。你对自己的看法，才是决定你将来幸运与不幸的关键。"换角度"就是清除我们头脑里旧的思维，另造一个新我。

威廉·詹姆斯是美国本土第一位哲学家和教育学家，也是美国最早的实验心理学家之一。他曾说过："我们这一代最伟大的发现是，人类可以经由改变心态而改变自己的命运。"

所谓"改变心态"很抽象，实行起来有一定的难度。但是我们可以从改变某一个具体的想法开始，用一种新的眼光来看待自己目前的处境，然后你的心态就会随之发生一些意想不到的变化。

在一次关于心态的培训课上，一位学员因为刚刚丢了手机，情绪非常低落。

于是，老师就用一些心理学原理，来帮助她克服心理低潮。老师启发她说："应该怎样解决这件事？"她说："很简单，努力学习增加业绩的方法，回去之后，一个月之内，业绩发展到 10 万，赚到钱之后买一部更好的！"

当她讲完这句话之后，所有的人都给予热烈掌声。同时，她也非常兴奋地开始在众人面前跳舞。她高兴得不得了，还一边笑一边告诉自己，手机丢了很快乐，因为可以买更好的手机了。

当我们在生活中遇到某个问题时，千万不要只纠缠于问题的本身，不然，这不仅会让你情绪低落，而且你一定想不出个所以然的。手机丢失了，只是一种偶然，并不等于你就是一个天生的倒霉蛋，更不等于你就是一个"丢三落四、一事无成"的人。换一种思路想问题，前面的路就会开阔得多。

有很多事情都是这样，并不在于你目前处于一种怎样的境地，而在于你是怎么认识自己的。

在美国作家哈罗德·阿尔吉的小说《流浪儿迪克》里，迪克是一个从小失去父母、一无所有的流浪儿。迪克成天穿着"华盛顿将军的上衣和拿破仑元帅的裤子"，破破烂烂、脏兮兮地游荡在街头，靠替人擦皮鞋挣钱填饱肚子。直到有一天，一次偶然的机会，他结识了有钱的男孩弗兰克，体验了一天的绅士生活，这才第一次为自己的无知和邋遢感到羞愧。弗兰克送给他一套绅士衣服，虽然是旧的，可却彻底改变了迪克的形象。当人们不再用鄙视的眼光看他，对他彬彬有礼时，迪克第一次感受到了一种尊敬。于是，他心中有了新的目标——"将来我要成为一个受人尊敬的人"，过一种"真正受人尊敬的生活"。

从此，迪克不再撒谎骗人，也不偷东西，还很乐于热心帮助别人。这些优秀的品质，让他拥有了真正的朋友。在新的环境新的朋友的影响下，迪克改变了自己的生活态度，他开始去银行存钱，花钱租房子住，不再露宿街头；他还学会了自我约束和节俭，让每一分钱都用得有价值。

在过"真正受人尊敬的生活"的愿望的激励下，迪克心中第一次有了学习知识、开发自己的强烈愿望。于是，他以免费住宿为报酬，请有文化的小擦鞋匠弗斯蒂克做了自己的"家庭教师"。从此，他白天去街头擦皮鞋，晚上就在油灯下学文化，再也不去剧场和百老汇鬼混了。经过刻苦的学习和不懈的努力，小迪克最后终于成了一个"有教养的年轻绅士"，他获得了一间大公司会计室的工作，开始了他梦寐以求的新生活。

过去不等于未来。过去你曾怎么想、怎么做、经历了怎样的遭遇都不重要，重要的是今后你怎么想、怎么做。换了一种心态，就等于换了一种活法。你对自己的看法，才是决定你将来幸运与不幸的关键。"换角度"就是清除我们头脑里旧的思维，另造一个新我。

动画片《花木兰》中，木兰的父亲对木兰说："树上开的花，每一朵都是独特的。你可能是最晚开的一朵，可是一定是最漂亮的。"这句话的现实意义在于，生活中我们需要有一个良好的心态，在面对不利于自己的环境时，依然坚信自己的力量，不随波逐流、得过且过，那么，总有一天你会到达自己心中理想的境地。

成功的道路不止一条，有人走的是直线，有人却不可避免地要走一些弯路，这都不要紧，只要你对自我价值还保持信心，一切都来得及。

一个人要想获得成功，出人头地，成为生活和工作中的优胜者，就应该首先在心目中确立自己是个优胜者的意识。然后，不管你遇到什么样的挫折或不利环境，这种信念都不能动摇。只以某一阶段成就的高低就来肯定或否定自己，其实为时过早。

你怎样认识自己过去的人生，就会导致你怎样认识现在的你自己，最终决定你有什么样的自我确认。

请认真想一下，过去、现在和未来，你是什么样子，你评价自己的标准又是什么呢？你以什么样的标准来看不同时期的自我，决定着你未来的发展方向。

▶换一个角度，就会豁然开朗

得到和失去其实是相对的，为了得到，需要失去，因为失去一些，可能正在换取更大的获得，与其为了失去而懊恼，不如全力争取新的得到。

人生的道路充满荆棘与坎坷，但生命是美丽的，生活是美好的。我们应该笑对坎坷。生活中我们不必总是去乞求阳光明媚的艳阳天，狂风暴雨随时都有可能光临。当遇到困难时，不要选择逃避，我们要想得开，天无绝人之路，生活既然丢给我们一个难题，同时也会给我们解决问题的能力。天下没有绝对的好事，也没有绝对的坏事，任何事的好与坏总是相对的。

人活在世谁都希望富贵荣华，功成名就，但要适可而止，不要不切实际地去追求。如果过于贪图浮华名利，它必然会束缚你的手脚，阻碍你前进的步伐，你的生命将会因此而失色，你也会因此而失去很多的快乐。所以，我们应换一种眼光去看待富贵与贫穷。富足优越的生活更容易让人丧失上进心，而一贫如洗的日子更能激发人们去奋斗，对于一件事，我们很难分辨究竟孰好孰坏，当一个人面对所谓的坏事时，只要你认真去发掘其中好的一面，就能化险为夷，化危机为转机。

一对青年男女双双步入了婚姻的殿堂，甜蜜的爱情高潮过去之后，他们开始面对日益艰难的生计。妻子整天为缺少财富而忧郁不乐，他们需要很多很多的钱，1 万，10 万，最好有 100 万。有了钱才能买房子，买家具家电，才能吃好的、穿好的……可是他们的钱太少了，少得只够维持最基本的日常开支。她的丈夫却是个很乐观的人，不断寻找机会开导妻子。

有一天，他们去医院看望一个朋友。朋友说，他的病是累出来的，常常为了挣钱不吃饭不睡觉。回到家里，丈夫就问妻子："现在如果给你钱，但同时让你为了挣钱而躺在医院里，你要不要？"妻子想了想，说："不要。"

过了几天，他们去郊外散步。他们经过的路边有一幢漂亮的别墅。从别墅里走出来一对白发苍苍的老年夫妇。丈夫又问妻子："假如现在就让你住上这样的别墅，同时变得跟他们一样老，你愿意不愿意？"妻子不假思索地回答："我才不愿意呢。"

他们所在的城市破获了一起重大团伙抢劫案，这个团伙的主犯抢劫现钞超过 100 万，被法院判处死刑。罪犯被押赴刑场的那一天，丈夫对妻子说："假如给你 100 万，让你马上去死，你干不干？"妻子生气了："你胡说什么呀？给我一座金山我也不干！"丈夫笑了："这就对了。你看，我们原来是这么富有：我们拥有生命，拥有青春和健康，这些财富已经超过了 100 万，我们还有靠劳动创造财富的双手，你还愁什么呢？"妻子把丈夫的话细细地咀嚼品味了一番，也变得快乐起来。

只要我们换个角度去看待生活，就会发现人生是那么美好！有了快乐的心境和正确的态度，人生才会圆满。我们虽然无法改变我们的境况，但我们可以改变自己的心态。不富足不要紧，但不能没有快乐，如果连快乐都失去了，那活着还有什么意义。因为快乐是人的天性的追求，开心是生命中最顽强、最执著的韵律。

有一家纺织厂，经济效益不好，工厂决定让一批人下岗。在这一批下岗人员里有两位女性，她们都四十岁左右，一位是大学毕业生，工厂的工程师，另一位则是普通女工。

女工程师下岗后，她的心里总觉得不平衡，认为下岗是一件丢人的事，自己是一个失败的人。她的心态渐渐地由愤怒转化成了抱怨，又由抱怨转化成了内疚。她整天都闷闷不乐地待在家里，不愿出门见人，更没想过要重新开始自己的人生，孤独而忧郁的心态控制了她的一切，她本来就血压高，身体弱，她忧郁的心态又总是把自己的注意力集中到下岗这件事上，使她无法解脱。没过多久，她就带着忧郁的心态和不低的智商孤独地离开了人世。

普通女工的心态却大不一样，她想别人既然没有工作能生活下去，自己也肯定能生活下去。她没有抱怨和焦虑，她平心静气地接受了现实。因为自己平日里比较喜欢看书，就想开一家小型的读书室，于是筹借资金，读书室便开了起来，由于普通女工经营了卖书、阅读、租借的全部业务，使得她的生意很红火，她不仅挣到了比以前上班还要多的钱，而且，她还觉得自己过得很快乐。

人们常说"上帝为你关上了一扇门，也会为你敞开了一扇窗"。遭遇挫折也没有什么可怕的，条条大路通罗马，人生没有过不去的坎，只要你没有被困难吓倒，坦然地面对失去，把眼光放长远一些，想想自己还有健康的身体，还有勤劳的双手，还有许许多多选择的机会，你理应好好地利用这人生的机会，做自己喜欢做的事，充分实现自己的人生价值。其实，人生中的很多事情，只要换个角度，换一种心态看，结果就会不同。

一个人只有拥有了良好的心态，才能坦然地面对失去，承认失去，不要总沉湎于已经不存在的东西之中。得到和失去其实是相对的，为了得到，需要失去，因为失去一些，可能正在换取更大的获得，与其为了失去而懊恼，不如全力争取新的得到。人生是一次没有回程的旅行，不去奋斗，消极等待，哭哭啼啼、愁眉苦脸也是一生；而积极奋进，乐观向上，充分实现自己的人生价值，愉快的度过，也是一生。因此，我们要做一颗流星，既然来过，就要把那一束哪怕是微弱的光，留在夜空。

▶有一种"执著"叫固执

人生有很多让人无可奈何的事，有时需要放弃一些无谓的坚持，如果固执地坚持下去，可能会带来毫无生机的局面，甚至于将整个人生都赔了进去。

执著地追求人生的目标，固然是一件好事，它代表了一种永不放弃的精神，它更是一种不服输的精神，值得每个人去学习、去尊重。但是，为了成功我们曾筋疲力尽、伤痕累累，甚至头破血流却不肯放弃，直到岁月流逝，才蓦然发现现实的残酷是不允许我们有太多奢望，所谓的执著也不过是碰壁之后一份愚蠢的坚持，是执著过了头，更是一种固执。但是在我们的人生中，有时还没有意识到固执的存在，还把这种自以为是的固执当成了一种执著。所以，不要让固执禁锢了你的脚步，与其把时间都浪费在无谓的固执上，不如多做点有意义的事。

事物总是不断发展变化的，如果一味地坚持自己的执著，不注意发现新情况，就免不了会吃大亏。所以我们必须面对现实，对于无法实现的人生理想，该放手的时候一定要放手，要学会适时地转弯，放弃无谓的执著。一个人要想在学习或事业上有所成就，一定要有适应环境变化以及适应新环境的能力，否则，对于新生事物觉察不到，只是一味的坚持，最终会被环境所逐渐淘汰。

心态的惊人力量

　　英国机械专家布利阿里是位和武器打交道的人,他的绝大多数时间都在琢磨枪支的性能和构造,但他的最大的成就不是发明了什么武器,而是发明了与武器毫不相干的不锈钢餐具。

　　第一次世界大战前,英国热衷于"殖民"扩张,但英军发现他们的枪支使用时间一长,射程和命中率就大大降低。布利阿里的任务就是改进枪支构造,设法解决枪支的性能问题。于是他通过各种渠道找到了各种各样的合金钢,进行耐磨和耐热的试验。由于品种繁多,试验时间被拖得很长,试验场地上很快被各种合金钢堆满了。

　　布利阿里在清理场地时,发现一块锃光发亮的钢材,他分析了这块钢材,发现它并不适合用在枪支上,但就在想抛掉的时候,他突然觉得这么漂亮的材料没有派上用场太可惜了。他看到了试验场里暗淡无光的餐具,他想:"如果把这些材料用来做餐具,不是十分漂亮吗?"因为这个念头,布利阿里成为了一位不锈钢餐具推销商。数年后,不锈钢餐具开始进入家庭。

　　学会转弯也是人生的大智慧,在我们的人生旅途中,时时刻刻都在面临着放弃和被放弃。但你必须明白,并不是所有的探索都能发现鲜为人知的奥秘,并不是所有的执著都能抵达胜利的彼岸,并不是每一滴汗水都会有所收获。因此,我们应该学会放弃,学会适时地转弯,这样才会迎来"柳暗花明又一村",才能校正人生的方向。

　　人生有很多让人无可奈何的事,有时需要放弃一些无谓的坚持,如果固执地坚持下去,可能会带来毫无生机的局面,甚至于将整个人生都赔了进去。因此,不要把你的生命浪费在最终要化为灰烬的东西上,放弃那些不适合自己去充当的角色。适时地转换一下,放弃固执,去更好地追求属于自己努力应能得到的东西,实现自己的人生价值。

　　有两个青年,在报纸上发现了一则将清水变成汽油的广告,他们大喜过望,于是马上开始了夜以继日的研究。通过持续两个月的努力,他们一无所获,通过这些天的学习其中一个人发现,将水变成汽油是一件滑稽荒诞的事情,便毅然放弃了,转而去经商了。而另外一个人仍然认为,只要坚持就能成功，所以没有听从劝告，继续他的研究。

几年过去了，转行的青年已经成为了小有名气的企业家；而还在坚持研究的青年，早已经一贫如洗，神志也不清醒了。

人总会犯错误，这是正常的，怕就怕执迷不悟，一错再错。人生中很多的挫折和失利，都是由于过度的固执造成的。所以，一味地固执只会导致更大的失利，果断放弃才是正确的选择。正所谓：天生我才必有用，东方不亮西方亮。但是人生的选择有时会偏离轨道，我们要学会及时校正，要敢于否定自己，敢于创造新生活，不要死心眼，一条道儿跑到黑。

其实，当你失败时，大可不必过于固执，你不一定非要做无谓的执著，如果调整一下目标，改变一下思路，往往会柳暗花明，豁然开朗。当不幸降临的时候，并不是路已经到了尽头，而是在提醒你：该转弯了。转过这个弯，人生的风景又不乏另一番景致。要转弯，我们必须依据现实，有所放弃，有所选择，而适当的放弃才是一种正确的选择。因此，我们要在生活中学会勤于思考，善于变通，对于我们经过努力确定没有能力完成的目标，就要放弃我们的执著，适时地转弯，重新确立人生的目标，才能更好地前进，实现自己的人生价值。

▶正确的选择就是最小的成本，最大的利益

人生所走的每一步都是在选择中完成的。当你举棋不定或没有把握决定你的选择时，不要盲从、轻率，要开阔思维、放远目光，权衡利弊，正确判断。

坚持是一种良好的品性，但在有些事上，过度的坚持，会导致巨大的浪费。一个人认准一个目标，奋力向前，本来是一件好事情。可是问题在于，如果这个目标是错的话，而他仍要奋力向前，而且又自以为自己意志坚定、态度坚

决，那么，由此导致的恶劣后果，恐怕比没有目标更为可怕。在错误的道路上行走，还不如止步不前。

方向对一个人来说是非常重要的，方向错了，再怎么努力也只能是徒劳。人生旅途中，我们会遭遇许多两难的问题。选择就意味着你需要放弃其中一样，可有时我们所面对的并非西瓜和芝麻这样简单的选择，它有可能是两朵美丽的花、两棵繁茂的树，让你两样都难以取舍。

有选择就有放弃，趋利避害是人的本能，生活中有许多事情是要我们迎难而上、努力拼搏才能取得最后胜利的。但如果方向不对，却一味地执著，只能是一种无谓的牺牲。

帕瓦罗蒂小时候就显示出了唱歌的天赋。长大后的帕瓦罗蒂依然喜欢唱歌，但是他更喜欢孩子，并希望成为一名教师。于是，他考上了一所师范学校。临近毕业的时候，帕瓦罗蒂问父亲："我应该怎么选择？是当教师呢，还是成为一个歌唱家？"他的父亲这样回答："孩子，如果你想同时坐两把椅子，你只会掉到两个椅子之间的地上。在生活中，你应该选定一把椅子。"

听了父亲的话，帕瓦罗蒂选择了教师这把椅子。不幸的是，初执教鞭的帕瓦罗蒂因为缺乏经验而又没有权威，最终他被迫离开了学校。于是，帕瓦罗蒂又选择了另一把椅子——唱歌。可是，近7年的时间过去了，他还是无名小辈。失败让他产生了放弃的念头。这时，冷静下来的帕瓦罗蒂想起了父亲的话，于是他坚持了下来。几个月后，帕瓦罗蒂在一场歌剧比赛中崭露头角，被选中在雷焦·埃米利亚市剧院演唱著名歌剧《波希米亚人》。演出结束后，帕瓦罗蒂赢得了观众雷鸣般的掌声。随后，帕瓦罗蒂应邀去澳大利亚演出及录制唱片。1967年，他被著名指挥大师卡拉扬挑选为威尔第《安魂曲》的男高音独唱者。从此，帕瓦罗蒂的声名节节攀升，终于成为活跃于国际歌剧舞台上的最佳男高音。

当一位记者问帕瓦罗蒂成功的秘诀时，他说："我的成功在于我在不断的选择中选对了自己施展才华的方向。我觉得一个人如何去体现他的才华，就在于他要选对人生奋斗的方向。"

正确的选择取决于思想的成熟、对生活的理解和理智的判断，当你举棋不定或没有把握决定你的选择时，不要盲从、轻率，要开阔思维、放远目光，权衡利弊，正确判断。人生所走的每一步都是在选择中完成的。一次又一次的选择叠加成了命运，选择的不同导致了命运的迥异。错误的选择会让你前功尽弃，正确的选择才会使努力获得回报，所以我们一定要学会正确选择！

在人生的每一个关键时刻，你必须审慎地运用你的智慧，有所选择、有所放弃，做最正确的判断，选择属于你的正确方向。因为一个人的一生时间是有限的、机会是有限的，只能选择最便捷的路。别忘了随时检视自己选择的角度是否产生偏差，要适时地加以调整。你千万不能只凭一套哲学，便想强渡人生所有的关卡。只有学会选择和懂得选择的人，才能创造出精彩的人生，拥有海阔天空的人生境界。

1981 年，潘石屹从北京培黎学校毕业，并以第一名的优异成绩被石油学院录取。1984 年，潘石屹毕业后被分派到河北廊坊石油部管道局经济改革研究室工作。在那里，他的聪明和对数字天生的敏感博得了领导的赏识，并被确定为"第三梯队"。

有一次，办公室新分配来一位女大学生，她对分配给自己的桌椅十分挑剔。当潘石屹劝她凑合着用时，对方非常认真地说："小潘，你知道吗，这套桌椅可能要陪我一辈子的。"就是这不经意的一句话深深地触动了潘石屹：难道我这一生将与这套桌椅共同度过？ 正在思变的时候，他遇见远在刚刚开放的深圳创业的一位老师。他决定改变自己的命运。

1987 年，潘石屹变卖了自己所有的家当，毅然辞职，揣着 80 元钱去广东打工，后来去了海南，与朋友开公司，自己做老板，开始了经商生涯。凭借着个人努力，潘石屹迅速完成了原始资本的积累。

1993 年，潘石屹在北京注册了北京万通实业股份有限公司，任法人代表兼总经理，开始了在北京房地产界的创新与创业，最终成为北京房地产业的一颗新星。

我们靠选择决定我们的命运，一生中充满了大大小小的选择，小到在餐馆点菜,大到选择人生信仰,选择不同,道路也迥然不同。鱼和熊掌都是我们所喜欢的,但我们常常不能同时拥有,我们必须学会选择。人生也一样,面对繁复的世相,面临各种各样的选择,我们必须认准自己的方向和目标,做出正确的选择。

在人生的每一次关键时刻,审慎地运用你的智慧,做最正确的判断,选择属于你的正确方向。同时别忘了随时检查自己选择的角度是否产生了偏差,适时地加以调整。做人是需要成本的,有好的人生选择,也有坏的人生选择,却没有不要成本的选择。付出的成本太高,就可能影响我们的选择,给我们的人生留下太多的缺憾。相反,如果一开始就能做出正确的选择,就能降低个人选择的成本,创造更多的人生价值。

▶盲目的努力,得不到理想的结果

许多人只要看到新的东西、新的目标就要追求,非常盲目地把自己宝贵的时间浪费了,我们应该在新的目标出现的时候做好取舍,选择最适当的目标。

著名的哲学家安冬尼曾说过:"首先到达终点的人往往不是跑得最快的人,而是那些集智慧和力量于一身的、会做出明智选择的人。"当所有的心血与汗水付诸东流,于是我们抱怨上天不公,我们一直在努力,可为什么成功的不是我们呢? 因为我们只知道勤奋,却不知道选择适合自己的方向。

如果你发现自己现在所从事的工作并不适合自己,那你就要赶紧调整前进的方向。不要担心来不及,如果你一直有这样的顾虑,那才是真正丧失了大好的时机。当你发现自己真的走错了方向时,最好先静下心来想一想,然后再去努力寻找新的机会，并在新的领域里重新开始，立志有所作为。那种明知自己走错了路又前怕狼后怕虎的人，只能是徒自空叹，虚度一生！

比尔·盖茨在中学时代就是一个凡事比同龄人先行一步的孩子。老师布置写一篇千字左右的作文，比尔·盖茨却一口气写了十几篇。他所做的最重要的选择莫过于退学。哈佛大学是多少人梦寐以求的学府，而考上哈佛大学的比尔·盖茨却在大三时毅然决然地选择了退学。这不是一般人能够下的决心和能具有的勇气，也只有下这样的决心和有勇气的人才可能成为非凡的人物。

刚刚20岁的比尔·盖茨就对计算机十分感兴趣，他深信，总有一天计算机会像电视一样走入千家万户。他坚定的信念不但打动了自己，还打动了伙伴、打动了父母。试想一下，假如比尔·盖茨依然在哈佛深造，学习课本上千篇一律的东西，他还有可能革新电脑界吗？也许他会成为一名白领，但不可能成为一个改变世界的人物。比尔·盖茨在谈到他的成功经验时说："我的成功在于我的选择。如果说有什么秘密的话，那么还是这两个字——选择。"

很多时候，成功除了坚持不懈外，更需要方向。选择一个更适合自己的方向，也许成功来得比想象的更快。庸庸碌碌地不去追求，自然没有成功的机会。可是，不了解自己，不会寻找最适合自己前行方向的人，也许他很努力，并且付出了艰辛，可是他最终还是没有成功。蚂蚁前面的食物就是"理想"，要想最快地获得它，选择明确的方向比盲目的努力重要。

选择和成功就像是一对双胞胎，选择正确了，成功的几率就大得多；而你只要成功了，就会有很多选择呈现在你的面前，当你抵得住诱惑，再次做出正确选择时，你会更加成功。而一个失败者，是奢谈选择的，他没有选择的余地，无法选择，当他做出了错误的选择又没有及时回头之后，他已经没有什么选择的机会了。

王慈官对选择与努力的关系有着切身的体会。他用自己的亲身经历说明了：努力不一定有好结果，只有正确的选择加上努力，才会有好的结果。

王慈官曾经担任一家股票上市公司的协理。他服务的这家公司在1994年发生经营危机，半年多的时间，他个人也随着公司的财务风暴负债达一千多万。之后，王慈官和几个朋友经营了一家化学原料进口公司，他担任总经理，只做了两年多，因法令改变，无利可图，又告结束。

不久，他又和朋友买了一家工程公司，王慈官当董事长，其实他对工程是门外汉，虽然包过几个几千万金额的工程，但亦无厚利。最后，他决定把公司卖了，再次回到原点。接着，王慈宫受聘筹备开设了一家会员制的休闲娱乐公司，他担任副总经理，三年多以后接任总经理。最后，因为与董事会之间发生经营方向策略方面的认识差距，王慈官只好辞职回家。

王慈官在商场上努力了15年，每一项事业都是辛辛苦苦从头开始，有赔有赚，经营风险如影随形，许多无法掌握的因素却又是决定成败的关键。王慈官觉得，那份无奈与疲惫的感觉异常强烈，真想停下脚步好好休息一阵。

十几年的岁月经历，王慈宫非常努力，但他的事业经常开始，也经常结束，不停地回到原点。他自己总结是选择的错误所造成的。后来，他重新做出选择，很快就有所成就，并出版了一部非常有影响的著作《远离贫穷》，成为有名气的成功人物。他认为这一次自己的成功，是正确选择的结果。

当你选择了人生的理想之后，如果你不能辨清前进的方向，那么你的努力一定是盲目的，而盲目的努力不会得到预期的效果，得到的只能是苦果。

人在一生当中精力旺盛的时间是有限的，但是在追求目标的时候，多数人是不考虑时间的，只是在一味地追求新的目标，不管它是否适合自己，只要看到新的东西、新的目标就要追求，于是就非常盲目地把自己宝贵的时间浪费了，所以我们在新的目标出现的时候，选择最适当的目标，然后痛快地做出决定，做好取舍，把不重要的目标丢弃，这样我们会明确我们的目标，从而全力以赴，才可能有所成就。

▶绕道而行，反而会第一个到达目的地

当遭遇难题时，不要一味地去撞墙，指望把墙撞倒，而要学会在合适的地方打开一扇门。人生如流水，我们既要尽力适应环境，也要努力改变环境，实现自我。

对于敢于变通的人来说，这个世界上不存在困难，只存在着暂时还没想到的方法，然而方法终究是会想出来的。当竭尽全力拼搏之后却仍旧不能如愿以偿时，应该想："何不转入另外一条发展道路呢？那样或许会获得成功。"所以，敢于变通的人只有一个归宿，那就是成功。

一般情况下，"直接式"处理问题，能快捷、迅速、及时地把问题搞定，是处理一般性问题的很好方式。对于那些非常困难的问题，采用转个大弯子的迂回策略，也是不得已而为之。其实它是转化矛盾，使之逐渐趋于和平，直至最后彻底解决矛盾的一种特殊方法。遇到暂时无法逾越的障碍时，另辟蹊径绕个弯路，是明智之举。

迈克是一家信封公司的老板。有一次，他去拜访一个顾客，那个经理一看他就说："迈克先生，你不要来了。我知道你很有名，也知道你很成功、很有钱，但我们公司绝对不可能给你下定单，因为我们公司的老板和另一信封公司的老板是 25 年的深交，我们 25 年以前就和他交易。你也不用再来拜访我，因为有 43 家信封公司的老板曾拜访过我 3 年了。所以，迈克先生，我建议你不要浪费时间了。"

但迈克没有放弃。有一次，他发现这家公司采购经理的儿子很喜欢打冰上曲棍球，他又知道他儿子的崇拜偶像是洛杉矶一个退休的全世界最伟大的球星。后来,他发现这个经理的儿子出车祸住在医院,这时,迈克觉得机会来了。

他去买了一根曲棍球杆让球星签名送给这个人的儿子。他来到医院,孩子的父亲还没有到医院,他的儿子问他是谁,他说他是迈克,是给他送礼物的,他问为什么给他送礼物? 因为他知道他喜欢曲棍球,也崇拜这个球星,这是一根他亲自签名的曲棍球杆。不可思议,这个小孩兴奋得脚也不疼了,要下来走。

结果,他的父亲来医院发现他的儿子整个人都变了,本来垂头丧气,面无表情,现在好兴奋。他问儿子怎么回事,他说刚才有一个叫迈克的人送给他一根曲棍球杆,还有球星签名。

结果是可想而知,这个采购经理和迈克签了 400 万美金的定单。信封是便宜的东西,他竟下了这么大的定单。

当遭遇难题时,不要一味地去撞墙,指望把墙撞倒,而要学会在合适的地方打开一扇门。人生如流水,我们既要尽力适应环境,也要努力改变环境,实现自我。我们应该多一点韧性,能够在必要的时候弯一弯,转一转,因为太坚硬容易折断。唯有那些不只是坚硬且更多一些柔韧和弹性的人,才能克服更多的困难,战胜更多的挫折。

一马平川的坦途是人们所希望和企求的,然而世上又哪有那么多省时、省力的阳关大道任我们驰骋? 在遇到暂时无法逾越的障碍时,我们要巧妙地选择走"之"字型,在换方向前,松口气,等力气稍恢复后再往上走,有时反而能更快到达。

18 世纪初,俄国和瑞典为争夺波罗的海制海权发生了大规模的战争。瑞典在第一次进攻失利以后,经过认真的准备,纠集强大的海军和陆军,又向俄国发动第二次进攻。

瑞典的这次进攻来势凶猛,军队很快就在俄国沿海登陆。当时俄国沿海地区兵力薄弱,俄军被瑞典人逼得一再后退。俄国军民人心浮动,国内一片混乱。在俄国面临危急之际,彼得大帝异常冷静。他知道瑞典国王查理十二和瑞典军队的将领们一向做事小心谨慎,优柔寡断,缺乏勇敢的精神和坚定的意志，如果利用瑞典人的这一弱点，俄国就会转危为安。

于是，彼得大帝派遣一大批紧急信使携带着他的亲笔命令奔赴各地。他的这些命令要求各地的指挥官立刻派援军支援沿海地区。当然，彼得大帝所提到的这些援军根本不存在，有也是远水解决不了近渴。负责传送命令的信使故意糊里糊涂地乱走，粗心大意地暴露身份，结果被瑞典人俘获，身上的密信也被瑞典人搜出。瑞典将领对彼得大帝的绝密命令十分在意，认为俄国人隐瞒了军事实力，俄国军队之所以不加以顽强的抵抗退出沿海地区，是因为他们有着更深远的阴谋。在这种思想的支配下，瑞典军队放弃已占领的俄国沿海地区，迅速后撤回国。

彼得大帝以一纸假书信吓退了敌人，不费一枪一弹就解除了瑞典军队对沿海地区的围困，保住了圣彼得堡和战略设施工程，使俄国渡过了难关。

俄军一再溃退，国内人心惶惶；瑞典海陆军勇猛强大，节节进逼。俄国似乎只有败退这一条路了。但瑞典虽形势旺盛，其领导层却多疑而优柔寡断。彼得大帝深知这一点，故使出无中生有之计，成功地左右了瑞典军队的行动，使其迅速撤退回国，从而保存了俄国的领土与军队。

在做大事的过程中，不能一味进攻，尤其身处弱势时，一定要巧妙避开对方的锋芒，寻找以退为进的转机。在形势不利于自己的时候，先退几步，以求打破僵局，为自己积蓄力量赢得时机。当自己处于弱势时，不妨采取以退为进的方针，保存自己的实力。等到有朝一日羽翼丰满时，再表明自己的主张和态度，这时候，你就是真正的强者了。

宋代诗人陆游有一句诗："山重水复疑无路，柳暗花明又一村。"只要我们不拒绝变化，并且善于运用变通的思维方式，不断改变自己的观念，我们就能抓住机会，走出困境，进入新的天地。

心态的惊人力量

▶嫉妒心理的正面与反面的力量

嫉妒往往是个人才能与意志缺乏的体现，我们应当意识到，在生活和工作当中出现竞争对手并不是一件坏事情，相反，倒是一件好事，因为它能使你充满活力而富有朝气。

平心而论，很多人都有嫉妒之心，在一定的范围内，它是一种正常的情感。同样一件事情，别人轻轻松松就能完成，自己却怎么也做不好，因此出现嫉妒的心理，这属于正常，而且也不会给别人带来困扰。可是，如果一个人的嫉妒心太强的话，就不正常了，这样会给自己心理造成太大的压力，甚至会丧失人格。

在各种心理问题中，嫉妒对人的伤害最为严重，它是压力的制造者，可以说是人心中的恶性肿瘤。如果我们没有正确的竞争心态，一看到别人取得了成绩或是得到了夸奖，就不由自主地心生嫉妒，并产生深深的恐惧，长期下去，这种内心的折磨会形成心理问题，也会损害健康。

小青在一家出版社做编辑，她工作努力，而且在编辑方面的确很有才华，在单位里领导常常让其他人向她学习，而且有什么重要的工作都让她负责，她能感到周围人对她羡慕的眼光。她每天都工作得很开心。可是，后来单位又来了一个新人——小云，小云的工作能力和她不相上下，甚至要超过她。从那以后，领导对她的表扬越来越少，对小云的表扬越来越多。 同事也把曾经对她的羡慕和赞美逐渐转移到了小云身上。她觉得小云是她的威胁，觉得小云遮挡了自己的光芒，因此心里对小云非常嫉妒。她整天都在想：要是小云离开单位就好了，我的美好时光就又会回来。于是，她便想方设法、不择手段地想搞坏小云的名声，让小云在单位里没有立足之地，然后自己乖乖地离开单位。她不断地给小云栽赃、传播流言飞语，但都没有成功。后来，她从别人那里了解到一个秘密，小云是个破坏别人家庭的第三者。她便在办公室里到处宣扬这个秘密，弄得人人皆知。小云受不了大家在她背后的指指点点，就主动辞职离开了单位。

小青终于如愿以偿了。小云走的时候她心里的高兴劲儿真是无法用言语来表达。她以为她的好日子又要回来了，可是事情完全不像她想的那样，同事都疏远了她，领导把她叫到办公室里严厉地警告她："以后再在单位里乱说别人的隐私，就别在单位里待了。"现在，小青在单位里的日子更难过了。

嫉妒往往是个人才能与意志缺乏的体现。伏尔泰说："凡缺乏才能和意志的人，最易产生嫉妒。"因为自己技不如人，就只能用嫉妒的心理去排解心中的不平。一旦任嫉妒心理自由发展，你就会疏远那些各方面比自己强的人，到头来不仅孤立了自己，而且也会阻碍自己的前进。

如果想更好地适应社会，在竞争中取得成功，就必须学会控制情绪，消除嫉妒心理，理智、客观地解决问题。而靠散布流言、拉帮结派等不正当手段，则是一种错误的动机和行为。这种行为，使竞争变成了不平等，竞争的结果也就失去了真正的价值。这种动机使竞争者变得卑劣和低下，它即使让你获得一些暂时的机遇，取得一些成就，但是肯定不会有好的结果，因为这样越走越远，终究要将一个人推入歧途。

在心理学中竞争被视为能激发一个人自我提高的一种动机形式。真正善于竞争的人，一般也是善于合作的人。他们善于团结竞争对手，他们懂得竞争的真实含义：没有竞争，就没有动力；没有竞争，就没有发展。竞争的目的，是为了自己更好的发展，学习竞争对手的优点，增强自身的活力，缩小自己能力与目标之间的差距，而且感到生活富有生气，奋斗充满乐趣。

迈克尔·乔丹是驰名世界的篮球明星，他在篮球场上的高超技艺举世公认，而他为人处世方面的品格更为人称道。皮彭是公牛队最有希望超越乔丹的新秀，但乔丹没有把队友当做自己最危险的对手而嫉妒，反而处处加以赞扬、鼓励。

为了使芝加哥公牛队连续夺取冠军,乔丹意识到必须推倒"乔丹偶像",以证明"公牛队"不等于"乔丹队",一人绝对胜不了五个人。一次,乔丹问皮彭:"咱俩3分球谁投得好?""你!""不,是你!"乔丹十分肯定。乔丹投3分球的成功率是28.6%,而皮彭是26.4%,但乔丹对别人解释说:"皮彭投3分球动作规范、自然,在这方面他很有天赋,以后还会更好,而我投3分球还有许多弱点!"乔丹还告诉皮彭,自己扣篮时多用右手,或习惯用左手,而皮彭双手都行,用左手更好一些,这一细节连皮彭自己都没有注意到。乔丹把比他小三岁的皮彭视为亲兄弟,"每回看他打得好,我就特别高兴;反之则很难受。"乔丹的话语中流露着他们之间的深厚情谊。

正是乔丹这种心底无私的慷慨,树立起了全体队员的信心并增强了凝聚力,取得了一场又一场胜利。1991年6月,美国职业篮球联赛的决战中,皮彭独得33分,超越乔丹3分,成为公牛队这个时期的17场比赛得分首次超过乔丹的球员,这是皮彭的胜利,也是乔丹的胜利,更是公牛队的胜利。

在现实生活中,许多人都把对手视为心腹大患,是异己,是眼中钉、肉中刺,恨不得马上除之而后快。其实只要反过来仔细一想,便会发现拥有一个强劲的对手,反倒是一种福分、一种造化。因为一个强劲的对手,会让你时刻有种危机四伏的感觉,它会激发起你更加旺盛的精神和斗志。

事物的法则,永远是用进废退,这是颠扑不破的真理。一个人,要想在异常激烈的社会竞争中不被淘汰,还是有一点生存危机为好。在生活和工作当中出现竞争对手并不是一件坏事情,相反,倒是一件好事,因为他能使你充满活力而富有朝气。

但是,有了竞争对手后,我们还应当树立正确的竞争观念,抛开嫉妒心理,把对手当做生活的一面镜子,从尊重和欣赏对方的角度出发,学习对方的长处。在竞争中,不断完善自我,弥补自己的不足,促进自己的发展,这样才能挖掘自己的潜力,从而踏上成功的道路。

▶勇于放弃者精明，善于放弃者高明

人的一生很短暂，有限的精力不可能方方面面都顾及到，而世界又是如此的精彩纷呈，这时候，放弃就成了一种大智慧。在适当的时候，舍弃一些东西，换来的将是更加圆满的结果。

放弃是人生的必修课。与其苦苦挣扎，拼得头破血流，不如潇洒地挥挥手，勇敢地选择放弃。歌德说："生命的全部奥秘就在于为了生存而放弃生存。"有人说，成功者善于放弃，但放弃并不是抛弃。放弃是为了更好得到。在适当的时候，舍弃一些东西，换来的将是更加圆满的结果。

人的一生，苦也罢，乐也罢，得也罢，失也罢，要紧的是不要让心灵被欲望和烦恼淤塞。如果不是我们应该拥有的，我们就要放弃。几十年的人生旅途，会有山山水水、风风雨雨，有所得也必然有所失，只有适当放弃，我们才能拥有一份成熟，才会活得更加充实、坦然和轻松。

美国第九位总统威廉·亨利·哈里森小时候曾有一段时间被人认为很傻。为什么呢？邻居们做过这样的试验：拿出一个 5 分的硬币和一个 10 分的硬币，让小哈里森从里头挑选一个，小哈里森每次都只拿那个 5 分的。每次都屡试不爽，大家均以此为乐。

一个外地人路过此地，听说这件事后，感到很奇怪，于是亲自试验了一回，果然和大家说的一样。外地人仔细观察小哈里森的言行后，拍拍他的肩膀笑着说："小朋友，你一点也不傻，你很聪明。"小哈里森也笑了。外地人没再说什么就走了，邻居们都感到有些纳闷。

后来，终于有人想明白了为什么：如果小哈里森拿了 10 分的硬币，下次就不会有人去做这样的试验了，他每次 5 分的收入就将终止。小哈里森原来是弃眼前的小利保留长远的利益，小小年纪，就有这样的长远眼光，可真了不起！邻居们都赞叹不已。

"失之东隅，收之桑榆。"放弃，并不意味着失去，因为只有放弃才会有另一种获得。懂得放弃才有快乐，背着包袱走路总是很辛苦，只有懂得放弃才能有更多精力去获得自己该得到的。

人类不就是因为一种不愿舍弃的心理，才导致了生命更沉重的负荷吗？人总是边走边喊："累啊，累啊！"可就是舍不得放下压得自己喘不过气来的肩头的重担，以为这样走到尽头才会是收获，殊不知，中途有人承载不了负荷而被压倒，就再也起不来了。

人的一生很短暂，有限的精力不可能方方面面都顾及到，而世界又是如此的精彩纷呈，这时候，放弃就成了一种大智慧。放弃其实是为了得到，只要能得到你想得到的，放弃一些对你而言并不必需的"精彩"，又有什么不可以呢？

一次，一个美国画商看中了印度人带来的三幅画，画商愿意以每幅 200 美元的价格买下来，印度人要价 250 美元，画商嫌贵不同意，因为当时一般画的价格都在 100 美元到 150 美元之间，画商怎么愿意出那么多钱呢？印度人二话没说，点火把其中一幅画烧了。

画商见到这么好的画烧了，甚感可惜，表示愿以 250 美元的价格买下剩下的两幅画。印度人这时要价 400 美元，当他见画商有些犹豫之时，又烧掉了其中的一幅。画商不敢再犹豫，他乞求道："可千万别再烧这最后一幅！"他表示愿意以高价买下最后这幅画，最后以 950 美元的价格成交。

事后，有人问印度人为什么要烧掉两幅画，印度人说："物以稀为贵，再者，美国人喜欢收藏古董，珍藏字画，只要他爱上这幅画，是不肯轻易放弃的，宁肯出高价也要收买珍藏，所以我要烧掉两幅，留下一幅卖高价。"

在我们的生活中，有时候我们要放弃自己不舍得放弃的感情，有时候我们要放弃一些我们不想放弃的事情和不想放弃的东西。如果不放弃，就可能什么都得不到，所以为了得到更多，就要学会理智地放弃。生活有时会逼迫你，你不得不交出权力、不得不放走机遇，甚至不得不抛下爱情。其实，人生总是在不断地失去和拥有。拥有快乐，失去烦恼；捡到幸福，丢掉悲伤。不管将来你要放弃什么，最重要的是能够开心地面对。

勇于放弃者精明，善于放弃者高明。学会放弃吧，放弃失落带来的痛楚，放弃屈辱留下的仇恨，放弃心中所有难言的负荷，放弃对权力的角逐，放弃对金钱的贪欲，放弃对虚名的争夺——放弃烦恼，摆脱纠缠，使整个身心沉浸到轻松、宁静中去。人因为不懂得舍弃才会有许多痛苦。当自己懂得了舍弃时，就会豁然开朗，生命会马上向你展现出另外一番截然不同的景致。

为了将来不吃大亏，吃点儿小亏是必要的

从某种意义上说，乐于吃亏是一种境界，是一种自律和大度，是一种人格上的升华。如果一个人以吃亏为荣为乐，这会给他带来心灵上的平和，换来宝贵的友谊。

"吃亏"也许是指物质上的损失，但是一个人的幸福与否，却往往取决于他的心境。如果我们用外在的东西，换来了心灵上的平和，换来了宝贵的友谊，那无疑是获得了人生的幸福，这便是值得的。

世界上没有便宜是让人白占的，爱占便宜者迟早要付出代价。有的人见好处就捞，遇便宜就占，即使是蝇头小利，见了也眼红心跳、志在必得。这种人每占一分便宜，便失一分人格；每捞一分好处，便掉一分尊严。同样，天底下的亏也不是白吃的。从某种意义上说，乐于吃亏是一种境界，是一种自律和大度，是一种人格上的升华。在物质利益上不是锱铢必较而是宽宏大量，在名誉

地位面前不是先声夺人而是先人后己，在人际交往中不是唯我独尊而是尊重他人、抬举他人。如果一个人以吃亏为荣为乐，一定会获得人们的尊重、赢得好人缘。

古时候，有位皇帝赏赐给每个大臣一只羊。羊有大有小，有肥有瘦，在分羊时，一名负责分羊的大臣犯了难，不知怎么分才能让大家满意。正当他束手无策时，一名大臣从人群中走了出来，说："这批羊很好分。"说完，他就牵了一只瘦羊，高高兴兴地回家。众大臣见了，也都纷纷仿效，不加挑剔地牵了一头羊就走，摆在大臣们面前的一道难题一下子就迎刃而解了。这名大臣既得到了众大臣的尊敬，也得到了皇帝的器重。对于这名大臣来说，亏己不正是福己吗？

"吃亏是福"道出的是一种潇洒的生活态度，敢于吃亏也是一种做人的方法。做人的可贵之处是乐于退让，事实就是如此，自己主动吃点亏，往往能把棘手的事情做好，能把很难处理的问题顺利解决。

我们常说：会生活的人，或者说成功的人，最懂得的就是"舍得"。"舍得"几乎囊括了人生所有的真知妙理，只要我们能真正把握舍得的尺度，便掌握了人生成功的钥匙。善于变通的人懂得，在一定条件下，吃亏是福，为了将来不吃大亏，吃点小亏是必要的，而且，会吃亏的人才会成功。

俗话说，"吃亏者常在"。人生在世不可能不吃亏，世上难有完全公平之事，有占便宜的就有亏的，总想讨便宜不可能，吃亏与不吃亏是相对的，有失必有得，有得总有失。

岛村芳雄是日本东京岛村产业公司的董事长，他原先在一家包装材料厂当店员，后来改行做麻绳生意，就他在做麻绳生意时，创造出了商界著名的"原价销售术"。

岛村的原价销售术很简单，首先他以5角钱的价格到麻绳厂大量购进45厘米的麻绳，然后按原价卖给东京一带的工厂。完全无利的生意做了一年后，岛村开始按部就班地采取行动，他拿购货收据前去订货客户处投诉说："到现在为止，我是一毛钱也没有赚你们的。但是，这样让我继续为你们服务的话，我便只有破产一条路可走了。"这样与客户交涉的结果，使客户为他的诚实所感动，甘愿把交货价格提高为 5 角 5 分。同时，岛村又到麻绳厂商洽："你们卖给我一条 5 角钱，我一直是原价卖给别人，因此才得到现在这么多的订货。如果这赔本的生意让我继续做下去，我只有关门倒闭了。"厂方一看他开给客户的收据存根，大吃一惊。这样甘愿不赚钱的生意人，麻绳厂还是第一次遇到，于是毫不犹豫地一口答应他一条算 4 角 5 分。

如此一来，当时以他一天 1000 万条的交货量计算，他一天的利润就是 100 万日元。创业两年后，他就成为誉满日本的生意人。岛村的成功，不能不说是他巧用了敢于自己先吃亏的"原价销售术"。

在某些"聪明"人看来，"原价销售"无利可图，是一种糊涂行为；而目光远大，善于从长远利益考虑问题，不计较一时的赔赚恰恰是精明人所特有的赚钱风格。要想做大生意发大财就要懂得"欲取先予"的道理。德国的"铁血宰相"俾斯麦说过："当我放下诱饵来引诱鹿群，我就不会射杀第一个走过来的母鹿，而是等到一群鹿都围拢过来之后再射。"中国的古人说过："将欲取之，必先予之。"不劳而获或者不付出只索取的事情是办不到的，即使短期取得成功，也不会长久。

在人际交往中，如果人们能舍弃某些蝇头微利，也将有助于塑造良好的自我形象，获得他人的好感，为自己赢得友谊和影响力。遇事不要与人斤斤计较，应该把便宜、方便让给他人，这样你与他人之间的矛盾就会减少，人际关系也会融洽了，这才是君子风范，大人的处世之道。吃亏是福，吃小亏占大便宜。但是吃亏也是有技巧的，会吃亏的人，亏吃在明处，便宜占在暗处，让人被占了便宜还感激不尽，这也是做人的智慧。

"吃亏是福"不是简单的阿 Q 精神，而是福祸相依的生活辩证法，是一种深刻的人生哲学。相信"吃亏是福"，可以使心胸变得宽阔，心态更加乐观、积极，而且当自己遇到困难时，也能得到更多人的真心帮助。

面对不利环境,要炼就能屈能伸的个性

当客观环境对你不利,当你处于弱势时,先降下身份和架子,不怕别人把你看低,而恰恰怕别人把你看高了。当人们不把你当成对手的时候,你才有机会韬光养晦,然后在合适的时机里一飞冲天。

现实生活是残酷的,很多人都会碰到不尽如人意的事情。残酷的现实需要你学会能屈能伸。屈,是一种难得的糊涂,是一种"水往低处流"的谦恭;伸,是以退为进的谋略,以柔克刚的内功,以弱胜强的气概。因此,必须学会面对现实。要知道,敢于碰硬,不失为一种壮举。可是,胳膊拧不过大腿。硬要拿着鸡蛋去与石头斗狠,只能算做是无谓的牺牲。这样的时候,就需要用能屈能伸的方法来迎接生活。

有时候,人就得示弱,说得俗点,也就是该低头时就低头,当然示弱也需要你的智慧和勇气。人在前进的道路上,有时可能需要退却,退一步海阔天空。

1808 年秋,拿破仑决定邀请亚历山大在埃尔富特举行第二次会晤。这次会晤,是拿破仑为了避免两线作战,以法俄两国的伟大友谊来威慑奥地利。消息传到俄国宫廷,激起一片抗议声。皇太后在给亚历山大的信中说:"亚历山大,切切不可前往,你若去就是断送帝国和家族,悬崖勒马,为时未晚,不要拒绝你母亲出于荣誉感对你的要求。我的孩子,我的朋友,及时回头吧。"

但亚历山大却认为,目前俄国的军事力量仍然弱于法国,还不足以抗击拿破仑的军队,因此必须佯装同意拿破仑的建议,应该造成联盟的假象以麻痹之。俄国要争取更多的时间妥善做好战争准备,时机一到,就从容不迫地促成拿破仑垮台。

来到埃尔富特后，亚历山大有意地在拿破仑面前恭言卑词，在两个星期的会晤中，亚历山大与拿破仑形影不离。有一次看戏，当女演员念出伏尔泰《奥狄浦斯》剧中的一句台词，"和大人物结交，真是上帝恩赐的幸福"时，亚历山大居然装模作样地对拿破仑说："我在此每天都深深感受到这一点"。

又一次，亚历山大有意去解腰间的佩剑，发现自己忘了佩带，而拿破仑把自己刚刚解下的宝剑，赐赠给亚历山大，亚历山大装做很感动，热泪盈眶地说："我把它视做您的友好表示而接受，陛下可以相信，我将永远不举剑反对您。"

1812年，俄法之间的利益冲突已经十分尖锐。这时亚历山大认为俄国已做好军事上的准备，于是借故挑起战争，并且打败了拿破仑。

事后亚历山大总结经验教训时说："波拿巴认为我不过是个傻瓜，可是谁笑到最后，谁笑得最好。"

当客观环境对你不利，当你处于弱势时，先降下身份和架子，不怕别人把你看低，而恰恰怕别人把你看高了。我们只有练就了忍辱负重、能屈能伸的本领，才能摆脱困境，走向成功。其实，"屈"，不是屈服，也不是逆来顺受，而是一种聪明的变通，是等待时机，一旦时机成熟，便一跃而起，有如水底的潜龙腾空而起，才能充分的施展才干，创建功业。

埃及前总统萨达特是1952年埃及"七·二三"革命的组织者和发起者之一。在革命成功以后，领导者相互之间争权夺利，十分激烈，只有他不图大权，恬淡自若。对于大权在握的纳赛尔，他非常尊敬；对纳赛尔所提的建议，也从来没提出不同的意见；对纳赛尔的话，他也总是唯唯诺诺。为此，纳赛尔称萨达特为：毕克巴希萨萨（"是是上校"），甚至不满意地讲："只要萨达特不老说'是'，而用别的话来表示他的赞成意见时，我就会觉得舒服些。"在日常工作中，萨达特不露声色，表现也是平平常常。对于内政问题和外交大事，他从不拿出主见，偶尔自己的公开态度稍有出格，他就会立刻纠正过来，与纳赛尔的一批信徒保持一致。

在1967年的第三次中东战争以后，纳赛尔想隐退，将扎克里亚·毛希丁提名为继任者。但是，3 年之后，考虑到顺从及危险性大小等理由，权衡再三，纳赛尔出人意料地选萨达特为继任者。出于易于控制和为人温和的考虑，埃及军方也支持萨达特。

当萨达特继任总统以后，一反平日之态，大刀阔斧地进行了一系列改革。他自然是先排除异己，把毛希丁·萨布里等潜在对手革职或者降职，以稳固自己的权力和地位，接着，他又进行了政治上实行民主、经济上实行改革的政策。他因此获得"诺贝尔和平奖"。这一系列的外交上的惊人之举，使他一跃成为 20 世纪 70 年代世界政治舞台上叱咤风云的大人物。

从某种意义上来讲，"屈"是为了进取。"屈"不是消极沉默，而是蓄势待发；"屈"不是不思进取，"屈"是一种智慧，是暴风雨中酝酿的明丽彩虹。如果在困难和失意的时候，不能有效地掌握屈伸的分寸，就可能遭到沉重打击，因此，为人处世要能屈能伸，只有这样，才能在逆境中奋起，最终成就自己的事业。

弱者的生存空间，往往比强者更广阔也更有弹性。就是在我们身边，也常常会看到这样一种情形：曾经在办公室里跑腿打杂接电话的后生小子，几年工夫，已经有模有样地坐到主管的位子上指挥若定；而那些一开始就夸夸其谈、跃跃欲试的准精英们，到如今还是只有谈论的资格，没有实战的机会。

别人怎么看待你是一回事，你怎么看待自己又是另外一回事。你应该把别人怎样看待你和你自身的价值分开。低头的实质就是谋求利益交换，低头的目的就是为了壮大自己，我们要活下去并过得越来越好，就必须要学会低头。

没有办不成的事，只有没办法的人

遇到难以解决的问题，与其死盯住不放，不如把问题转换一下，化难为易，达到解决问题的目的。聪明人可以把复杂的问题简单化，不聪明的人可以把简单的问题复杂化。

人们常常会把那些有思想、有斗志、有开拓精神的成功者比做狼，把剩下的芸芸众生比做羊。狼是非常聪明的动物，并且很有勇气。世俗约束是人类发展最沉重的枷锁，而有狼性的人却不相信这些，人与人之间最大的差别不在智力或力量，而是勇气，是挣脱世俗的勇气，是特立独行的勇气，是突破常规的勇气，是挑战庸俗的勇气，是敢于创新的勇气。

当然，通向成功的大道，绝不止思维变通一种方式，但是突破常规的变通思维能力，却是每一个渴望成功的人所必须具备的。它缩短了行动与目标之间的距离，只有拥有了灵活变通的思维能力，并将之与具体行动相结合，它的匠心独运、别出心裁，往往能为你实现理想作出独创性的贡献。

突破常规思维，从另外的角度进行思考，或者将问题颠倒过来看一看，往往能够柳暗花明见新天。这种事例在日常生活和工作中有很多，由于这种思维方式灵活多变，能出奇制胜，所以往往能取得意想不到的效果。

两个儿子大了，富翁老了。这些日子富翁一直在苦苦思索，到底让哪个儿子继承遗产？富翁百思不得其解。想起自己白手起家的青年时代，他忽然灵机一动，找到了考验他们的好办法。

富翁锁上宅门，把两个儿子带到100里外的一座城市里，然后给他们出了个试题，谁答得好，就让谁继承遗产。他交给他们一人一串钥匙、一匹快马，看他们谁先回到家，并把宅门打开。

马跑得飞快，所以兄弟两个几乎是同时回到家的。但是面对紧锁的大门，两个人都犯愁了。

哥哥左试右试，苦于无法从那一大串钥匙中找到最合适的那把；弟弟呢，则苦于没有钥匙，因为他刚才光顾了赶路，钥匙不知什么时候掉在了路上。

两个人急得满头大汗。突然，弟弟一拍脑门，有了办法，他找来一块石头，一下子就把锁砸了，他顺利进去了。自然，继承权落在了弟弟手里。

一个人之所以能够迈出众人的行列，一半在于他的努力与智慧，一半在于他恰逢时机地打破了常规。如果你在一个偶然的或者必然的场合，采取某种方法或手段，突然显示出自己的思想、能力和才干，你就会出之于众，你就会引起别人的注意。

我们一旦形成了习惯的思维定势，就会习惯地顺着定势的思维思考问题，不愿也不会转个方向、换个角度想问题。他们的心里都默认了一个"高度"，这个高度常常暗示他们自己：成功是不可能的，这个是没有办法做到的。要想成功，就必须要有一定的"心理高度"，绝不能让固有的思维定势束缚住了手脚，要打破思维定势的枷锁。

所以，要想成就自己的事业，首先要正确认识自己，相信自己的能力。其次，要相信这个世界上没有办不成的事，不要整天愁眉不展，很多事情不是"不可能"，而是"大有可能"。

西铁城手表质量优良，属于世界名牌。但刚进入法国市场的时候却不被看好，因为法国人对西铁城手表根本就不了解。钟表商为了让法国人了解西铁城表，费尽了心思，但仍未见效。正在该公司决定撤离法国市场时，有一名中层经理出了一个"流星雨"的主意。他们首先在大众传媒上广泛宣传：某日将有世界上最好的手表从天而降，谁拾到就归谁。数千人怀着侥幸的心理在这天来到指定广场。预定的时间一到，忽然有一架飞机出现在上空，不一会儿，一只只闪闪发亮的手表从天而降。广场上的人兴奋地拾起落在地上的手表，居然完好无损。从此，西铁城手表得到了法国人的认可，并名声大振。

　　思维是改变自我的内在基础,好方法是解决问题的必要工具。只有运用头脑,积极思考,转换思路,不断寻求出新的做事方法,你才能够发现、创造更多的机会,实现自己的目标。遇到难以解决的问题,与其死盯住不放,不如把问题转换一下,化难为易,达到解决问题的目的。聪明人可以把复杂的问题简单化,不聪明的人可以把简单的问题复杂化。事实上,解决复杂问题时能够化繁为简,就体现了一种新的视角。把自己生疏的问题转换成熟悉的问题,开启了另一个视角,就会产生一条新思路。

　　人生也如此,你有怎样的生活想法,便有怎样的人生,当你面对缺憾心中愁苦时,就迈动智慧的双脚走一走,换个思考方法,也许事情就会"柳暗花明又一村"。 从今天开始,打破以前的固定思维,你就会开始一段美好的人生。

第四章　有一种心态叫自信：相信自己拥有让身边的人大吃一惊的能力

自信是一种生活态度，是成就一切的基石。当你自信能够完成一件事情时，就会调动起你身上一切积极的力量，创造出一种连自己都不敢相信的奇迹来。哪怕你已经陷入人生的谷底，只要信心还在，前途依然是光明的。对自己有信心的人不会怀疑自己的能力，也从不会担心自己的未来。

心态的惊人力量

▶想到不一定做到，但想不到一定做不到

任何观念只要一再重复，它就会深深地在你的潜意识中，并自动地影响到身体的外在行为，这就是所谓的"自我暗示"。不断地进行自我暗示可以增加你坚持目标的信心，并产生旺盛的企图心和无穷的力量。

如果一个人的眼光只放在吃饱穿暖，有一处栖身之地的层面上，让他成就一番事业，那简直是不太可能的。思想有多远，脚步就有多远。一个人有了明确的目标，也就产生了前进的动力。因为目标不仅是奋斗的方向，更是一种对自己的鞭策。一个人过去或现在的情况并不重要，将来想要获得什么成就才最重要，除非你对未来持有理想，否则很难想象你能有一个光明的前途。

有远大的抱负，能够使我们看清自己生活的使命，有助于我们安排工作和生活的轻重缓急、大小巨细。这一点对那些还没有在生活中扎稳根基的年轻人来说尤为重要，因为如果一方面为衣食奔忙，一方面对自己的人生又缺乏明确的规划，那么他们很容易成为琐事的奴隶而不能自拔。国外曾经有这样一则报道：300条鲸鱼在追逐沙丁鱼时，不知不觉地被困在了一个海湾里再也回不了大海。有人评论说："这些小鱼把海上巨鲸引向死亡，鲸鱼前仆后继，无端暴死，为了微不足道的小利而空耗了自己的巨大力量。"

没有目标的人，就像故事中的那些鲸鱼，他们也许有着巨大的能量，但他们把精力放在小事情上，小事情使他们忘记了自己本应做什么。要发挥潜力，你必须全神贯注于自己有优势并且会有高回报的方面，目标能帮助你集中精力。另外，当你不停地在自己有优势的方面努力时，这些优势会进一步发展，

甚至会爆发出你自己都感到惊异的力量。

一个小孩子喜欢跟自己的爸爸比试谁跑得更快，结果每次都输掉了。有一天，雪过天晴，父子俩又一次来到野外。小孩儿又向爸爸提出了比试的请求。但爸爸改变了主意，对他说："孩子，今天咱们不比谁跑得快，比谁走得直。看见前面那棵树了吧，我们都走到那里，谁的脚印直，就算谁赢。"孩子很高兴地答应了，他心里想："比谁跑得快，我肯定赢不了，没听说过哪个小孩能比大人跑得更快。但要比走得直，只要我专心致志，我一定能赢。"

爸爸很快就走到了那棵树下，而这个孩子却走得很慢很耐心。当他终于走到树下的时候，他的脸上泛着红光，因为他坚信他终于赢了。

可当他迫不及待地转过身来的时候，失望笼罩了他的脸：他走出的脚印弯弯曲曲，而爸爸的却像一条直线。望着孩子充满不解的脸，爸爸对他说："孩子，知道你为什么走不直吗？是因为你一直盯着脚下，而我一直盯着远处的树。"

孩子若有所思地跑回原处，盯着大树又走了一遍，他的脚印也成了一条笔直的线。

人生要有目标，有目标才有希望，有希望才有动力，没有目标的人生就如同折断羽翼的老鹰，永远只能在平地上，无法起飞，也无法超越。因此，要想获得成功，就一定要朝向一个构成成功的目标。也就是说，成功的尺度不是做了多少工作，而是做出了怎样的成果。明确的目标能使你充满信心，使你的心态变得积极，使你具有强烈的成功意识。这种成功意识使你充满成功的信念，并且拒绝接受任何失败。研究结果表明：有成就的人对他的未来有一个详细的和立体的设计图，他们的抱负和目标都明确地写在上面。一定要把你的愿望转化成明确、具体的目标。

拿破仑·希尔告诉我们，任何观念只要一再重复，它就会深深地在你的潜意识中，并自动地影响到身体的外在行为，这就是所谓的"自我暗示"。不断地进行自我暗示可以增加你坚持目标的信心，并产生旺盛的企图心，这股看不到的力量将促使你一往无前地向计划中的成功目标进发。

如果你不断地对自己说:"我能做到!""我能做好!"时间长了,潜意识就会接收到这样的信息并且信以为真。一旦你的潜意识相信并接纳了这个信息,它就会努力地把这个想法转化成事实。所以如果能有意地计划安排,让你的内心充满积极的想法,肯定地告诉自己的潜意识:"我有能力完成我想做的事。"每天多次重复这些自我激励的语句,直到它成为自动的反应,时间久了,当你怀疑自己不能完成某项任务时,这样的激励就会自动浮现,给予你莫大的精神动力。

美国有位年轻的警察叫亚瑟尔,有一次在执行任务中,他被歹徒用枪射中左眼和右腿膝盖。半年后,当他从医院出来时,完全变了个样:一个曾经高大魁梧、双目炯炯有神的英俊小伙子成了一个又跛又瞎的残疾人。

当地政府和一些组织授予了他许许多多的勋章和锦旗。一位记者曾问他:"你以后将如何面对你现在遭到的厄运呢?"亚瑟尔说:"我知道歹徒到现在还没有被抓获,我要亲手抓住他,这是我给自己制定的目标。"

在这以后,亚瑟尔不顾他人的劝阻,参与了抓捕那个歹徒的行动。他几乎跑遍了整个美国,甚至有一次为了一个微不足道的线索独自一人乘飞机去了瑞士。9 年后,那个歹徒终于在亚洲某个小国被抓获了。

有了追求,人生就变得充满意义,一切似乎清晰、明朗地摆在你的面前。什么是应当去做的,什么是不应当去做的,为什么而做,为谁而做,所有的要素都是那么明显而清晰。

心中的目标是茫茫大海上的灯塔,它能给我们指引前进的方向,让我们的心中充满了希望。在我们想要睡懒觉的时候,是它帮我们克服自己的惰性,将我们从温暖、舒适的被窝里拉出来,去做我们应该做的事情;在我们感到困难重重的时候,是它燃起我们成功的渴望,鼓起我们奋斗的勇气,坚定我们前进的步履。目标的有无,决定了我们将度过怎样的一生,是使人眷恋,还是让人厌烦;是丰富多彩,还是兴味索然。

以积极的心态看待外界的刺激

不如意的生活有如枷锁一样困扰着你，仿佛陷入深渊之中。在这样的生活中，你觉得生活的重担是如此的沉重，于是，就会出现抱怨心理，而抱怨不仅无济于事，而且会使你的处境越来越糟。只有满怀信心，积极的行动才是通向成功的唯一出路。

面对生活中的不如意，你总是在不停的抱怨：抱怨自己的父母、抱怨自己的老板、抱怨命运对自己的如此不公，让你蒙受贫困和不幸，却给予他人富足和安逸的生活。

生命是美丽的，而且异常精彩。面对不幸，面对潦倒，我们所要做的不是怨天尤人、自暴自弃，而应该是不断捕捉生存的智慧，承受苦难，直面打击，最终将自己打磨成一块闪闪发光的金子。要知道，上帝永远是公平的，等到有一天，你真正将自己打磨成一块熠熠生辉的金子时，任何人都掩不住你灿烂夺目的光辉。

当拿破仑16岁任少尉职的那年，不幸父亲去世。在他微薄的薪俸中，尚须节省一部分钱来赡养他的母亲。那时，他又接受差遣，须长途跋涉，到凡朗斯去加入队伍。他的厄运迭至，真是已达极点。到了队伍上，眼见伙伴们，大都把余闲的光阴，虚掷在狂嫖滥赌上，险恶的环境，将会使他一旦失足，便恨成千古。好在他尚不具有翩翩的风度，无从追求女人；囊中羞涩，更不能使他有一掷千金的豪兴。他把他余闲的光阴，全放在钻研学问上。幸好这时他在图书馆中，借到他要看的书，好像清风明月，予取予求。他早有了理想的目标，他在艰苦卓绝中埋首研习，虽然弄得面无血色，孤寂烦闷，都没有动摇他的意志，

心态的恼人力量

数年的工夫，积下来的笔记，后来印刷出来，竟有四大箱子。

这时，他设想到他自己已是一个总司令，他绘制了科西加岛的地图，并将设防计划罗列于图上，根据数学的原理，精确计算。从此以后，他渐露头角，为长官所赏识，派他担任重要的工作，至此否极泰来，青云直上。其他的人对他的态度，大大改观，今昔异趣，从前嘲笑他的人，反而接受他指挥，奉承唯恐不周；轻视他的人，也以受他稍一顾盼为荣；揶揄他是一个迂儒书呆，毫没出息的人，也虔诚崇拜。

当别人认为你是弱者时，只要你不认为自己是弱者，那你就不是弱者。不论境遇多么的不好，都不要抱怨，要对自己充满信心。卡耐基说："自信是成功的第一秘诀。"一个人，只要把潜藏在身上的自信挖掘出来，时刻保持着强烈的自信心，并通过积极的行动，才能改善处境，走向成功的人生。

其实，有时候，我们的抱怨只是徒劳，世界并不会因为我们的抱怨而改变，甚至有时候，我们的机会也会因为我们的抱怨而悄然溜走。在这个世界上，没有一种生活是完美的，也没有一种生活会让一个人完全满意，我们做不到从不抱怨，但我们应该尽量让自己少一些抱怨，而多一些积极的心态去努力争取。

珍子是日本人，她们家世代采珠，她有一颗珍珠，那是母亲在她离开日本赴美求学时给她的。

在她离家前，母亲郑重地把她叫到一旁，交给她这颗珍珠，告诉她说："当女工把沙子放进蚌的壳内时，蚌觉得非常的不舒服，但是又无力把沙子吐出去。所以，蚌面临两个选择，一是抱怨，让自己的日子很不好过；另一个是想办法跟这粒沙子同化，使它跟自己和平共处。于是，蚌开始把它的精力营养分一部分去把沙子包起来。

"当沙子裹上蚌的外衣时，蚌就觉得它是自己的一部分，不再是异物了。沙子裹上蚌的成分越多，蚌越把它当做自己，就越能心平气和地和沙子相处。"

母亲启发她道，蚌并没有大脑，它是无脊椎动物，在生命演化的层次上很低，但是连一个没有大脑的低等动物都知道要想办法去适应一个自己无法改变的环境,把一个令自己不愉快的异己,转变为可以接受的自己的一部分,人的智能怎么会连蚌都不如呢?

不要对自己目前的东西抱怨或不满。它们可能是贫乏的、不好的,但既然没有办法可以弄到更好的,你就只好迁就你既有的一切,从中去发现出路和希望。不重视现在,就不会有可以期待的未来。

人生在世,谁不渴望出人头地?美国成功哲学演说家金·洛恩说过这么一句话:"成功不是追求得来的,而是被改变后的自己主动吸引而来的。"我们之所以没有成功,是因为在我们身上存在着许多致命的缺点,如自私、傲慢、急躁、没有明确的人生目标、缺少自信、做事情不脚踏实地、没有耐心等,这些缺点严重制约了我们的发展。只要对自己进行深刻的检讨,采取改进措施,你的精神面貌就会发生巨大变化,你会感觉到自己在一天天地向成功迈进。

行动是你改变现状的捷径,而抱怨只会消磨你的斗志,击退你的信心。行动本身会增强信心,抱怨只会带来恐惧,克服恐惧的办法就是行动。其实,无论做什么事,付诸行动尤为重要。如果说敢想就成功了一半,那么另一半就是去做。立刻行动,现在就去行动,大量的行动、持续不断的行动,是你取得成功的唯一捷径。

学会鼓励自己,充分认识自己的价值

我们可以羡慕别人的才能、幸运和成就,但是,每个人都是独一无二的,每个人都有他特定的才能。做人要相信自己,千万不要轻看自己,要尽情赞美自己的优点,要相信"天生我才必有用"。

很多的时候,我们总是羡慕别人的才能、幸运和成就,总是不敢相信自己，总是认为别人比我们要强很多，一件事情要得到别人的肯定才是正确的。其实这又何必呢？在这个世界上没有不可能的事，而自我激励不够的人总是会给自己找借口，好像在困难中唯一能说的就是"我不行"这三个字。

其实，每个人都是独一无二的，每个人都有自己最优秀的一面，差别就在于如何认识自己、如何发掘和重用自己。首先你要认为你能，然后去尝试，再尝试，最后你就会发现你确实能。同时要在内心强化"我能，我一定能"的信念，要肯定自己的价值，让自己充满自信，才能发挥自己的能力。

有一个名叫莲娜的小女孩，她一生下来就没有双臂，而且左腿也只有右腿的一半长。其实，在她母亲分娩之前，医生就曾告诉过她的父母说："这孩子即使有幸活下来，也是重度残疾！"

然而，她的父母却接受了这个现实，并决定用爱将这个无臂单脚的女儿抚养大。在刚学习走路的时候，莲娜经常跌倒在地上，并哭着求助别人扶她、抱她。但是，她的妈妈总是在一边坚定而温柔地鼓励她说："你爬到墙边，靠着墙，就可以站起来了……"

6岁的时候，父亲开始教她游泳。在父亲细心地照料与指导下，她喜欢上了游泳，在水里居然像小鱼儿一样无拘无束。后来，莲娜开始接受学校教练的正规指导，学习不同的游泳技巧，她的成绩有了飞速的提高。

15岁的时候，莲娜刷新了瑞典100米蝶泳和200米自由泳纪录，从而获得进入国家代表队接受训练的机会。18岁时，她参加了在法国举行的世界杯游泳赛，她在四项竞赛中，摘下四枚金牌，而且还打破了100米蝶泳的世界纪录。

更令人惊讶的是，她的嗓音极为甜美。尽管没有双手，却能用脚趾弹钢琴。她在申请加入斯德哥尔摩音乐大学的时候，莲娜用脚自弹自唱了一首名叫《我很丑》的歌。她的奇特表演，感动了所有在座的教授专家，并最终获得入学许可，进入音乐大学深造。而今，她已经成为一名出色的歌唱家，经常随演出团到世界各地巡回演出。

无论发生什么事，无论处于什么境地，自信者都相信自己一定能成功。自信心绝对不是一个空洞的口号，而是每一个渴望成功的人都必须具备的素质，相信自己一定能行的人，在积极心态的支配下，无论遇上什么困难和挫折，都能乐观的坚持到底，绝不言弃。所以，你一定要努力让自信的根扎在你灵魂的深处，让它跟随着你的心脏和血液一起跳动和流淌，推动着你在生活和事业上获得成功。

"人不是为失败而生的。"这是海明威的著名格言，它代表一种高度整合的积极心态。相信自己，相信人生的光明面，能使我们在面临恶劣的环境时仍能寻求最好的、最有利的结果。事实也证明，当你往好的一面看时，你便有可能获得成功。积极思想是一种深思熟虑的过程，也是一种主观的选择。

一天，一个喜欢冒险的男孩爬到父亲养鸡场附近的一座山上去，发现了一个鹰巢。他从巢里拿了一个鹰蛋，带回养鸡场。把鹰蛋和鸡蛋混在一起，让一只母鸡来孵。孵出来的小鸡群里有了一只小鹰。小鹰和小鸡一起长大，因而它不知道自己除了是小鸡外还会是什么，起初它很满足，过着和鸡一样的生活。但是，当它逐渐长大的时候，它内心里就有一种奇特不安的感觉。它不时想："我一定不只是一只鸡！"只是它一直没有采取什么行动，直到有一天，一只老鹰翱翔在养鸡场的上空，小鹰感觉到自己的双翼有一股奇特的新力量，感觉胸腔里心正猛烈地跳着。它抬头看着老鹰的时候，一种想法出现在心中："我和老鹰一样。养鸡场不是我呆的地方。我要飞上蓝天，栖息在山岩之上。"

它从来没有飞过，但是它的内心里有着鹰的力量和天性。它展开了双翅，飞升到一座矮山的顶上。极为兴奋之下，它再飞到更高的山顶上，最后冲上了蓝天，到了高山的顶峰。它发现了伟大的自己。

人生是依靠强烈的自信支撑起来的，一旦我们失去了自信，就违背了自己的本性，不敢肯定一切，人生也就没有了根。我们会消极、迷惘，不知道自己该干什么，一遇到不利于自己的情势，就会畏难发愁，甚至逃避，结果，无论多么好的机会摆在你面前，你都抓不住，最终一事无成。

在我们奋斗的历程当中，你会发现有许多碌碌无为、一事无成的人，他们总是在告诉自己不能做这个、不能做那个，对自己没有信心，总是消极地认定那是不可能的。其实，每个人都有自己的优点和弱点，不一定别人走的路你也能走得通，不一定别人走不通的路，你就走不通。要对自己充满信心，无论遭遇多大的痛苦和磨难，只要认准目标，并用积极的心态去赞美自己的优点，相信自己是独一无二的，不胆怯，不畏缩，积极地挑战厄运，努力去突破自己，就一定会迎来希望的曙光。

我们应该觉悟到"天生我才必有用"，觉悟到造物主育我，必有伟大的目的或意志寄于我的生命中，万一我不能充分表现我的生命于至善至美的境地、至高的程度，对于世界将会是一个损失。为了保护自己的自信心和成功信念，要学会赞美自己、鼓励自己，让自己的人生充满斗志。

巨大的成就，常常会从巨大的风险开始

有识没胆，那是坐而论道的懦夫；有胆没识，那是有勇无谋的莽汉。真正具备成功素质的人，从来都相信命运靠自己掌握，他们敢于打破常规，敢于尝试别人不敢尝试的事，所以他们提早一步抓住了机遇，这正是他们的聪明之处。

俗话说得好："舍不得孩子套不住狼。"冒险精神，始终都是人类社会进步的最重要的动力，更是一种善于把握机会的高超能力。纵观古今中外无数的成功之人，他们之所以能有所成就，不是因为机遇青睐于他们，而是因为他们敢于冒险、善于抓住机遇。他们敢于打破常规，敢尝试别人不敢尝试的事，所以他们提早一步抓住了机遇，这正是他们的聪明之处。但是他们也深知，冒险肯定会有风险，但风险的背后通常暗藏着机遇，风险越大，收益也会越大。如果做什么事情都要跟在别人的后面，从不敢冒一次险，这样的人又怎么会成功呢？

美国现代心理学之父威廉·詹姆斯说："我们坚定不移的冒险精神，常常是取得胜利的唯一法宝。"也就是说，人的冒险精神作为一种愿望和自我确证，能产生超越自我的力量。

劳埃德是英国保险公司中名气最大、信誉最高、资金最雄厚、历史最悠久、赚钱最多的一家。它年承担保险金额为 2670 亿美元，保险费收入达 60 亿美元。

该公司一直坚守着："在传统商场上争取最新形式的第一名"的信条。事实也是如此，劳埃德公司总是具有开拓创新精神，它总能敏捷地认识和接受新鲜事物。

1866 年，汽车诞生，劳埃德公司在 1909 年率先承接了这一形式的保险。在还没有"汽车"这一名词的情况下，劳埃德公司将这一保险项目暂时命名为"陆地航行的船"。

1984 年，由美国航天飞机施放的两颗通讯卫星曾因脱离轨道而失控，其物主在劳埃德公司保了 1.8 亿美元的险。劳埃德眼看要赔偿一笔巨款，就出资 550 万美元，委托美国"发现号"航天飞机的宇航员，在 1984 年 11 月中旬回收了那两颗卫星。经过修理之后，这两颗卫星在 1985 年 8 月被再次送入太空。这样，劳埃德不仅少赔了 7000 万美元，而且向他的投资者说明：卫星保险从长远看还是有利可图的。

真正具备成功素质的人，从来都相信命运靠自己掌握，他们敢冒风险，但他们同时也时刻在研究可能出现的后果。他们做他们所能做的一切，以提高获取回报的可能性。他们认真准备、制订计划，以获取成功。

而许多有本事、有高学历、有高技能的人，就是因为没有冒险精神，他们总担心失败，他们总会找出很多合理化理由，来使自己不去冒险，最后，他们一事无成。有的人总害怕困难，将一些很有意义的事推给了别人，但当别人成功后，他们又开始后悔，就像 99℃ 的水永远开不了，过着半红不黑的生活，而那些既有本事，又有探索精神的人则是理所当然的成功者。

1959 年，金庸 35 岁，抵港已 11 年了，他对自己这段时间的作为做了一个总结：

北上投效外交部失败；

婚姻失败；

唯写作武侠小说成功。

把这几件事综合起来看，写武侠小说应该是自己走的路。但是，在金庸看来，写武侠小说毕竟只是"副业"，在别人看来也许是成功的，但自己始终难抒己愿。而最让他难受的是，作为主业的编辑行业却因《大公报》的工作作风而使自己难以尽情施展抱负。那么，下一步该怎么走？

在别人看来，金庸坚持以写武侠小说作为自己的事业也是很不错的，但金庸选择了一条充满风险的行业：办报。

在香港有这样一句俗语：假如和人有仇，最好劝他办报，意指办报的风险极高。但金庸已经决定自立门户，说干就干。1959 年 5 月 20 日，日后名声斐然的《明报》正式创刊了。

选择一项全新的、从未有过经验的行业自然有许多难处，对金庸也不例外。《明报》创刊之始他苦苦支撑，困境时甚至只剩下包括金庸在内的两个人，许多人都断言：《明报》不出半年即倒闭。但出人意料的是，《明报》不但支撑了下去，而且销量渐有上升，一步步打开了局面。

世界上恐怕没有人心甘情愿地去冒风险，因为风险常常会是失败的导火索。但是不冒风险，又怎么能抓住机会呢？任何领域的领袖人物，他们之所以能够成为顶尖人物，正是由于他们勇于面对风险。美国传奇式人物、拳击教练达马托曾经一语道破："英雄和懦夫都会恐惧，但英雄和懦夫对恐惧的反应却大相径庭。"

事实上，无论是工作还是生活，如果总是重复同一个内容，你又怎么能有新的收获呢？你应该清楚，生活并不是可以预先设计的，所以对于不可预知的未来，你没有必要担心惧怕，你应该具有敢为人先的冒险精神，打破你的规矩，突破你的闭锁，去体会冒险为你带来的快乐。只要有冒险精神，你就能移动一座山。只要自己相信能成功，你就会赢得成功。

冒险与收获常常是结伴而行的。可以说，风险有多大，成功的机会就有多大。当我们的生活和事业处于一种难以突破的瓶颈地带时，可以这样问自己：我是要继续这样得过且过，还是要坦然接受风险，重新打造自己的人生？

绝不允许自卑的情绪泛滥成灾

自卑是一种消极的自我评价，有自卑心理的人不愿和别人来往，他们做任何事情都缺乏自信，对任何事都心灰意冷。看事情总是看不好的那一面，行动之前先否定了自己，狐疑和动摇，使他们永远享受不到成功的喜悦。

有句话说：天下无人不自卑。无论圣人贤士、富豪王室，还是贫农寒士、贩夫走卒，在他们孩提时代的潜意识里，都是充满自卑的。但做人想要成就一番大事业，首先要尽力清除人类天性里的不良因素，用坚定代替懦弱，用自信代替自卑。

自卑是一种消极的自我评价，因此有自卑心理的人不愿和别人来往，他们做任何事情都缺乏自信，没有竞争意识，享受不到成功的喜悦，看事情总是看不好的那一面，对任何事都心灰意冷。自卑的人还常常低估自己，即使他们很优秀，他们也会觉得自己很失败，而且他们容易受别人的影响，如果别人对他们的评价较低，他们就会相信别人的评价。此外，自卑的人喜欢拿自己的短处和别人的长处比，越比越觉得自己不如别人，越觉得灰心，自卑感越深。

十几年前，他从一个仅有20多万人口的北方小城考进了北京的大学。上学的第一天，与他邻桌的女同学第一句话就问他："你从哪里来？"而这个问题

心态的惊人力量

正是他最忌讳的,因为在他的逻辑里,出生于小城,就意味着小家子气,没见过世面,肯定被那些来自大城市的同学瞧不起。

就因为这个女同学的问话,使他一个学期都不敢和同班的女同学说话,以致一个学期结束的时候,很多同班的女同学都不认识他!

20年前,她也在北京的一所大学里上学。

大部分日子,她也都在疑心、自卑中度过,她疑心同学们会在暗地里嘲笑她,嫌她肥胖的样子太难看。

她不敢穿裙子,不敢上体育课。大学结束的时候,她差点儿毕不了业,不是因为功课太差,而是因为她不敢参加体育长跑测试。老师说:"只要你跑了,不管多慢,都算你及格。"可她就是不跑。她想跟老师解释,她不是在抗拒,而是因为恐慌,恐惧自己肥胖的身体跑起步来一定非常的愚笨,一定会遭到同学们的嘲笑。可是,她连向老师解释的勇气也没有,茫然不知所措,只能傻乎乎地跟着老师走。老师回家做饭去了,她也跟着。最后老师烦了,勉强算她及格。

在曾经播出的一个电视晚会上,她对他说:"要是那时候我们是同学,可能是永远不会说话的两个人。你会认为,人家是北京城里的姑娘,怎么会瞧得起我呢?而我则会想,人家长得那么帅,怎么会瞧得上我呢?"

他,现在是中央电视台著名节目主持人,经常对着全国几亿电视观众侃侃而谈,他主持节目给人印象最深的特点就是从容自信。他的名字叫白岩松。

她,现在也是中央电视台著名节目主持人,而且是第一个完全依靠才气而丝毫没有凭借外貌走上中央电视台主持人岗位的。她的名字叫张越。

在我们的成长过程中,出现犹豫和动摇是正常的。心灵灰暗的时候,就会轻易被别人头顶的光环所迷惑,以为天下只自己一个可怜人。当自卑自怜的一页揭过去之后,你会发现当时的伤心失望是多么的不值。

俗话说"尺有所短,寸有所长","金无足赤,人无完人"。每个人都有长处与短处,因此,正确的比较应该全面。既比上,又比下;既比优点,也比缺点。跟下比,看到自身的价值;跟上比,鞭策自己求进步。这样,就会得出"比上不足,比下有余"的结论。世上任何人都逃脱不了这个公式，明白了这一点，心理也就取得了平衡点。其实，最重要的比较，是自己跟自己比。走自己的路，奋发努力，不断进步，放出自己的光和热，这就是光荣的、有意义的人生。

在许多成功者那里，我们都可以看到超凡的自信心所起到的巨大作用。这些人在自信心的驱动下，敢于对自己提出更高的要求，并在失败的时候能够看到希望，最终获得成功。

一代球王贝利初到巴西最有名气的桑托斯足球队时，他害怕那些大球星瞧不起自己，竟紧张得一夜未眠，他本是球场上的佼佼者，但却无端地怀疑自己，恐惧他人。后来他设法在球场上忘掉自我，专注踢球，保持一种泰然自若的心态，从此便以锐不可当之势踢进了 1000 多个球。球王贝利战胜自卑的过程告诉我们：不要怀疑自己、贬低自己，只需勇往直前，付诸行动，就一定能走向成功。

强者不是天生的，强者也并非没有软弱的时候，强者之所以成为强者，在于他善于战胜自己的软弱。

每个向往成功、不甘在生活中沉沦的人，都应该牢记先哲的这句至理名言："最优秀的人就是你自己！"只有你才是自己生命的重心，也唯有你能给自己最有力的肯定，那才是你潜能开发、实现突破的最佳基础。

做任何事情都是一样，都要相信自己。只有相信自己，你才能做好事情，相信自己，遵循内心的梦想努力实践，自身才会充满生命的能量，充满生命的激情。请相信自己，不论前途多么崎岖，它注定会为你延伸一条跨越山脉、走向成功之路。只要你勇敢地朝着希望的方向走，你就不会失败！

心态的怀人力量

心态的惊人力量

▶正视缺憾,在劣势中寻找优势

人们都在追求完美无缺,但人生中有些缺陷是无法改变的事实。其实,缺陷也是我们生命中的一部分,我们要正视它的存在,并把它做为奋斗的动力,让自己的人生因缺陷而更有生命的价值。

自身的缺憾往往是难以更改的事实,任何企图掩盖或回避缺憾的做法都可能引来消极的结果。其实,缺陷也是一种美,也是生命的一部分,只有正视缺憾,坦然地面对,并把它当做是奋斗的动力,以积极的心态去不断地超越缺陷,才能真正认识到自己生命的价值。

美国杰出的学者戴尔·卡耐基说过:"一种缺陷,如果生在一个庸人身上,他会把它看做是一个千载难逢的借口,竭力利用它来偷懒、求恕;但如果生在一个有作为的人身上,他不仅会用种种方法来将它克服,还会利用它干出一番不平凡的事业来。"是的,只有抱定人定胜天的信心,在意识到自己缺陷的同时,能正确地评价自己,并克服先天的缺陷,把缺陷作为成功的资本,以自己强大的自信去争取自己完美的人生。

曾长期担任菲律宾外长的罗慕洛身高只有163厘米,他也像其他人一样,常常为自己个子低矮而自惭形秽。他甚至穿过高跟鞋,但这种方式只能令他心里不舒服,他感到那是在掩耳盗铃,于是便把高跟鞋彻底扔掉。后来,也正是身材矮小促使他走向了成功,因而他说:"我愿下辈子还做矮人。"

1935年,罗慕洛应邀到圣母大学接受荣誉学位,并且发表演讲。同一天,高大的罗斯福也是演讲人之一。事后,罗斯福含笑对罗慕洛说:"你抢了美国总统的风头。"

1945 年，联合国创立会议在旧金山举行。罗慕洛以无足轻重的菲律宾代表团团长身份，应邀发表演说。讲台几乎和他同样高。等大家都安静下来，罗慕洛庄严地说："我们就把这个会场当做最后的战场吧。"这时，全场陷入了静默，接着爆发出一阵热烈的掌声。最后，他以"维护尊严、言辞和思想比枪炮更有力量……唯一牢不可破的防线是互助互谅的防线"结束了这次演讲。全场掌声久久不息。

事后，他分析："如果是高个子讲这些话，听众可能礼貌地鼓一下掌，但菲律宾那时离独立还有一年，自己又是矮子，由我来说，就会收到意想不到的效果。"

就从那时起，小小的菲律宾就开始在联合国中被各国当做很有资格的国家了。也正是从那时起，罗慕洛认识到了矮个子比高个子更有着某方面的天赋，矮个子起初总被人轻视，但一旦爆发，就会一鸣惊人。

做人最大的乐趣在于通过努力的奋斗去获取我们想要的东西，所以有缺陷意味着我们可以进一步完美，有匮乏之处意味着我们可以再进一步完善。当一个人什么都不缺的时候，他的生存空间就被剥夺掉了。如果我们每天早上醒过来，感到自己今天缺点儿什么，感到自己还需要更加完美，感到自己还有追求，那是一件多么值得庆幸的事！

人生最大的挑战就是挑战自己。人有了信心，就会产生意志，就具备了敢于挑战自己的素质，就能做成这个世界上的任何事情。人与人之间，弱者与强者之间，成功与失败之间最大的差异就在于意志的差异。人一旦有了意志的力量，就能战胜自身的各种弱点和缺陷。

有一个叫黄美廉的女子，是一位先天性的脑麻痹患者。这种病的症状十分惊人，因肢体失去平衡感，手足便时常乱动，眯着眼，仰着头，张着嘴巴，口里念叨着模糊不清的词语，模样非常怪异。这样的人其实已失去了语言表达能力，不亚于哑巴。但黄美廉没有放弃自己，硬是靠着顽强的意志和毅力，不仅在美国南加州大学拿到了艺术博士的学位，还到处办自己的画展，依靠手中的画笔和良好的听力来抒发内心的情感。

在一次讲演中，一个不懂世故的青少年竟然这样提问："黄博士，你从小就长成这个样子，你会认为老天不公吗？在人生的旅途上，你有没有怨恨？请问你怎么看你自己？"

对于一位残疾人士来说，这个问题显得那么尖锐和苛刻，大家唯恐黄美廉博士因此感到难堪，会刺伤她的心。但是，黄美廉博士只是微微一笑，转过身来，用粉笔在黑板上写出了这样的答案：

一、我好可爱。

二、我的腿很长、很美。

三、我的爸爸妈妈很爱我。

四、我会画画，我会写稿。

五、我有一只可爱的猫。

六、还有很多的生活方式让我热爱……

最后，她以一句话作结论："我只看我所有的，不看我没有的！"

无论是先天或因后天而造成的身体缺陷，都是人们所无法选择的，但积极的心态却能战胜无法回避的缺陷。因此，要学会面对自己，对自己要充满自信，不要因为自己的缺陷而看轻自己，要尽力发挥自己的优势，多往好的方面想，就能增强信心、充满活力，看到生活的希望。

心态对人前途的影响是巨大的。一个人只有拥有积极的心态，乐观地看待自身的缺陷，超越自身的缺陷，并能因自身的缺陷而使自己产生大无畏的勇气而感到由衷的快乐。只有这样才能无惧生活中的困难，才能始终坚定地为自己的理想而努力。

▶事在人为，别被一时的失利吓倒了

在遭遇困厄的时候，首先要认识到正视现实是我们最好的选择，逃避现实只会使我们的境况变得更糟。无论如何，我们都不要放弃努力，不管结果如何，总比坐以待毙要强得多。

漫长的人生道路犹如一条条射线，尽管会遇到许许多多、大大小小的困难与挫折，但是我们一定要有勇往直前的信心，去迎接一个个困难，挑战一个个困难。在理想的指引下，忽略一切枝节问题的纠缠，尽可能以笔直的脚印冲向前方。

在遭遇困厄的时候，首先要认识到正视现实是我们最好的选择，逃避现实只会使我们的境况变得更糟。当我们想要抱怨的时候，当我们想要唉声叹气的时候，当我们想要指责命运的不公时，我们先给自己提个醒吧：应该试着正视一下现实，说不定会发现它是一个纸老虎呢，即使是个真老虎，我们也可以想想办法，不管结果如何，总比坐以待毙要强得多。

在 1914 年一个冬天的晚上，大发明家爱迪生的实验室在一场大火中化为灰烬。损失超过 200 万美元。在短短的一个晚上，爱迪生一生的心血在浓烟滚滚的大火中付之一炬。

在大火猛烈燃烧的时候，爱迪生的儿子在浓烟和灰烬中发疯似的寻找父亲，他看见父亲正平静地看着火中的实验室。当爱迪生看见儿子时对他大声嚷道："查理斯，你母亲去哪里了，去，快去把她给找来，她这辈子恐怕再也见不到这样的场面了。"

第二天清早，爱迪生看着一片废墟说道："灾难自有它的价值，瞧！我们以前所有的错误都被大火烧得一干二净，感谢上帝，这样一来我们又可以从头再来了。"

火灾刚过 3 周，六十多岁的爱迪生就开始着手推出世界上的第一部留声机。

无论如何，灾难已经发生，不管我们如何痛心疾首，它已是不可逆转的了。面对眼前的废墟哭泣，只能使我们陷入更加悲惨的境地。在这个世界上，有许多人总是与成功失之交臂，根本原因就在于他们对境遇的好坏存在太强的依赖之心，一直不肯相信自己的力量，一旦遭受任何打击，他们就开始怀疑自己的能力和运气，轻而易举地缴械投降。我们要改变命运，这种心态首先要变。

正视现实并设法改善是一种非常好的习惯，我们要经常提醒自己去这样做。不论你遇到的是什么事，你都可以体验一下正视现实并设法改善会产生多么好的效果。这种体验是非常令人激动和兴奋的，你将感到一种无所畏惧的豪迈，反之，即使机会就在你面前，你怀疑和失望的情绪也会剥夺你的好运气。

1929 年下半年的某一天，美国青年奥斯卡在中南部的俄克拉荷马州首府俄克拉荷马城的火车站上等候火车往东边去。他在气温高达 43℃的西部沙漠地区已经待了好几个月，他正在为一个东方的公司勘探石油。奥斯卡毕业于麻省理工学院，据说他已把旧式探矿杖、电流计、磁力计、示波器、电子管和其他仪器结合成勘探石油的新式仪器。现在奥斯卡得知，他所在的公司因无力偿付债务而破产了，奥斯卡踏上了归途。他失业了，前景相当暗淡，消极的心态在一开始就极大地影响了他。由于他必须在火车站等待几个小时，他就决定在那儿架起他的探矿仪器用以消磨时间，他突然发现仪器上的读数表明车站地下蕴藏有石油，但奥斯卡不相信这一切，他在盛怒中踢翻了那些仪器。"这里不可能有那么多石油！这里不可能有那么多石油！"他十分反感地反复叫着。

奥斯卡由于失业的挫折，深受消极心态的影响，他一直寻找的机会就躺在他的脚下，但是他不肯承认它，他对自己的创造力失去了信心。那天，奥斯卡在俄克拉荷马城火车站登上火车前，把他用以勘探石油的新式仪器毁弃了，他也丢掉了一个全美最富饶的石油矿藏地。

不久之后，人们就发现俄克拉荷马城地下埋有石油，甚至可以毫不夸张地说，这座城就浮在石油上。

对自己充满信心，是成功的重要原则之一。检验你的信心如何，要看在你最需要的时候是否应用了它。奥斯卡由于心中没有蕴藏着自信，所以他就发现不了近在咫尺的矿藏。

梁启超说过："凡任天下大事者，不可无自信心，每处一事，既看得透彻，自信得过，则以一往无前之勇气赴之，以百折不挠之耐力特之。虽千山万岳，一时崩溃而不以为意，虽怒涛惊澜，蓦然号于脚下，而不改其容。"由此可见，自信是成功的先决条件。信心是一种人格特质，也是一种平静稳定的心理现象，更是一个人成就自己的美德。有大信心者，就会有大成功；有小信心者，只能有小成功；没有信心者，则没有成功。

▶畏惧的心理，只能使你"噩梦成真"

因为心中的畏怯，使我们在做一些新事情的时候总是犹豫不决。人们往往会回忆过去的失败，从而花太多的时间往坏处想，以至于被吓得不敢越雷池一步。

现实中，我们总会遇到一些比较困难，或者遇到自己不愿意做的事情，有些人会知难而进，强迫自己去接受挑战，而更多的人却都是采取逃避的态度，把它无限期地往后搁，最终什么也做不成。

美国一位寿险业的销售冠军，在被问到如何销售保险的时候，他说在大学的时候，全校几乎所有的美女都跟他约会过。问的人很纳闷："这跟保险有什么关系?"

他回答说:"很有关系,因为这些所谓的校园美女,大部分的男生都不敢追求她们,他们都是被动的,都怕被拒绝。"

但是他知道,这些美女都是很寂寞的,他不断地主动出击,因此每次都奏效。

正因为他跟学校所有的美女都约会过,所以当他从事保险业的时候,他想,这些成功的人士,大家一定都不敢去拜访。或者认为他们已经买了保单。然而,他不断地主动出击,不断地拜访他们,在说服了这些董事长购买保单之后,董事长的朋友也都是成功人士,这些成功人士不断地介绍朋友给他,因此他成了保险业的佼佼者。

世界上很多脑筋好的人,不一定万事皆成,因为他们都以理论来解释人生,在没有进行任何尝试之前,先被失败的阴影吓住了。

杰森大学毕业后如愿以偿地到当地的《明星报》任记者。这天,他的上司交给他一个任务:采访大法官布兰代斯。

第一次上班就接到如此重要的采访任务,杰森不是欣喜若狂,而是愁眉不展。他想:自己任职的报纸又不是当地的一流大报,自己也只是一名刚刚出道、名不见经传的小记者,大法官布兰代斯怎么会接受我的采访呢?同事迈克得知他的苦恼后,拍拍他的肩膀,说:"我很理解你。让我来打个比方:你现在好比躲在阴暗的房子里,然后想象外面的阳光多么炽烈。其实,最简单有效的办法就是往外跨出第一步。"

迈克拿起杰森桌上的电话,查询布兰代斯的办公室电话,很快,他与大法官的秘书接通了电话。接下来,迈克直截了当地提出了他的要求:"我是《明星报》新闻部记者杰森,我奉命采访法官,不知他今天能否接见我?"站在旁边的杰森听了吓了一跳,迈克一边打电话,一边向目瞪口呆的杰森扮鬼脸。接着,杰森听到了他的答话:"谢谢你。明天 1 点 15 分,我准时到。"

"瞧,直接向他说出你的想法,一切问题都解决了。"迈克向杰森扬扬话筒,"明天中午 1 点 15 分,你的约会时间不要忘了。"一直在旁边看着整个过程的杰森面色平缓了许多，他终于明白，有许多事情其实很简单，只是我们自己把它想得过于复杂了，因此也就丧失了机会。

如果有一件事应该去做而你一直在犹豫，那么单刀直入是最简明的办法，做来不易，但很有用。而且，第一次克服了心中的畏怯，下一次就容易多了。

美国前总统罗斯福说过："我们唯一需要害怕的，是害怕本身。"因为心中的畏怯，使我们在做一些新事情的时候总是犹豫不决。人们往往会回忆过去的失败，从而花太多的时间往坏处想。

有一位年轻的女律师，她不久就要出席到法庭审判。这是她当律师后的第一次出庭为人辩护。因此，她感到特别的紧张不安。

成功大师卡耐基问她希望给陪审团留下个什么印象，她回答说："我不要被人看做无经验，太年轻，或是太幼稚，我不要他们怀疑到我这是第一次出庭为人辩护，我不要……"

这位女律师掉进了"不要"的陷阱里。"不要"是一种消极的目标，"不要"会使你不想怎样却偏会怎样，因为你的大脑里会产生一些不好的图像，并对其作出反应。

卡耐基告诉这位女律师：斯坦福大学所做的一项研究表明，大脑里的某一图像会像实际情况那样刺激人的神经系统。举例来说，当一个高尔夫球手在告诫自己"不要把球打进水里"时，他的大脑里往往会浮现出"球掉进水里"的情景，所以，你不难猜出球会落到何处。

卡耐基再次询问那位女律师，问她希望出现些什么情况。这次她回答说："我希望被人认为业务精通，充满自信。"

卡耐基建议她试想一下"充满自信"的感觉，她认为，那意味着满怀信心地在法庭上走动，口中使用着充满说服力的语言，用眼睛同证人和陪审员保持着紧密的联系，说话时声音清晰洪亮，使整个法庭上的人都能听清。她还想象了精彩的结案辩词和己方胜诉的情景。经过这种积极的图像设想演练几星期之后，这位年轻的女律师最终赢了她的第一次出庭辩护。

　　一个人想着成功，就可能成功；想的尽是失败，就会失败。成功产生在那些有了成功意识的人身上，失败根源于那些不自觉地让自己产生失败心理的人身上。当形势严峻时，我们只有相信自己，放开手脚去办事，才可能达到良好的效果。

第五章　有一种心态叫坚韧：

心中有章程，

自然可以抗击一切重压

谁都不希望遭受打击，更不愿意陷入困境，但它们又常常不期而至：失恋、离婚、竞争失利、遭受失败、工作失误及天灾人祸等，生活中无处不有、无人不遇，以至使人精疲力竭，走投无路。这个时候，正是人和命运较量的关口，我们要相信，顽强的毅力可以征服世界上任何一座高山，凡是经得起考验的人，都会因为他的毅力而获得丰厚的报酬。

心态的惊人力量

▶忍耐是应对困境的有效手段

忍耐不是软弱，而是另一种意义上的坚强，能忍耐的人才能够获得他想要的东西，忍耐是在积极地蓄积力量和资本，因此，耐心地等待最好的时机吧。

一个人的成功，要看他的志向有多大，也要看他在确立一个目标之后，在走向成功的路上，以何种心态应对困境。面对那些棘手的问题时，你会怎么做呢？是心灰意冷逃之夭夭，还是以坚强的毅力，争取啃下这块硬骨头？

如果身陷困境时，你心灰意懒，放弃了前进的方向，你必须付出高出平时几倍的耐力和斗志才可能挽回自己的不利处境。所以不管遇到什么样的挫折，我们都不应该逃避，而要坚忍不拔地走下去。其实，生活中大部分事情总会有办法来解决的，只有你的耐力和勇气逐渐强大起来，那些困难和障碍才会显得微不足道，你的忍耐力越强，你得到的收获就会越大。

有一个小女孩，居住在纽约州的一个小镇上。从很小的时候起，她就有一个愿望：长大以后要做一名出色的演员。邻居和亲友听后都一笑置之，认为她的理想不过是小孩不切实际的空想而已。

然而，她却为了自己的理想不懈努力。18岁那年，她考入纽约市的一所艺术学校。在学校里，她毫不懈怠，仍刻苦学习，坚信自己能够成为一名好演员。但是，她的成绩并不尽如人意，因为在这所学校里有那么多天资聪明的优秀学生。

三个月过去了，学校给女孩的母亲写了一封信："学校为曾经培养出许多一流的男女演员而骄傲，可是，我们从未接受过像您女儿一样缺乏艺术天赋和才能的学生，她不能再在本校学习了！"

女孩不甘心就这样被踢出校门，不甘心就这样放弃自己的理想。后来的两年中，为了生计，她在纽约城干杂活，当女招待和寄存处的服务员等。在工作之余，她申请参加剧院的彩排，而且彩排没有一文报酬。即使这样，演出老板总是在公演前一个晚上对她说："你缺乏艺术细胞，也没有什么表演才能，你走吧！"

两年之后，她得了肺炎，病魔搞垮了她的身体。因为付不起昂贵的药费，她只能住进一家医疗条件很差的慈善医院。入院三个星期，医生告诉她，她可能再也不能行走了，肺炎使她腿上的肌肉萎缩了。

在这种悲惨的境况下，她不得不重返母亲所在的小镇。在母亲的鼓励之下，她坚信自己总有一天会重新走路。于是，母女俩在一位本地医生的帮助下，开始一项恢复腿部力量的计划。起先，在她的腿上加重20磅，双腿绑上夹板，她试着用拐杖支撑行走。因此，她经常摔倒，她的手臂经常被摔得惨不忍睹，然而，面对母亲含泪的双目，她总是强忍着剧痛，再一次微笑着站起来。每天，她都在不间断地练习。两年之后，她终于能够行走了。虽然走路时略有跛脚，但是她可以通过对身体的调节，让别人看不出来。

23岁那年，她重新回到纽约寻找自己的梦想。在以后17年的时间里，她一直未能够实现自己的心愿。直到40岁的时候，她才在一部影片中得到一个配角的角色。然而，她朴实的表演却打动了亿万观众的心灵。在此之后，她终于迎来了成功，成为美国乃至世界演艺界著名的人物，她就是露茜。

对成功者来说，任何委屈都不足以让他心灰意冷，相反更加能鼓舞士气，激发起一定要做成大事的欲望。能忍耐的人，能够得到他所要的东西。忍耐即是成功之路，忍耐才能转败为胜。对所有的人来说，希望和耐心是两剂有特效的自救药，也是人在患难中最可靠的依托和最柔软的依靠。确信无法突破的时候，首先要选择的是忍耐。

失败往往是不可避免的，每个人都有失败的经历，关键是看面对失败的态度。在无数的选择上，默默地忍耐无疑是最为明智、最为理智的选择与做法。当然，这种忍耐不是无所作为、没有一点成果的那种忍耐，不是自暴自弃的那种忍耐，更不是任凭命运安排的那种忍耐，而是不气馁、不屈服、从头再来的那种忍耐，是在忍耐中寻找新的时机，运用机会更进一步发展的那种忍耐，是在不断的学习中充实自己的那种忍耐，使自己的实力越来越强、更充满智慧的那种忍耐。你只要耐住性子，成功的喜悦就会很快走到你的面前。到此时，我们才能真正体会到忍耐的价值，才能意识到忍耐原来也是生存的能力。

有个年轻人去微软公司应聘，而微软公司并没有刊登过招聘广告。见总经理疑惑不解，年轻人用不太娴熟的英语解释说自己是碰巧路过这里，就贸然进来了。总经理感觉很新鲜，破例让他一试。面试的结果出人意料，年轻人表现糟糕。他对总经理的解释是事先没有准备，总经理以为他不过是找个托词下台阶，就随口应道："等你准备好了再来试吧。"

一周后，年轻人再次走进微软公司的大门，这次他依然没有成功。但与第一次相比，他的表现要好得多，而总经理给他的回答仍然同上次一样："等你准备好了再来试吧。"就这样，这个青年先后五次踏进微软公司的大门，最终被公司录用，成为公司的重点培养对象。

涉世之初的青年人，心怀远大抱负，都想轰轰烈烈地干一番事业，然而，纷纭复杂的现实世界并不像他们想象的那么美好。坎坷、荆棘和生活道路上横生的障碍让现实者吸取教训，采用迂回和缓的方法去战胜和超越；理想者则傲气不敛，锋芒毕露，小觑或无视生活有意无意设置的低矮"门框"，其结果，只能被碰得头破血流，成为一个失败者。

忍耐是暂时容忍，最后必然会得到公平的待遇。忍耐是我们人生过程中，任何人都要经受的最困难的一件事，忍耐比做事要难得多。善于忍耐，积极积蓄力量和资本的人，更容易取得飞跃式的进步。顽强忍耐的人，跌倒了再爬起来，以极大的毅力和意志忍受着困苦，在艰辛中一步步地向前迈进。这样力量也在一次次的跌倒和爬起中不断增长。总有一天，忍耐会作为一颗夺目的钻石镶嵌到成功的金牌上，从此熠熠生辉。

别轻易给自己贴上"失败者"的标签

伟大高贵人物最明显的标志，就是他们坚定的信念，不管环境变化到何种地步，他的初衷与希望，仍然不会有丝毫的改变，而且终将克服障碍，以达到所企望的目的。

失败，是每一个人都不愿意面对的局面，但是它又无时不在。有些人在经历了一次挫败和痛苦的折磨之后，便自暴自弃，看轻了自己的能力，认为自己不管做什么事情都不会成功。从此，这种消极的意念就会在他们内心世界里肆意地蔓延，将所有的自信和勇气都埋没了，于是，他就会对自己失去信心，觉得自己没有能力，甚至感到自己无用。

有些人之所以比别人成功，在于当他们失败时，他们有毅力及勇气爬起来，重来一次。失败并不可怕，尽管它会给你带来失望、烦恼，甚至是痛苦，但是，它却像一块磨刀石，会磨砺你的意志，鼓舞你的士气，锻炼你的品格，最终使你成为一个能够坦然面对厄运，并成就大业的勇者。没有一个人命中注定是要失败的，只要你积极发现自己的长处，并善加利用，然后用自信和行动努力去排除一切妨碍成功的因素，就一定会赢得成功。

有一次，甘布士要搭乘火车去外地，但事先没有买好车票。这时刚好是圣诞前夕，到外地去度假的人很多，火车票很难买到。

甘布士打电话到车站询问，答复是全部车票都已售完。车站的工作人员说：如果不怕麻烦的话，可以到车站碰碰运气，看是否有人临时退票。不过，这种机会或许只有万分之一。

甘布士满怀信心地提上行李，欣然来到车站，可是等了好久，一直没人退票，甘布士仍然耐心等待。就在火车还有五分钟就开时，一位女士匆忙前来退票，因为她家里有急事，只得改期，于是，甘布士如愿以偿搭上了火车。

到了目的地后，甘布士给夫人打了一个长途电话："我抓住了那只有万分之一的机会了。因为我相信一个不怕吃亏的笨蛋，才是真正的聪明人。"

正是靠着不放弃万分之一机会的执著，甘布士终于在芸芸众生中脱颖而出，从一家织造厂的小技师，成为拥有五家百货商店的大老板，然后又成为企业界举足轻重的人物。

爱默生说："伟大高贵人物最明显的标志，就是他们坚定的信念，不管环境变化到何种地步，他的初衷与希望，仍然不会有丝毫的改变，而且终将克服障碍，以达到所企望的目的。"

在我们的生活之路上，你应该为自己确立一个长远的目标，为了实现这个目标，必须坚信自己一定能够成功。在实现目标的过程中，你可能会经常遇到一些困难与挫折。不要因为暂时的困难和挫折便轻易否定自己，认为自己不是成就一番事业的材料，要勇于接受现实，用乐观的心态对待眼前的挫折。只要你充分相信自己，再接再厉，毫不气馁地去争取，终有一天阴云会从你的头顶上消散，这样成功的可能性就会增大。

1883 年，富有创造精神的工程师约翰·罗布林雄心勃勃地欲着手建造一座横跨曼哈顿和布鲁克林的大桥，但却遭到桥梁专家们的反对，他们认为他的这个计划纯属天方夜谭，不如趁早放弃。不过罗布林的儿子华盛顿·罗布林——一个很有前途的工程师，也确信这座大桥可以建成。父子俩克服了种种困难，在构思着建桥方案的同时，也说服了银行家们投资该项目。

但是当大桥刚开工仅几个月，施工现场就发生了灾难性的事故。父亲约翰·罗布林在事故中不幸身亡，华盛顿的大脑也严重受伤。许多人都以为这项工程会因此而泡汤，因为只有罗布林父子才知道如何把这座大桥建成。尽管华盛顿·罗布林丧失了活动和说话的能力，但他的思维还同以往一样敏捷，他决心要把与父亲费了很多心血的大桥建成。一天，他脑中忽然一闪，想出一种用他唯一能动的一个手指和别人交流的方式，他用那根手指敲击他妻子的手臂，通过这种密码方式由妻子把他的设计意图转达给仍在建桥的工程师们。整整三年，华盛顿就这样用一根手指指挥工程，直到雄伟壮观的布鲁克林大桥最终落成。

有着坚强信念和坚韧毅力的人，是不会轻易服输的，也不会放弃行动和希望。他们不会把失败当成是最终的命运，面对每一次失败，他们会毫不犹豫地挺直胸膛，堂堂正正地站起来，以更大的决心、毅力和勇气去清除那些曾经绊倒过自己的藤蔓和荆棘；他们会从每一次失败中吸取教训，然后用其来指点自己今后的行动方向，摆脱所有消极的心态，使自己的步伐一直朝前、再朝前，最终登上成功之巅。

有人问比尔·盖茨成功的秘诀，他回答道："选定一个目标，就咬住不放。世界上成功的人，不是那些脑筋好的人，而是对一个目标咬住不放的人。我想我们应该只做软件。"的确，成功属于"咬住不放的人"，即使是再弱小的力量只要坚持，也会发挥巨大的潜能。

凡是取得成功的人，无论遭遇多大的困难，无论遭受多大的挫折，他们都保持住自己可贵的自信力，他们拥有不怕挫败和永不屈服的意志力。他们总是在心里默默地在为自己加油，告诉自己："坚持，坚持，再坚持！"因此，是屡败屡战、敢于坚持的勇气，和对自己认准的目标咬住不放的精神，使他们愈挫愈勇，最终做出非凡的成就。

▶问题的出现是给我们一个休整的机会

失败是在所难免的,我们要用积极的心态面对失败。要把失败看做成功路上的一种休整,我们要保持清醒的头脑、稳健前进的脚步,在逆境中多思考,找到失败的症结,总结经验教训,让自己的能力强大起来。

生活中,许多人之所以与成功无缘,原因就是失败了一次或几次,就对自己的能力产生了怀疑,丧失了自信心,于是回到原路上去了。因此,在人生里便只有失败这一个结果了,而与其恰恰相反的是,失败是成功的基石,所谓失败乃成功之母便是这个道理。而成功正是由无数次失败连接起来的。

成功站在人生最遥远的地方,人生的近处站满了失败。所有的努力必然都是从失败开始,一个生活的智者,是不会逃避失败的。面对失败,他们会仔细分析,认真总结,并从中吸取经验教训。使自己知道这个地方走错了,不要再重蹈覆辙,那么你就应该换一条路走,当你换过许多次之后,就会发现有一条适合自己走的路,这时你就会发现,成功的坦途已经铺到你面前了。

霍华,曾是美国财务界的领袖。他说:"多年来,我一直在一本记事本上记下当天所有的约会,而我家里的人从来不为我在星期天晚上安排什么事情,因为他们都知道,星期天晚上我要花一部分时间自我反省,重新回顾和检讨我这一周以来的工作。在吃过晚饭之后,我就一个人坐在房间里,打开记事本,回想从星期一早上开始到周末的这段时间里所有的谈话、讨论和会议。我问自己'那一次我犯了什么样的错误?''哪些事情是我做得对的?怎样才能改进我的做法?''我能从那个经验里学到些什么?'有时候我会发现:这种每周一次的检讨使我自己很不快乐，有时候我甚至为自己所犯的过错感到吃惊。当然，时间一年年地过去，发生这些错误的机会就越来越少了。而这种自我分析的方法延续了一年又一年。这是我曾经做过的事情中最有益处的。"

我们前进的道路上出现问题并不可怕，尽管它会给你带来失望、烦恼，甚至是痛苦，但是，它却像一块磨刀石，会磨砺你的意志，增强你的能力，最终使你成为一个能够坦然面对困难，并成就大业的勇者。

在人生的旅途上，不仅需要信心、激情和坚忍不拔的精神，还需要理智地去分析失败的原因。跌倒了不要急着爬起来，要辨别一下方向，再看看是什么东西绊住了自己。只有找到了摔倒的原因，努力从挫折中吸取经验教训，继续学习，不断提高自身的修养，从而增添自己应对困难的自信砝码，才能不再重蹈覆辙，避免更大的损失，从而更好地前进。

惠尔特和普克特大学毕业后，四处寻找工作，但因为机遇不佳，他们换了许多工作，都觉得不适合自己的发展。他们感到绝望，甚至想就这样把人生打发了，一辈子庸庸碌碌地度过去就得了，但是，他们所受的教育又不允许他们就这样虚度光阴，无所作为。

实在没有办法，他们两个人经过一番思想挣扎后，共同辞去了工作，奔跑于纽约的大街小巷，想找到适合自己长远发展的公司。

但是，这一次，他们更加绝望，因为当时正处在美国经济大萧条时期，许多公司都在裁员，那些有利于他们长远发展的公司也已经人满为患，又岂能再容他们进去？

生活进入了低谷，他们两个人经过一番慎重的思考，合伙开创自己的事业。他们在加州租了房子，开始搞一些小电器的发明，希望通过出售自己的专利技术，奠定自己的事业的基础。但是，整整一年，他们都毫无生活来源，所发明的产品卖不出去，他们并没有气馁，而是继续这一事业。第二年，他们经过不断的努力，又研制出了一种产品，被一家公司看中，买走了专利权。就这样，他们两个人挖空心思，苦心研制，并试验推销，终于为自己开辟出一条新的道路。后来，他们的公司成为了有关电子元件和电子检测仪器的供应商，这就是今天著名的惠普公司。

　　成功人士的字典上，没有"失败"两个字。美国西点军校有句格言：永远没有失败，只是暂时停止成功。西点学员们懂得，没有人能确保每一件事都成功。如果第一次失败了，不妨鼓足勇气再做一次，有些时候成功的契机，就包含在你失败后的经验当中。即使失败了，也宁愿选择一种有声有色的方式失败。如果无法避免失败，就轰轰烈烈地大干一场。虽然屡遭失败，却能够坚强地百折不挠地挺住，这就是成功的秘密。

　　可以说，一个失败者不一定能转变成一个成功者，但一个成功者，一定曾经是一个失败者。一个成功的人，他成功的历史，其实也是一部失败的历史。永不言败和善于对失败进行总结是成功者的基本特征。如果没有失败，我们就什么也学不到。只有从失败中吸取教训，从错误中提取经验，不断完善自己的行动，检讨自己的过失，及时改正，并坚持自己前进的方向，然后再接再厉。其实失败并非是坏事，因为每一次失败，都孕育着成功的萌芽，每一次失败都将使你更靠近成功。

　　在人的一生中，挫折和失败是难免的。因此，面对失败不要心灰意冷、怨天尤人，你不妨把挫折和失败作为命运对你的考验，你要有"走错一步，永远胜于原地不动"的心态，只有前进，才能有矫正方向的机会。

▶总是选择逃避，困难会更多

困难和挫折并不可怕，可怕的是在你跌倒之后，继而迷失了方向，将自己的信念丢掉。越是逃避越是逃不开失败的命运，敢于迎头而上的人才能够品尝成功的甘甜，被挫折征服的人注定平庸。

　　谁都不希望遭受打击，更不愿意陷入困境，但它们又常常不期而至，如失恋、离婚、竞争失利、遭受失败、工作失误及天灾人祸等,生活中无处不有、无人不遇,以至使人精疲力竭,走投无路。因而,人们几乎普遍认为挫折、困境总是坏事,总在逃避着接踵而至的各种问题。

其实,许多时候事情不是到了无可挽回的地步,而是人们丧失了自信心,总把冲破困难的希望寄托在别人的身上,从不想一下:自己有无力量自救,能不能自救?还未战斗,已经自己把自己打败了的人,是无法做成大事的。

对"英皇集团"老板杨受成来说,每年的 8 月 30 日是一个非常重大的纪念日。数年前的这天,他一无所有,全身最有价值的就是一块手表。

事隔 10 年,已经拥有了 10 亿港元身价的杨受成在讲起这段经历时,心情很平静:"那天,汇丰(银行)打电话给我,叫我立即去当时的汇丰总行。我到了那里,他们给了我一封信,说开会决定立即接管我的全部财产,包括所有公司、店铺、汽车、游艇、房屋。总之,除了我手上戴着的手表之外,什么都被接收掉,连钱包里的信用卡都要立即拿出来。"

在这之前,年仅 40 岁的杨受成,已掌管了一家上市公司——"好世界市场高效有限公司"。杨受成春风得意,活跃在香港的钟表界、珠宝界、地产界以及股票市场。

然而天有不测风云,1982 年年初,香港地产业出现危机,在地产上押下了巨额赌注的"好世界投资有限公司"陷入了财务困境。汇丰银行除了接管他公司名下的物业、珠宝及钟表资产外,连杨受成名下的私人财产也一并接管过去。

杨受成后来回忆说:"破产之后的巨大反差的确使人痛苦失落,倘若我的性格不够坚强,我早已看不开了,即使是这样,我仍然没有放弃的念头,我相信我会有翻身的一天。我想如果有重新出头的机会,我就一定要做好。起码要做些事给人看,我不是一跌倒就爬不起来的人;我是一个打不死的老兵。我要努力,比以前更勤奋,要夺回失去的一切东西。"

凭着这种不服输的信念,以抵押和借贷开始,杨受成的"宝石城珠宝有限公司"开业了,数年之后,东山再起,他的事业比跌倒之前更加辉煌,也更加稳健。

杨受成输得起，所以他永远都有赢的机会。这种笑傲商界的勇气并不是人人都有，更多的人会在失败的打击下一蹶不振。他们会想，我失败了，我没脸见人了，我的前途再也没有光明了。其实这里面只有失败是客观事实，而所谓灰头土脸和前途渺茫都来自弱者的想象，成功者的特征之一就是能尽快走出失利的阴影，不让它影响自己的情绪和信心。

对很多人来说，"失败"这个词有一种结束的意味，然而对于成功，失败是个开始，是重新努力的跳板。无论你已经失败了多少次，只要最终赢多输少，我们所拥有的依然是成功的人生历程。

布朗是美国一位最成功的电影制片家，但却先后被三家公司革职，这时，他才体会到大机构生活对他不合适。他在好莱坞晋升为 20 世纪霍士公司第二号人物，后来建议摄制《埃及妖后》，不料这部影片卖座奇惨。接着公司大裁员，他也被裁掉了。

在纽约，他在新阿美利坚文库任编纂部副总裁，但是几位股东聘请了一位局外人，而他和这人意见不合，于是又被开除。

回到加州，他又进了 20 世纪霍士公司，在高层任职 6 年，不过董事局不喜欢他所建议拍摄的几部影片，他又一次被革职。

布朗开始仔细检讨自己的工作态度。他在大机构做事一向敢言、肯冒险，喜欢凭直觉处事，这些都是当老板的作风；他痛恨以委员会的方式统筹管理，也不喜欢企业心态。

分析了失败的原因之后，布朗自立门户，摄制了一系列受人欢迎的影片，如《大白鲨》、《裁决》、《天茧》等。

布朗作为公司行政人员确实很失败，但他天生是个企业家，只是过去干了不适合自己的工作、一时没有发挥潜力而已。

其实，世上真正的救世主不是别人，而是自己，在困难和挫折面前不要逃避，而是要勇敢地面对现实。凭着自己良好的心态去战胜困难，成为生活的强者。

你无论身陷何种困境，都不应该放弃自己的信念。倘若抱着敷衍塞责的态度，走到哪里算哪里，那么结果只能是失败。与其消极地去逃避，不如坚守自己的信念，理智地应对眼前所面临的挫折和尴尬，相信自己的实力，努力寻找正确的突破口，力争克服它，解决它。其实，任何问题都不可以小觑，但是每一个难题又都有办法解决。

成功者能坦然地面对挫折，冷静地分析挫折的成因，自觉地以乐观向上的态度、坚定的信心，以及顽强不屈的意志和毅力去战胜挫折，使人生获得一次次超越，是挫折使他们变得强大，是挫折使他们成为了强者。

跌倒之后无论如何都要爬起来

人可以被打倒，但不可以被打败。只要紧盯住自己的目标，即使 100 次跌倒，也要 101 次爬起来，用不屈的毅力和信念赢得未来。因为很多时候击败我们的不是别人，而是自己对自己失去了信心，熄灭了心中的希望之光。

很多伟大人物成功的历程都是一样的，跌倒了，爬起来，再跌倒，再爬起来，只不过他们跌倒的次数比爬起来的次数要少一次，而平庸者跌倒的次数只不过比爬起来的次数多了一次而已。最后一次爬起来的人，人们就把他们叫做"成功者"。

在人生的旅途中，你必须以平静的心态来面对失败，把失败看做成功的垫脚石。唯有如此，你才不会被挫折击垮，被失败所伤。但失败对人毕竟是一种"负面刺激"，总会使人不愉快、沮丧、自卑，那么如何面对失败，在失败时如何解脱，就成为能否战胜失败，走向成功的关键。

科尔曾经是一家报社的职员，他刚到报社当广告业务员时，对自己充满了信心，他向经理提出不要薪水，只按广告费提取佣金。

然后，他列了一份名单，准备去拜访被认为是"极其难缠"的客户。去拜访这些客户前，科尔把名单上的客户各念了 10 遍，然后对着这份客户名单说："在本月之前，你们将向我购买广告版面。"

第一天，他和 20 个"不可能的"客户中的三个达成了交易；第一个星期的另外几天，他又成交了两笔交易；月底，20 个客户中只剩下一个没有买他的广告。

第二个月，科尔没有去拜访新客户。每天早晨，那个拒绝买他广告的客户的商店一开门，他就开始做那位商人的思想工作，而对方每次都毫不客气地回答他："不！"然而科尔并不认输，坚持继续前去拜访。

这天是第二个月的最后一天，那位商人说："你已经浪费了一个月的时间来请求我买你的广告。我现在想知道的是，你为何要坚持这样做？"

科尔说："我并没浪费时间，从小，我的母亲就告诉过我，如果你想要成功，就必须记得，从哪里跌倒，就从哪里站起来。只有凭借这样坚持不懈的精神，你才能赢得最终的胜利。所以我要谢谢你，给了我这个锻炼自己的机会。"

那位商人点点头，对科尔说："我要向你承认，你也教会了我这一课，对我来说，这比金钱更有价值，为了向你表示我的感激，我要买你的一个广告版面，当做我付给你的学费。"

跌倒了并不可怕，可怕的是跌倒之后爬不起来，尤其是在多次跌倒之后失去了继续前进的信心和勇气。俗话说："胜败乃兵家常事。"跌倒怕什么？多次的跌倒之后，人的抗摔能力便会增强。不管经历多少次的跌倒，内心都要依然火热、镇定和自信，以屡败屡战和永不放弃的精神去面对挫折和困境，失败中常孕育着成功的果实。

据一项心理学统计，一个普通的人可以忍受被拒绝和失败的次数通常以三次为限，但是一个成功的人，他可以忍受失败的次数，应该是几次？

答案是：无数次！

美国最伟大的总统林肯坚信："上帝的延迟，并不是上帝的拒绝。"成功就是屡败屡战，然后从每一个失败中学习，把每一次的失败经验，当成自己下一次成功的资本。

1832 年,亚伯拉罕·林肯失业了,这显然使他很伤心,但他下决心要当政治家,当州议员,糟糕的是他竞选也失败了。在一年里遭受两次打击,这对他来说无疑是痛苦的。他着手自己开办企业,可一年不到,这家企业又倒闭了。在以后的 17 年间,他不得不为偿还企业倒闭时所欠的债务而到处奔波,历尽磨难。

1835 年,林肯订婚了,但离结婚还差几个月的时候,未婚妻不幸去世。这对他精神上的打击实在太大了,他心力交瘁,数月卧床不起。1838 年,他觉得身体状况良好,于是决定竞选州议会议长,可他又失败了。1843 年,他又参加竞选美国国会议员,但这次仍然没有成功。

林肯虽然一次次地尝试,但却是一次次地遭受失败:企业倒闭、情人去世、竞选败北,但他没有放弃。1848 年,他又一次竞选国会议员,但结果很遗憾,他落选了。因为这次竞选他赔了一大笔钱,他申请当本州的土地官员。但州政府把他的申请退了回来,上面指出:"要成为本州的土地官员要求有卓越的才能和超常的智力,你的申请未能满足这些要求。"

然而,林肯没有服输,1854 年,他竞选参议员,但失败了;两年后他竞选美国副总统提名,结果被对手击败;又过了两年,他再一次竞选参议员,还是失败了。

在林肯大半生的奋斗和进取中,有 9 次失败,只有 3 次成功,而第 3 次成功就是当选为美国的第十六届总统。

屡次的失败并没有动摇林肯坚定的信念,而是起到了激励和鞭策的作用。面对失败,林肯没有退却、没有逃跑,而是始终以充分的信心向命运挑战,所以迎来了辉煌的人生。

"锲而舍之,朽木不折;锲而不舍,金石可镂。"人生最大的成功,不在于永不失败,而在于他是否被打倒了多少次,还能立刻站起来继续投入战斗。只要他还有爬起来的勇气,他就没有被打败。

不断失败的过程,其实就是不断避免失败的进程。只要你在每次失败的经历中汲取失败的经验和教训，用心总结出失败的原因，并在此后的行动中避免这些问题的出现，那么你的行动一定会一步一步越来越趋于完善。其实，这个世界上没有什么障碍是不能逾越的，只要你能做到屡败屡战，越挫越勇，坚持不懈，勇敢地奋斗，就会走向成功。

▶不要把痛苦当成自己的敌人

痛苦的磨难是人生富贵的财富，生活道路上没有阻力，人的价值就体现不出来，旅途上没有艰险，人生就没有滋味。

甜能给人带来瞬间的愉悦，但来得快去得也快，不易给人留下深刻的印象；而苦中的滋味却要慢慢咀嚼才能品出真味，就像青橄榄的苦涩，细细品味才能苦后回甘，因而，它是余味绵长的。其实，我们的人生之旅又何尝不是如此呢？回首过去，能刻骨铭心留在记忆里的是痛苦。如果没有曾经的苦，就不能有今日的甘甜，苦并不是自己的敌人，它和人的一生相伴相随，是须臾不可分离的诤友。因为有了痛苦，我们的人生才变得多姿多彩，我们的精神才变得坚韧敏锐。

人生并非总是绚烂多彩的朝霞，有成功也有失败，有幸福和欢笑，也有痛苦和折磨，人人都希望成功，人人都厌恶失败，可是失败是不可避免的，给人带来的痛苦也是巨大的。其实，失败是一道菜，一道难以下咽的苦菜，但你要把它吃下去。当苦苦追求的事业屡受挫折，你便知道了人间的苦涩。你徘徊、你失落，甚至想放弃，但你也会意识到许多事由不得你，失败不过是酸甜苦辣的人生中的一碟小菜。

一天，通用公司要裁员，名单中，有内勤部办公室的艾丽和密娜达，按规定一个月之后她们必须离岗,当时她俩的眼圈都红了。

第二天上班,艾丽的情绪仍非常激动,跟谁都没有什么好声气,仿佛吃了枪药。她不敢找老总去发泄,于是就跟主任诉冤,找同事哭诉:"凭什么把我裁掉? 我干得好好的……这对我来说太不公平了!"

她声泪俱下的样子,让人既同情,又不知该怎样劝慰她,而她也只顾着到处诉苦,以致于她的分内工作:订盒饭、传送文件、收发信件等都不再过问了。

她原本是个很讨人喜欢的人,但现在她整天气愤愤的,许多人都开始有些怕和她接触,躲着她,后来就有点厌烦她了。

密娜达与她不同,在裁员名单公布后,虽然哭了一晚上,但第二天一上班,她就和以往一样地干开了。由于大伙不好意思再吩咐她做什么,她便主动向大家揽活,面对大家同情和惋惜的目光,她总是笑笑说:"是福跑不了,是祸躲不过。反正这样了,不如干好最后一个月,以后想干恐怕都没机会了。"每天,她仍然非常勤快地打字复印,随叫随到,坚守在自己的岗位上。

一个月后,艾丽如期下岗,而密娜达却被从裁员名单中删除,留了下来。主管当众传达了老总的话:"密娜达的岗位,谁也无可替代,密娜达这样的员工,公司永远不会嫌多!"

在我们的生活之路上,谁都难免会经历磕磕绊绊,面对痛苦不要消沉,更不要萎靡不振,要以一颗积极的心态来对待痛苦、对待命运对你的考验。

在痛苦中获得幸福,对于常人而言是难以做到的。人人都在努力地寻求快乐,而没有人寻求痛苦、理解痛苦,更谈不上珍惜痛苦。成功的人在痛苦来临时,会享受痛苦,学会了在痛苦中顽强地生存,在烈火中磨砺意志,历练完美的人生;而失败的人,会因痛苦的来临一蹶不振,打击可能是致命的。如果明白享受痛苦的人生真谛,那么无论处在怎样的逆境当中,都可以有一个明朗的心境,以一颗豁达的心,来应对一切突如其来的不幸。

有一个男孩,出生在一个贫困的小山村里,他从小就有一个志向,希望通过自己的努力来改变命运。

在他刚升入县城一中的时候,他的父亲便病故了,当时,他产生了退学的念头，帮助母亲一起承担家庭的重任，照顾好妹妹。然而，当他在母亲面前说出自己的决定时，从未打过他的母亲，竟狠狠地扇了他一耳光。

为了供他念书，他的母亲省吃俭用，在连续五年多的时间里，从未添置过一件新衣服。这个男孩很争气，三年之后，他以优异的成绩，考进了省城一所有名的电子专科大学。

上大学之后，那个男孩为了能够减轻家庭的负担，在休息日，便利用自己所学的专业，到电子信息城的一些公司打工。

在三年的假期里，他只回家过一次。也就是在那次回家时他用打工挣来的钱，为母亲买了一件上衣。当母亲穿上那件新衣服的时候，忍不住哭了。他和妹妹，也失声哭了起来。尽管平时，他是那么强烈地想念母亲和妹妹，但是为了能够节省下路费而放弃了，另外他还可以借放假这段时间，为一些电子科研公司做推销员。

大学毕业之后，他应聘进入一家科研公司工作。他出色的工作业绩，深得公司老板的赏识。四年之后，已积累了丰富经验的他，毅然从那家公司辞职，独自出来创业。而三年之后，在他的努力打拼之下，他的公司固定资产已过千万，手下有 300 余名员工。

在人的一生中，痛苦和欢乐是交替出现的。当痛苦降落到你面前的时候，只有勇敢地面对，并坦然地接受。痛苦在折磨一个人的同时，往往会使这个人的意志变得愈加坚强，生活积累愈加丰厚。要学会享受痛苦，这样，无论在多么艰难困苦的时候，都能应付自如、游刃有余。对于你的一生，痛苦将是一颗宝贵的珍珠！

痛苦的磨难是人生富贵的财富。生活道路上没有阻力，人的价值就体现不出来；旅途上没有艰险，人生就没有滋味。生活是不断变化的，它有时会用痛苦和你开一个玩笑，来考验你的意志。"天将降大任于斯人也，必先苦其心志，劳其筋骨，饿其体肤，空乏其身……"此句流传千年的古训，所阐述的就是这个道理。

永远保持一颗能够感受伤痛的心。面对痛苦，不要惊慌失措，就算生活使我们经受一次又一次伤痛，又能将我们如何？太阳不是照常从东方升起，我们不是照样有滋有味地品味人生？要知道，痛苦是生命给我们的一笔笔财富，我们有什么理由不将其收入囊中？每一颗鲜润的果实，都要经历风吹雨淋，既然在这个世界上生存，就应在痛苦中寻求快乐。要享受快乐，首先要学会享受痛苦。快乐来之不易，痛苦同样值得我们珍惜，在痛苦中，我们长大，我们成熟，我们学会坚强、隐忍，我们懂得什么是快乐的源泉，我们要在痛苦中享受快乐，在痛苦中臻于人生真境。

▶坚持住，也许成功就在下一刻

失败者的悲剧，就在于被前进道路上的迷雾遮住了眼睛，他们不懂得坚持一下，不懂得再朝前跨越一步，前方的道路就会豁然开朗。结果，他们在距离成功之前的那一刻，颓然倒下了。

人生有如登山，初始时分的路总是比较顺畅，而在不断行进的过程中，各种各样的艰难险阻会陆续来到你身边，阻碍你的行程，企图使你望而却步，尤其是到了胜利在望、目标在前的时候，你极有可能会更加激动，或者过于急躁，剩下几步路便显得愈发难走了。所谓行一百半九十，如果没有强烈的前进信念支撑着你，最终只能前功尽弃，难以登上成功的巅峰。

一个真正想在社会上有所作为的人，是不会惧怕磨难的。一个人若经历过磨难的洗礼，意志反而会变得更坚强，志向变得更高远。只有经历过磨难，你才会发现它们如同金子一般珍贵。

失败并不可怕，可怕的是没有正视失败、再来一次的勇气，也许下一次的尝试就蕴含着成功。只要你还在坚持，就没有人可以断言你不会成功。罗纳德·皮尔曾经给别人讲过自己的亲身经历：

每当我失意时，我母亲就这样说："最好的总会到来，如果你坚持下去，总有一天你会交上好运。并且你会认识到，要是没有从前的失望，那是不会发生的。"

母亲是对的，当我于 1932 年大学毕业后，我发现了这点。我当时决定试试在电台找份工作，然后，再设法去做一名体育播音员。我搭便车去了芝加哥，敲开了每一家电台的门——但每次都碰了一鼻子灰。在一个播音室里，一位很和气的女士告诉我，大电台是不会冒险雇用一名毫无经验的新手的。"再去试试，找家小电台，那里可能会有机会。"她说。我又搭便车回到了伊利诺斯州的迪克逊。虽然迪克逊没有电台，但我父亲说，蒙哥马利·沃德公司开了一家商店，需要一名当地的运动员去经营他的体育专柜。由于我在迪克逊中学打过橄榄球，于是我提出了申请。那工作听起来正适合我，但我没能如愿。

我失望的心情一定是一看便知。"最好的总会到来。"母亲提醒我说。父亲借车给我，于是我驾车行驶了 70 英里来到爱荷华州达文波特的 WOC 电台。节目部主任是位很不错的苏格兰人，名叫彼特·麦克阿瑟，他告诉我说他们已经雇用了一名播音员。当我离开他的办公室时，受挫的郁闷心情一下子发作了。我大声地问道："要是不能在电台工作，我又怎么能当上一名体育播音员呢？"

我正在那里等电梯，突然我听到了麦克阿瑟的叫声："你刚才说体育什么来着？你懂橄榄球吗？"

接着他让我站在一架麦克风前，叫我凭想象播一场比赛。前一年秋天，我所在的那个队在最后 20 秒时以一个 65 码的猛冲击败了对手。在那场比赛中，我打了 15 分钟。回想当时的情形，我激动地描述着每一个场景。之后，彼特告诉我，我将主播星期六的一场比赛。

人在一生中会经历大大小小的磨难。磨难有如人生道路上的筛子，它让强者通过，它把弱者截留。有诗说："困难像弹簧，看你强不强；你强它就弱，你弱它就强"。安身立命，必须修养和铸造自己不怕困难、知难而进的品格。要想在困难面前成为强者,就要具有蔑视困难、进击困难的挑战性,越是困难越向前,坚持不懈,百折不挠。

失败者的悲剧,就在于被前进道路上的迷雾遮住了眼睛,他们不懂得坚持一下,不懂得再朝前跨越一步,前方的道路就会豁然宽广,希望的灯标又会在前方熠熠闪烁。他们在最需要下大力气、毫不懈怠花费精力的那一刻,却停止了努力。结果,他们在距离成功之前的那一刻,颓然倒下了。其实,这是自己打败了自己,因而也就失去了应有的荣誉。

有一个女孩对足球十分痴迷,一个偶然机会,她被父亲送到了体校学踢足球。

在体校,女孩并不是一个很出色的球员,因为此前她并没有受过规范的训练,踢球的动作、感觉都比不上先入校的队友。女孩为此情绪一度很低落。这时,职业队也经常去体校挑选后备力量,每次选人,女孩都卖力地踢球,女孩总是没有被选中,而她的队友已经有不少陆续进了职业队,没选中的也有人悄悄离队。于是,这个女孩便去找一直对她赞赏有加的教练,教练总是很委婉地说:"名额不够,下一次就是你。"天真的女孩似乎看到了希望,又树立了信心,努力地接着练了下去。一年之后,凭着女孩儿的刻苦努力,终于收到了职业队的录取通知书。她激动不已,马上就去球队报了到。

在职业队受到良好的而又系统实战训练后,女孩充满信心,她很快便脱颖而出。这个小女孩就是获得 20 世纪世界最佳女子足球运动员的中国球星孙雯。后来,孙雯讲述这段往事时,感慨地说:"一个人在人生低谷中徘徊,感觉自己支持不下去的时候,其实就是黎明的前夜,只要你心中总是充满希望,坚持一下,再坚持一下,前面肯定是一道亮丽的彩虹。"

决不放弃,勇敢坚持,它来自于人的毅力。毅力是人类最可贵的财富,在走向成功的路上,没有任何东西能代替毅力。我们常常发现有许多人在做事之初都能保持旺盛的斗志,然而,往往到最后那一刻,顽强者能咬紧牙关坚持到胜利;而懈怠者在这时放弃了希望,失去了自己应有的成功。

人生的真谛在于拼搏,不懈奋斗是我们永远追求的目标。的确,无论我们做什么事，要取得成功，坚持不懈的毅力和持之以恒的精神是必不可少的，它将是我们取得成功的法宝。歌德用激励的语言这样描述坚持的意义："不苟且地坚持下去，严厉地鞭策自己继续下去，就是我们之中即使最微不足道的人这样去做，也很少不会达到目标。因为坚持的无声力量会随着时间而增长，到没有人能抗拒的程度。"

不因一时的挫折停止尝试的人，永远不会失败。逆境中能找到顺境中所没有的机会。处于逆境，陷于困苦时，你更要学会坚持，不要气馁和轻易放弃，许多时候只需要我们再多坚持一分钟。

▶永不放弃的精神可以改变人生

在当今这个喧嚣的社会里，真正执著的人是越来越少了，可是我们的时代又处处都需要执著的人。无论是伟大辉煌的事业，还是平凡无奇的岗位，成功往往出现在执著的坚持之中。

人人都渴望成功，人人都想得到成功的秘诀，然而成功并非唾手可得，我们常常忘记，即使最简单的事，如果不能坚持下去，成功的大门也不会轻易地开启。除了坚持不懈，成功并没有其他秘诀。

浅尝辄止，遇难就退，是做事的大忌，也是人生失败的致命原因。如果我们对于要实现的目标有坚定的信仰和不断向前的决心，那么，我们便能闯过逆境，执著地向着既定的目标进军。

有一个 65 岁贫穷的老人，他身无分文、且孑然一身。当他拿到平生第一张救济金支票时，金额只有 105 美元，他的内心沮丧极了。他决定行动起来，改变自己贫困的境况。

　　他手中唯一的财产，就是拥有一份炸鸡专利配方。老人经过反复思考：如果把它卖掉，所赚的钱可能还不够支付房租的；但如果保留配方的专利权，让那些餐馆来使用，之后从他们的盈利中提成不是很好吗？

　　在别人的眼里，这是一个幼稚的念头，但是老人还是想尝试一下。于是，他敲开了第一家餐馆老板的门，问："我有一份上好的炸鸡配方，如果你能够采用，一定会使你的生意更加兴隆，而我只希望从你增加的营业额里提成。"那家餐馆老板知道他的来意之后，嘲讽地说："把你的这个痴人说梦的念头收回去吧！"

　　但是，老人并没有因为一次的拒绝而气馁，他反倒用心地修正说辞，以便更有效地去说服下一家餐馆。

　　直到遭遇了第 1009 次拒绝之后，他才听到"同意"两个字。1010 家餐馆采用了老人的炸鸡配方后，生意顿时红火起来，营业额一下子翻了几番。老人的大名从此传了出去。

　　之后，许许多多餐馆都主动找到老人，与他签订合作合同。很快，老人的炸鸡配方便风行世界，使许多当时并不景气的餐馆老板成为百万富翁。而老人则从每一块炸鸡上提成五美分，源源不尽的钱财流入老人的账下，最终使他成为一代巨富。这位老人就是肯德基炸鸡连锁店的创始人桑德斯。

　　只有执著的人，才能拥有成功的人生。凡是经得起考验的人，都会因为他的毅力而获得丰厚的报酬。只有少数人能从经验中得知坚忍不拔精神的正确性，这些人承认失败只是一时的，面对失败不灰心、沮丧，而且，每一次失败，都距离成功更近了一步，他们依靠自己执著的信念而使失败转化为胜利。我们站在人生的轨道上，目击绝大多数的人在失败中倒下去，永远不能再爬起来。对此，我们只能总结说，一个人没有执著的信念，那他在任何一行中都不会得到成就。

　　事实上，每一个成功者都与他们拥有执著的信念是分不开的。他们也许在其他方面有缺陷，他们也许有自己的错误和缺点，他们也许有稀奇古怪之处，但是，对于每一个追求成功的人来说，坚持不懈、持之以恒的精神则是必须的。不管遇到多少困难，不管遇到多少挫折，不管遭到多少反对，都必须克服困难、一往无前地坚持下去。辛苦的工作不会使他厌烦，别人的阻碍不会使他气馁。失败不会让他感到厌倦。无论在他的身边发生了什么，他总是坚持不懈。

大学毕业后，丁磊回到家乡，在宁波市电信局工作。电信局旱涝保收，待遇不错，但丁磊觉得那两年工作非常枯燥乏味，同时更感到一种难尽其才的苦恼。

1995 年 3 月，他准备从电信局辞职，遭到家人的强烈反对，但他去意已定，一心想出去闯一闯。

他这样描述自己的行为："这是我第一次开除自己。人的一生总会面临很多机遇，但机遇是有代价的。有没有勇气迈出第一步，往往是人生的分水岭。"

他选择了广州。初到广州，走在陌生的城市，面对如织的行人和车流，丁磊越发感到财富的重要性。最现实的是一日三餐总得花钱吧？也不可能睡在大街上成为盲流吧？

不知道去过多少公司面试，不知道费过多少口舌，凭着自己的耐心和实力，丁磊终于在广州安定下来。1995 年 5 月，他进入外企 sebyse 工作。

1997 年 5 月，丁磊决定创办自己的网易公司。此后，在中国 IT 业，丁磊成了举足轻重的人物。自从 2001 年底推出《大话西游》以来，网易已经从网络游戏领域的"小人物"变成该领域的巨头之一。

成功之路，需要经过一次次挫折与磨难的考验。执著的信念，仿佛是我们心中的一盏希望之灯，当我们遇到挫折与磨难时，便用它去照亮前方的道路，从而看到远方的光明，只要永不放弃努力，黑暗过去，就会是无限光明。

执著能够让许多听起来不可思议的事情变成了现实。精卫填海，愚公移山，大禹治水，他们的执著令人感动，他们的执著令人佩服，他们的名字永远留在人们的心中。咬定青山不放松，百折千磨志不改，不到长城非好汉，这些执著的诗句千百年来激励着无数的有志之士到达了成功的彼岸。

一个人拥有了执著的精神，那么在他的眼里，平凡的小草也可以变成了无边的春色，无名的小河可以汇成汪洋大海。因为执著者的心里总是洒满金色的阳光，他们的眼里总是充满希望。

▶重视专注的力量，一生做好一件事就足够了

我们能不能改变自己的生存状态，不在于你曾经尝试了什么，而在于你把什么牢牢地抓在手里。成功属于用理智限制自己的人，不为外面的潮流而迷惑，不因一时的困难而退却。

现实生活中，有些人虽然有很高的理想，也时常会为实现某一目标而突发奇想地制订一个计划，可是在实施过程中，却缺乏足够的兴趣没有按计划去做，计划最终落空，这些人多是因为自己没有足够的毅力，开始头脑发热，慢慢地就冷却淡忘了。所以说，做事情仅仅制订目标是不够的，一般的人都会订立目标，但是有的成功了，有的却失败了，这取决于他是否专一于他所认定的目标。

一个人的精力是有限的，把精力分散在好几件事情上，不是明智的选择，而是不切实际的考虑。在这里，我们可以换一个角度，思考"一件事原则"，即专心地做好一件事，如此就能有所收益，就能突破人生困境。不至于因为一下子想做太多的事，反而一件事都做不好，结果两手空空。

法国马赛有一名叫多梅尔的警官，为了缉捕一名强奸杀害女童埃梅的罪犯，查了十几米高的文件和档案，足迹踏遍了四大洲，打了 30 多万次电话，行程几万公里。几十年来，由于他把全部心思都放在了追捕凶犯上，结果两任妻子都离他而去。他仍矢志不渝，经过 52 年漫长的追捕，终于将罪犯捉拿归案。

当多梅尔用手铐铐住凶手时，已经是 73 岁了，他兴奋地说："小埃梅可以瞑目了，我也可以退休了。"有记者问他，这样做值吗？他回答："一个人一生只要干好一件事，这辈子就没有白过。"

成功的人永远都专心致志，因为他们所从事的事业之中，饱含着他们一贯的兴趣；因为他们所追求的，正是一直以来的梦想。正是因为专注，他们得以发挥自己最大的潜力；正是因为专注，他们可以排除外界的一切干扰；正是因为专注，他们拥有了克服一切困难的力量。

那些在某一个领域取得成功的人，都是一旦作出决定后就毫不动摇的人。他们把目光锁定一点，生活中的一切枝节问题都不能分散他们的注意力。法国的昆虫学家法布尔这样劝告一些目标广泛而收效甚微的人，他用一块放大镜示意说："把你的精力集中放到一个焦点上去试一试，就像这块凸透镜一样。"这实际上是他个人成功的经验之谈，法布尔出身寒门，一生勤奋刻苦，自学成才。从年轻时他就专攻"昆虫"，《昆虫记》的出版，使他迎来了事业与财富的收获季节。

在我们起步创业的时候，无论从事哪一项事业，力量总是相对不足的。只有集中全部精力，并不断积蓄力量，才可望事业有成。这是一种成大事者的选择。他们将精力集中于同一个目标上，从不因外界的任何干扰而动摇。每一个成大事者的成功经历中，都渗透着专注的力量。

在很多事情上，我们都推重一种参与的精神，但是在自我实现的道路上，最终要看的还是成果。我们能不能改变自己的生存状态，不在于你曾经尝试了什么，而在于你把什么牢牢地抓在手里。成功属于用理智限制自己的人，不为外面的潮流而迷惑，不因一时的困难而退却，这是成功者的必备素质。

一位久负盛名的企业家在告别职业生涯之际，应多人要求，公开讲一下自己一生取得多项成就的奥秘。

会场座无虚席，奇怪的却是，在前方的舞台上，吊了一个大铁球。观众们都莫名其妙，这时，两位工作人员抬了一个大铁锤，放在老者的面前。老者请两位身强力壮的年轻人上来，让他们用这个大铁锤，去敲打那个吊着的铁球，把它荡起来。

一个年轻人抢着拿起铁锤，抡起大锤，全力向那吊着的铁球砸去，可是那吊球却一动也没动。另一个人接过大铁锤把吊球打得叮当响，可是铁球仍旧一动不动。

观众们都以为那个铁球肯定动不了。这时，老人从上衣口袋里掏出一个小锤，认真地面对着那个巨大的铁球，用小锤对着铁球"咚"敲了一下。然后停顿一下，再敲一下。人们奇怪地看着，老人就那样敲一下，然后停顿一下，就这样持续地做。

10分钟过去了，20分钟过去了，会场开始骚动。老人仍然不理不睬。一小锤一停地工作着。大概在老人进行到40分钟的时候，坐在前面的一个妇女突然尖叫一声："球动了！"霎时间会场立即鸦雀无声，人们聚精会神地看着那个铁球。那球以很小的摆度动了起来，不仔细看很难察觉。吊球在老人一锤一锤的敲打中越荡越高，它拉动着那个铁架子"哐、哐"作响，它的巨大威力强烈地震撼着在场的每一个人。终于场上爆发出一阵阵热烈的掌声，在掌声中，老人转过身来，慢慢地把那把小锤揣进兜里。

成功的人一定拥有坚强的毅力，只要认准一件事，就会专心致志、扎扎实实地向着既定的目标迈进，并最终获得成功。

富可敌国、光芒四射的比尔·盖茨，就是一个一生选定一件事、一生只做一件事的人。正因为这一果断的抉择，使他的软件事业在经过几年的打拼之后，成为了这一领域的"庞大帝国"，而他本人则成为了世界首富。比尔·盖茨在谈到他的成功经验时说："很多人问我成功的秘密，其实没有什么秘密可谈，我只是选择了我爱做的事、该做的事。其实，我不比别人聪明多少，我之所以走到了其他人的前面，不过是我认准了一生只做一件事，并且把这件事做得更完美而已。正是这个扎根于内心的信条，使我的思想和人生变得更加坚定。我始终认为一个能把一件事做到底的人，更能体现出天才的创造力。"

第六章　有一种心态叫快乐：
乐观可以使我们
的表现更为出色

人们常说心态决定命运，养成快乐的心理习惯，我们就成为自己命运的主人，因为快乐的习惯将使我们不受外在条件的支配，在顺境中不得意忘形，在困境中不惊慌失措。一份快乐的心情，不仅仅可以改变自己，同时，更会感染他人，在相互关爱、相互支持的良好氛围中，开始自己每一天的新生活。

心态的惊人力量

▶保护自己的内心，注意清理"心灵疤痕"

尽管忘记过去是十分痛苦的事情，但事实上，过去的毕竟已经过去，过去的不会再发生，你不能让时光倒流。只要你因为过去发生的事情而损害了目前存在的意义，你就是在无意义地损害你自己。

在人生的旅途中，我们可能会遇到各种坎坷和不幸，如竞争的失败、家道的中落、不测的病痛和突发的灾难；可能会遇到无端的误解和不公正的际遇；可能会有名利得失和荣辱毁誉；可能会有历史的伤痕和岁月的沧桑；可能会听到无中生有的流言蜚语，捕风捉影的小道新闻……而所有这些痛苦，常常会让我们陷入其中，不能自拔，这不仅影响我们的正常生活，而且，对我们的身心造成了极大的伤害。

其实，在人的一生中，痛苦与快乐是交替出现的，两者有其一必有其二，相互转化，相互衬托，相互补充心理上的空白。可以说，痛苦与欢乐的交替出现构成了绝大多数人一生的节奏。

我们每个人，一般都有身体受伤的经历，也有心灵受伤的经历。当我们的身体上出现伤口时，正确的处理方法是先清理受伤的地方，然后再消毒、包扎。如果怕血、怕痛而不敢正视它，忙不迭地用一层层白纱布裹起来的话，表面看来，伤口不那么吓人了，而其实它却已经感染，会造成更大的创伤。心灵的伤痛也是这样，那些伤你至深，以至于从来不敢触及的痛处，绝不会在岁月的流逝中自行消失，它将是你一辈子的遗憾和隐痛。

所以，即使再痛苦的事，我们也不应该消极地逃避，而应勇敢地面对它，你会发现人间没有什么过不去的坎儿。

很久以前有一个贫苦的女人，与丈夫相依为命，不料丈夫突然得了重病，不治而亡。

女人感觉天仿佛塌下来一样，她不吃不喝，哭呀哭呀，只想与丈夫一道离开人世。这时一位佛学大师云游路过此地，问这位女人道："你想不想让丈夫活过来呀？"

女人一听，精神倍增，说："当然想呀，你可有什么办法吗？"

大师道："你如果能找来一种香火，我便可以拿着此火为你丈夫许愿，叫你丈夫复活。"

"那是什么样的香火呢？"女人问。

"这种香火就是从来没有死过人的人家燃着的香火，你去把它找来吧。"大师说。

女人听了大师的话，便四处讨香火去了。

每到一户人家，女人就问：

"你家死过人吗？"

"死过，曾死过不少人呢。"

女人继续走，每到一户，她依旧问：

"你们家以前死过人吗？"

"死过，我们的祖先都在我们前面死了。"

"怎么会没死过人呢？"回答几乎千篇一律。

女人跑了许多路，问了不知多少户人家，每家的回答，几乎一模一样。无可奈何，她回来了，告诉大师："我已经遍求所有人家，却没有一家没有死过人的，这样的香火看来我是取不来了。"

大师说："既然如此，你又何必为死了丈夫而过度悲伤呢？"女人恍然大悟，转身回家去了。

在心理学上，对痛苦的控制无非是两种方法：一是摆脱，二是引导。摆脱痛苦最成功的办法就是寻找慰藉和转移注意力。但摆脱痛苦需要时间，痛苦必须用时间去冲淡，至于时间的长短，就要看痛苦的程度和情形而定。必须注意的是，不管是哪种情况，如果对身处痛苦之中的人抱有不切实际的期望，认为他们应能够驱逐一切失眠、焦虑、恐惧、愤怒等痛苦症状和"迅速恢复正常"，则往往会使他们感到彷徨、内疚和失去自信，令痛苦的过程更加长久、更加难以结束。

对于人生的苦难，能不能解脱，关键还在于内心的力量。那些最通常的说法，比如转移注意力，到大自然中去走走，时间会淡化一切等等，事实上是很难做到的。人不可能轻易从痛苦中走出来，否则只说明痛得不深，伤得不重。

回避它不如正视它。让这份痛苦加重，把所有的心思集中在这份痛苦上，用心观望它，享受这属于你的人生。问问自己，看看自己能痛苦多久，痛得有多深。当我们不断地去这样正视、观望这份沉重的痛时，痛的感觉慢慢地消退了。我们从痛当中得到了人生的体悟，享受到生命最痛的滋味，人生美好的一个篇章开始了，你向自我又迈近了一步。

放眼社会，你会看到自己那一点痛苦不过是千百万人都要碰到的一件很平常的事罢了。或者，把眼光放远一点，从漫长的人生长河看今天，那就会感到人生坎坷寻常事，现时的挫折不过是人生中一段小小的弯路。随着视野的开阔，观察角度的更新，你的眼光就能超越眼前的痛苦和不幸，看到更远的前程，整个生活的色彩在我们眼里也必将逐渐变得美好起来。

尽管忘记过去是十分痛苦的事情，但事实上，过去的毕竟已经过去，过去的不会再发生，你不能让时光倒流。无论何时，只要你因为过去发生的事情而损害了目前存在的意义，你就是在无意义地损害你自己。超越过去的第一步是不要留恋过去，不要让过去损害现在，包括改变对现在所持的态度。

当你一旦忘却了它们，你的人生观、价值观才会减少偏差，你生命中真正的目标才会显现出来。如果你对悲伤与憎恨无法释怀，这会使你与现实生活脱节，以致严重地威胁你的心理健康。其实忘却有如一片树阴，它能使整日忙碌的我们在感到疲倦之时，可以有机会休息，并且经过一定的调整，使心态恢复正常。

衡量生命意义的尺度是快乐。各人眼里的快乐是不尽相同的，关键是我们如何调整我们的心态，调整自己去适应环境和他人，善于开阔自己的心胸。让快乐成为我们的一种生活习惯，因为快乐，所以快乐。因此，我们就不需要给快乐找理由了。

▶从自我囚禁的心灵枷锁中走出来

人生经历一些风雨是正常的，我们应平静地接受生活所给予的各种困难、挫折和失败。如果你自己不泄气，天无绝人之路就是一句真理。"哀莫大于心死"，只要心灵里还有阳光和活力，一切皆有可能。

生活中每个人的遭遇都是不同的，我们正处于什么样的环境并不重要，重要的是，你在某一个特定的环境中，保持了怎样的心态。有的人在失败后总是自我贬低、自我责备，感觉自己不如别人，他们似乎很愿意暗示自己是一个脆弱的、毫无竞争能力的人。因此，当他们面临新的挑战、新的工作，或新的环境，就会茫然失措、无所适从。失败的恐惧会深深纠缠着他们的内心，使其无法摆脱。

在许多人看来，要么失败，要么成功，既然失败了，那就不会成功。而事实上，事情的结局并不能作"要么成功、要么失败"的简单划分，介于"失败"和"成功"之间的情况是无穷无尽的，在"我失败了三次"和"我是个失败者"之间有天壤之别。而且，心理上的失败也不等于实际上的失败。有的时候，心理上感到失败了，而实际上他正在前进过程之中。而一个人只要心理上不屈服，他就没有真正失败。

一位心理医生曾接待过一位患者，他是一名建筑工人，干这一行已经有许多年，很多林立的高楼大厦都曾留下过他的身影。但是他却没有任何成就感，相反，他很讨厌自己，有时甚至想从建筑工地的高楼上跳下去一死了之。

　　为了帮助他，医生询问了他过去的生活。他说，他这一生总有摆脱不了的烦恼。小时候上学，老师说他傻，是一块废料。他忘不了那句话，从那以后，他一直讨厌自己，学习成绩一落千丈，好几门功课不及格，最后终于逃学了。从此，他认为自己就是失败者。"你应该这样对待自己，"医生说，"你失败过，但是你为什么不能有失败呢？每个人都曾经有过失败，但你看到失败的同时，也应该看到成功。摆脱过去，看一看自己已经取得的成绩：这些年来，你工作稳定，已成为一个有用的人；你结了婚，有了孩子，而且孩子们都快长大成人了；你的女儿又上了大学，学习成绩也相当不错。你用自己的辛勤劳动支持他们，并且创造了一个很好的环境让他们健康成长，你想这不是成功又是什么？"他脸上掠过一丝微笑："我从来没有这么想过。""别老记着自己的失败，不要将自己的心囚禁在曾经有过的失败中不能自拔。你已经成功了，多想想这些成功的果实，这样，你才知道什么叫做享受。"

　　古人云"哀莫大于心死"，每一个伟大的灵魂里都藏着一颗曾经伤痕累累的心，那些曾经叱咤风云的伟人又有哪个没有失败过呢？

　　其实，平淡和失败也是生活的主要内容，没有失败的生活是不可能的。有失败，才说明生活是有奋斗的，人生才是有意义的。接受失败应该成为人们生活中一项必不可少的内容，因此，人们应该学习接受失败的训练，因为这是生活自身必备的内容，如果不接受生活中的失败，那么，就歪曲了生活的本来面目。人生没有常胜将军，应平静地接受生活所给予的各种困难、挫折和失败。如果你自己不泄气，天无绝人之路就是一句真理。

　　一支小分队在一次行军中，突然遭到敌人的袭击，混战中，有两位战士冲出了敌人的包围圈，结果却发现进入了沙漠中。走至半途，水喝完了，受伤的战士体力不支，需要休息。

　　于是，同伴把枪递给他，再三吩咐："枪里还有 5 颗子弹，我走后，每隔一小时你就对空中鸣放一枪。枪声会指引我前来与你会合。"说完，同伴满怀信心找水去了。躺在沙漠中的战士却满腹狐疑：同伴能找到水吗？能听到枪声吗？会不会丢下自己这个"包袱"独自离去？

夜幕降临的时候,枪里只剩下一颗子弹,而同伴还没有回来。受伤的战士确信同伴早已离去,自己只能等待死亡。想象中,沙漠里秃鹰飞来,狠狠地啄瞎了他的眼睛、啄食他的身体……结果,他彻底崩溃了,把最后一颗子弹送进了自己的太阳穴。枪声响过不久,同伴提着满壶清水,领着一队骆驼商旅赶来,找到了一具尚有余温的尸体……

一个人,当他将自己的目光锁定在一个点上时,这个点会像正在充气的泡泡一样,越变越大。所以,如果我们的思维总是聚焦于失败、打击或不幸,那么这份失败、打击或不幸的阴影会加倍地存入你的内心,渐渐成为你的负担,久而久之,让你不堪重负。

很多时候,我们只是被心灵所束缚,而并不是我们面对的压力有多大。卸下你的心灵枷锁,你的恶劣情绪便消失了。即使我们面临困境,也不要承认它们有多恶劣,不要管它的力量有多强大,不要忧虑它们的出现,而将你的注意力转移到别处,这样做了以后,它们恶劣的特性就不复存在了。

善待自己才能活得快乐

林肯说过:"大部分人只要下定决心,就能获得快乐。"人的一生是短暂的,不要因为一些微不足道的小事烦恼,要学会快乐生活,要想得透,看得开,千万不要和自己过不去。

在生活中,每一个人都应该多一些快乐和满足,不要因为一时的挫折和烦恼,便将自己所有的希望和好心情埋没。我们要看到事物光明的一面,并时刻准备着扭转败局而走向成功。乐观者总是处处受到欢迎,因为他们不仅自己快乐，还能给别人带来快乐。

我们要努力学会善待自己，不能因为一时之气而长久郁积，其实，困扰和糟糕的情绪，虽然多是源自外界的人、事、物，但更主要的还是由我们的内心来制造和支配的。我们应该学会及时化解内心的火气，调整自己的心态。每个人的内心都可能潜藏着使自己成功快乐的能力。我们要去开发使自己快乐的潜能，善待自己，消除困扰，培养起成功快乐的心态。

罗森在一家夜总会里吹萨克斯，收入不高，然而，却总是乐呵呵的，对什么事都表现出乐观的态度。他常说："太阳落了，还会升起来，太阳升起来，也会落下去，这就是生活。"

罗森很爱车，但是凭他的收入想买车是不可能的，与朋友们在一起的时候，他总是说：要是有一部车该多好！眼中充满了无限向往。有人逗他说："你去买彩票吧，中了奖就有车了！"

于是他买了两块钱彩票，可能是上天优待于他，罗森凭着两块钱的一张体育彩票，果真中了个大奖。

罗森终于如愿以偿，他用奖金买了一辆车，整天开着车兜风，夜总会也去得少了，人们经常看见他吹着口哨在林阴道上行驶，车也总是擦得一尘不染。

然而有一天，罗森把车停在楼下，半小时后下楼时，发现车被盗了。朋友们得知消息，想到他那么爱车如命，几万块钱买的车眨眼工夫就没了，都担心他受不了这个打击，便相约来安慰他：罗森，车丢了，你千万不要太悲伤啊！"罗森大笑起来，说道："嘿，我为什么要悲伤啊？"朋友们疑惑地互相望着。"如果你们谁不小心丢了两块钱，会悲伤吗？"罗森接着说。"当然不会！"有人说。"是啊，我丢的就是两块钱啊！"罗森笑道。

追求美好的生活是人们共同的心愿，因此，所有人都希望得到的越多越好，却不懂没有失去就不会拥有，没有拥有就不会失去。大千世界，得与失是形影相随的。生命在一点一滴凝聚的同时，也在一分一秒地逝去。当我们拥有青春时，却失去了无忧无虑的童年；当我们融入社会，学会了左右逢源，却失去了原有的纯真和坦荡。盼望日出之美，却失去了宝贵的晨光；享受大都市的高品位生活,却失去了田园生活的悠闲;贪图财、色、官,却失去了做人的正气、道德和平常心。

因此,在生活中我们要学会善待自己,用乐观的心态去对待生活、对待自己。因为人生不可能事事如意,拥有和失去是人生常有的事情。有得必有失,有失必有得。要用良好的心态对待得失,得到,本是一种快乐,但是,在得到的同时,你肯定也失去了很多。当你把得失想明白了,想透彻了,就会觉得轻松、快乐,就是善待自己。

二战期间,罗勃·摩尔在一艘美国潜艇上服役。一天清晨,随着潜艇在印度洋水下潜行的他通过潜望镜,看到一支由一艘驱逐舰、一艘运油船和一艘水雷船组成的日本舰队正向自己逼近。潜艇对准走在最后的日本水雷船准备发起攻击,水雷船却已掉过头来,朝潜艇直冲过来。原来空中的一架飞机,测到了潜艇的位置,并通知了水雷船。潜艇只好紧急下潜,以便躲开水雷船的炸弹。

3分钟后,六颗深水炸弹几乎同时在潜艇四周炸开,潜艇被逼到水下83米深处。摩尔知道,只要有一颗炸弹在潜艇5米范围内爆炸,就会把潜艇炸出个大洞来。

潜艇以不变应万变,关掉了所有的电力和动力系统,全体官兵静静地躺在床铺上。当时,摩尔害怕极了,连呼吸都觉得困难。他不断地问自己,难道这就是我的死期? 尽管潜艇里的冷气和电扇都关掉了,温度高达36度以上,摩尔仍然冷汗涔涔,披上大衣牙齿照样碰得格格响。

日军水雷船连续轰炸了15个小时,摩尔却觉得比15万年还漫长。寂静中,过去生活中无论是不幸运的倒霉事,还是荒谬的烦恼都一一在眼前重现:摩尔加入海军前是一家税务局的小职员,那时,他总为工作又累又乏味而烦恼,抱怨报酬太少,升迁无指望;烦恼买不起房子、新车和高档服装;晚上下班回家,因一些琐事与妻子争吵。这些烦恼事,过去对摩尔来说似乎都是天大的事。而今置身于这坟墓般的潜艇中,面临着死亡的威胁,摩尔深深感受到,当初的一切烦恼显得那么不值得。他对自己发誓:"只要能活着看到日月星辰,从此再不烦恼。"

日本舰队扔完所有炸弹终于开走了，摩尔和他的潜艇重新浮上水面。战后，摩尔回国重新参加工作，从此，他更加热爱生命，懂得如何去幸福地生活。他说："在那可怕的 15 个小时内，我深深体验到对于生命来说，世界上任何烦恼和忧愁都是那么的微不足道。"

人生是短暂的，容不得你有多少时间来与烦恼纠缠，更不能让烦恼伴随着自己去迎接明天的太阳。凡事要看得开、想得透，其实，与其愁眉苦脸地过一辈子，不如开开心心地过一辈子。不要和自己过不去，要善待自己，这样才不枉来这个世界上走一趟。

人生是有限的，摆在我们面前的是许多要我们去完成的事情，而且想做的事更多。在这有限的时间里，如果把时间都浪费在微不足道的小事上，想一想，这是多么可惜的事啊！因此，我们要学会快乐地生活，要善待自己，不要因为小事消磨我们有限的生命。

学会宣泄压力和苦闷

现代社会经济发展迅速，竞争日益激烈。高效率、快节奏的生活加剧了人们的紧张与压力，如果来自生活各方面的压力汇到一起，就会把我们逼进了死胡同，给我们的身心造成一定的伤害。因此，我们要学会宣泄压力和苦闷，学会轻松自如的生活。

在匆忙紧张的现代社会里，我们很多时候都在负重而行，同事之间的竞争、工作上的麻烦、事业上挫折、生活中的种种不如意等，都让我们饱受压力，害怕被淘汰，精神总有特别紧张。

这些麻烦单个看起来并没有什么，可是日积月累，就会对自己的身心健康产生非常大的破坏作用。有人做过这样一项试验，他让 50 个人记下他们在一年之中遇到的日常麻烦，并按时检查身体。试验结果显示，日常麻烦的频率越高的人，他们的身体和心理的健康状况也就越差。

只要生活还在继续，就没有一个轻松自在的世外桃源可以让我们躲避。人生于世，不承受压力是不可能的，但是我们完全可能换一个角度看待压力，从而把压力的包袱从心里卸下来。

压力并不意味着全是坏事，我们肩上的压力越大，说明我们人生的收获就越大，因为我们从这个世界不断捡起我们想要的东西，所以我们肩上的压力才会越来越大，如果你明白了这个道理，你还会抱怨压力吗？

有位年轻人感觉生活太沉重了，自己已经无力承受，于是他便去请教智者，让他帮助自己寻找解脱的办法。智者什么话也没说，只是让他把一个背篓背在肩上，然后指着一条沙砾路说："你每往前走一步，就捡一块石头扔进背篓，看看是什么感觉。"

停了一会儿，年轻人走到了尽头，智者问他有什么感觉。年轻人说感觉肩上的背篓越来越重。

智者说："我们每个人来到这个世上，肩上都背着一个空篓子，在人生的路上，我们每走一步，就要从这个世界上捡一样东西放进背篓，所以我们才会感到生活得越来越累。"

这时，年轻人就问智者："有什么方法可以把这种负担减轻吗？"

智者问："你愿意把工作、家庭、爱情、友谊和生活中的哪一样取出来扔掉呢？"

年轻人沉默不语，因为，他觉得他哪一个都不愿意扔掉。

这时，智者微笑着说："如果你觉得生活沉重，那说明你已经拥有了全面的生活，你应该感到庆幸。假如你失去其中的任何一种，你的生活都会变得不完整，这样你愿意吗？你应该为自己不是总统而庆幸，因为他肩上的背篓比你的又大又重，但是，他可以把其中的任何一样拿出来吗？"

年轻人终于明白了生活的道理，他认真地点了点头，并且露出了开心的笑容，好像突然明白了很多道理，心里感到非常轻松。

　　生活中的压力是无法消除的，你越感到压力的沉重，说明你的生活越丰富，你所拥有的生命越厚重，你的人生就越有意义。背负压力，负重而行，虽然是一件很痛苦的事情，可是，没有负重而行就难以体会到无负重的轻松愉快，同时，没有负重而行，就不会有什么责任，也就无所谓什么克服困难而取得成就，自然更不可能体会到上坡之后那种如释重负的快感。没有负重的生命不是完整的生命，没有负重的人生不是圆满的人生。

　　当你不那么讨厌压力，不再把它当成一回事儿的时候，再进行自我调节就容易多了。

　　运动是缓和焦虑、减轻压力的最直接、最有效的方法之一。消耗体力是人类最自然的发泄渠道，人在运动之后，身体可以恢复到正常的平衡状态，郁闷的情绪能得到宣泄，精神也得到了放松。

　　与家人、朋友的共处也是一种很好的方法。谈论一些轻松的话题，可以把你的工作和生活截然分开，让你充分享受自然的幸福生活。

　　除此之外，我们还要适当地学会"诉苦"，减轻心中的郁闷。人们在工作中和生活中所遇到的压力是各种各样的。减轻这些压力有一个通用方法，这就是"诉苦"。每当自己感到有压力时，不妨找自己的好朋友倾诉一下。如果一时找不到合适的朋友听自己倾诉，自己对自己倾诉对减轻所遇到的压力也是有帮助的。有不少人认为向别人倾诉自己的苦处是一种懦弱的表现，实际上，倾诉内心的郁闷是一种科学的心理排遣方式，与勇敢与否没有任何联系。

　　很多人都习惯把麻烦问题放在一边，等着以后解决，其实，这是一个非常不好的习惯。假如你发现自己有这样的倾向，就要赶快改掉这个坏习惯，不管什么问题，都要学会果断敏捷地做出决定，问题不管拖多久都还是要解决的，有时候拖得越久，问题反而会变得越复杂，问题都是越早解决越好的。不管现在面临的问题有多么严重，你都要慎重地权衡，把各个方面都顾虑到，然后做出比较明智的决定。敢于面对问题、面对压力的人才有希望取得真正意义上的成功。

▶让健康与快乐形成良好的互动

良好的情绪是心理健康的保证，快乐则可以说是一剂健康的良药。没有了健康，我们的生活就如同死水一潭，失去了活力。而快乐如同一粒石子，它可以使潭水泛起涟漪，使生命充满活力。

健康的身体是一个人获得长远发展的保证。事业的忙碌使许多人不知自爱，常常在无意中损害自己、欺骗自己。他们外出办事总是饮食无定，有时竟一点东西也不吃，就是吃也不注意营养的均衡，毫无一副成功者必备的神定气闲的样子。他们还总是想方设法缩短、再缩短自己睡眠和休息、娱乐的时间，显示出一种为了成功而拼命的架势。由于他们经常摧残自己的身体，所以，他们的头发早白，额上的皱纹早现，心灵极易早衰，沉沉暮气早早到来，似乎不知道实现自己的宏伟计划，需要相应的体力作为支撑。所以，一个人对自己的体力切不可随意消耗，对自己的身体要注意保养。

俗话说："笑一笑，十年少。"良好的情绪是心理健康的保证，快乐则可以说是一剂健康的良药。健康与我们的生活息息相关，没有了健康，我们的生活便如死水一潭，失去了活力。快乐则如同一粒石子，它可以使潭水泛起涟漪，使生命充满活力。

有一个老先生，不幸得了一种怪病，头痛、背痛、茶饭无味、精神萎靡不振，他吃了很多药，也不管用。这天听说医院来了一位著名的中医，他就去看病。名医询问一番后，给他开了一张方子，让老先生去按方抓药。老先生来到药铺，给卖药的师傅递上方子。师傅接过一看，哈哈大笑，说这方子是治妇科病的，名医犯糊涂了吧？老先生赶忙去找医生，结果那位医生却出门了，说要

心态的惊人力量

一个多月才能回来。老先生只好揣起方子回家。回家路上，他想只有糊涂医生才能开糊涂方，自己怎么可能得了"冲任失调"的妇女病呢？越想这事儿越好笑，终于禁不住哈哈大笑起来。

这以后，每当想起这件事，老先生就忍不住要笑。他把这事说给家人和朋友，大家也都忍不住乐。一个月后，老先生去找医生，笑呵呵地告诉医生方子开错了。医生此时笑着说，这是他故意开错的。老先生是肝气郁结引起的精神抑郁及其他病症，笑，则是他给老先生开的"特效方"，老先生这才恍然大悟。这一个月，老先生光顾笑了，什么药也没吃，身体却好了。

快乐可使人健康长寿，良好的情绪则是心理健康的保证。情绪即情感，指人的喜、怒、哀、乐等心理表现，常伴随个人的立场、观点及生活经历而转移。愉快的情绪会带来欢乐、高兴、喜悦，能使人舒畅胸怀，驱散疲劳和使人对未来充满信心，能承受生活中的种种压力。有的人处于贫困之中，人不乏其乐；有人处于富裕环境，却忧愁寡欢。可见，环境不能决定快乐的有无。一个人想要快乐，他便会采取积极的态度，这样便会把快乐吸引过来。

你的心态若是改变了，你的习惯也会随之改变。你有了快乐的习惯，就能拥有积极的心态，而积极的心态会给人体健康带来好处，消极的心态则可能引发疾病。一个人心存消极思想，这是一件危险的事。现实生活中，到处都有人因为他们内心的挫折、仇恨、恐惧或罪恶感，而给自己的健康造成伤害的，因此，为了身体的健康，就是除掉心中的消极念头，拥有一颗快乐的心，一种积极的心态。

在终南山一带生长一种特殊的植物——快乐藤，任何人得到这种藤后，都会喜形于色，笑逐颜开，不知道烦恼为何物。为了得到快乐，曾经有一个年轻人跋涉千山万水来到终南山，在历尽千辛的搜寻后，终于找到了这种藤，但结果并非跟传说中的一样——他仍然不快乐。他问老人：为什么我得到快乐藤仍然不快乐呢？老人说：快乐藤不是终南山才有的，而是人人心中都有，只要你有快乐根，无论走到天涯海角都能得到快乐。

快乐就是来自我们的心灵和身体。我们快乐的时候，可以想得更好，干得更好，就会更成功、更健康。快乐是一种态度，快乐可以选择。人生充满了选择，而生活的态度就是一切。你用什么样的态度对待你的人生，生活就会以什么样的态度来对待你。你消极，生活便会暗淡；你积极向上，生活就会给你许多快乐，你也会因快乐更加健康。

物质富有的人未必就开心，而贫穷也未必就苦闷。欢乐不失为穷人解脱痛苦的良方，但无论穷富，快乐都是健康长寿之本。我们应该以饱满的热情去面对生活的压力和困苦，静静地用心去体会生活中的美、生活中的乐。人贵有自知之明，喜悦源于满足，私心常添愁怀，生活的格调靠自己把握。拥有快乐，把握欢乐，它能使我们正确地面对生活，更能使我们轻松健康。

▶永远保持少年时代的梦想

成功离不开梦想，梦想帮助你正确地把握未来的发展道路，激活你生命的内在力量。梦想是一种神奇的力量，人一旦拥有，它就像魔法一样，改变人的一切，让人的一生都充满阳光。

在现实生活中，总有这样一些人，他们或因宿命论的影响，凡事听天由命；或因缺乏理想，做一天和尚撞一天钟，没有什么远见；或因性格懦弱，一旦众人认为某建议实属天方夜谭，对之嗤之以鼻，他便再也不敢为之而努力了……

请不要轻易认定自己的命运，也不要武断地看待别人的命运。如果一个人遇事逃避，不敢"痴心妄想"，不敢转变思路积极去追求，而任由消极情绪完全支配自己的意志，那么最终，他只能碌碌无为地了此残生，难以有所成就。

在我们的周围，经常会听到这样一句话："我想都不敢想。"试问，如果你连想都不敢,那你能去做吗?不做会有成功的人生吗?只有敢想,才能敢做,才能谈及成功与否。

2002 年 11 月 28 日,是美国特有的节日——感恩节。在这个节日到来的前三天,芝加哥市一位名叫赛尼·史密斯的中年男子向当地法院递交了一份诉状,要求赎回自己去埃及旅行的权利。

事情发生在 40 年前,当时赛尼·史密斯 6 岁,在威灵顿小学读一年级。有一天,品行课老师玛丽·安小姐让他们各说出一个自己的梦想。全班 24 名同学都非常踊跃,尤其是赛尼,他一口气说出两个:一个是拥有自己的一头小母牛;另一个是去埃及旅行一次。可是当玛丽·安小姐问到一个名叫杰米的男孩时,不知为什么,他竟一下子没了梦想。为了让杰米也拥有一个自己的梦想,她建议杰米向同学购买一个,于是在玛丽·安小姐的见证下,杰米就用 3 美分向拥有两个梦想的赛尼买了一个。由于赛尼当时太想拥有一头自己的小母牛了,他就让出第二个梦想——去埃及旅行一次。

40 年过去了,赛尼·史密斯已人到中年,并且在商界小有成就。40 年来,他去过很多地方——瑞典、丹麦、希腊、沙特、中国、日本,然而他从来没有涉足过埃及。从他卖掉去埃及的梦想之后,他从来没忘记过这个梦想,然而,作为一个虔诚的基督徒和一个诚信的商人,他不能去埃及,因为他把这一行为连同那一个梦想一起卖掉了。

2002 年感恩节前夕,他和妻子打算到非洲旅行一次,在设计旅行线路时,妻子把埃及的金字塔作为其中的一个观光项目。赛尼·史密斯决定赎回那个梦想,因为他觉得只有那样,他才能坦然地踏上那片土地。

可是,赛尼·史密斯没有赎回那个梦想。因为经联邦法院审定,那个梦想价值 3000 万美元,赛尼·史密斯要赎回去,就得倾家荡产。其中的缘由,我们从杰米的答辩状中,也许可略知一二:

在我接到史密斯先生的律师送达的副本时,我正在打点行装,准备全家一起去埃及。这好像是我一口回绝史密斯先生要求赎回那个梦想的理由,其实,真正的理由不是我们正准备去埃及,而是这个梦想的价值。现在各位都非常清楚，小时候我是个穷孩子，穷到不敢有自己的梦想。然而，自从我在玛丽小姐的鼓励下，用3美分从史密斯先生那儿购买了一个梦想之后，我彻底地变了，变得富有了。我不再淘气，不再散漫，不再浪费自己的光阴，我的学习有了很大的进步。我之所以能考上华盛顿大学，我想完全得益于这个梦想，因为我想去埃及。我之所以能拥有我美丽贤惠的妻子，我想也是得益于这个梦想，她是一个对埃及文明着迷的人，如果我不是购买了那个梦想，我们绝不会在图书馆里相遇，更不会有一段浪漫迷人的恋爱时光，也不会有现在像我们这样幸福的一对。我的儿子现在在斯坦福大学读书，我想也是得益于这个梦想，因为从小我就告诉他，我有一个梦想，那就是去埃及，如果你能获得好的等级，我就带你去那个美丽的地方。我想他就是在去埃及信念的召唤下，走入斯坦福大学的。

现在我在芝加哥拥有6家超市，总价值2500万元左右。我想如果我没有那个去埃及旅行的梦想，我是绝不会拥有这些财富的。尊敬的法官和陪审团的各位女士、先生们，我想假如这个梦想是属于你们的，你们一定会认为这个梦已融入了你们的生命之中，已经和你们的生活、你们的命运紧密相连、密不可分，一定会认为这个梦想就是你们的无价之宝。

在我们平凡的生活中，因为有了梦想的存在，一切开始变得不同。因为梦想会使人心中产生一种激情，这是一种可贵的心灵动力，它会最大限度地激发人的潜能，从而实现自己的目标。

心存梦想，力争上游的人，虽然表面上看不出来，但却有着让自己变得与众不同的力量。他的每一天都比周围的人更积极、更活跃，这就是量变。如果你能坚持这种积累，必定有不凡的成就。

我们所说的梦想并不是荒诞不经的幻想，而是现实的、合理的愿望以及来自心灵的渴望和实现它的勇气，这样一来，不管我们周围的环境怎样地令人不愉快或不友善，我们都可以在想象中把自己提升到一种理想状态。梦想不怕不可思议，梦想之路越宽越好，梦想有多远，你未来的世界就有多大。

▶每一天都从一个"美好设想"开始

我们无法预支未来，却可以把握现在；我们不知道自己的生命到底有多长，我们却可以安排当下的生活；我们左右不了变化无常的天气，但是我们却可以调整自己的心情。只要每天都给自己一个希望，我们就会拥有一个丰富多彩的人生。

人生本来就是一种快乐，雅人有雅兴，俗人有俗趣，只要每天给自己一个希望，锦衣玉食也好，粗茶淡饭也罢，都能自得其乐。我们将活得生机勃勃，激昂澎湃，哪里还有时间去叹息、去悲哀，将生命浪费在一些无聊的小事上？生命是有限的，但希望是无限的，只要我们不忘每天给自己一个希望，我们就一定能拥有一个丰富多彩的人生。

著名作家梭罗每天早晨的第一件事，是告诉自己一条好消息。然后，他会对自己说，我能活在世间，是多么幸运的事。如果没有出生在世，就无法听到踩在脚底的雪发出的吱吱声，也无法闻到木材燃烧的香味，更不可能看见人们眼中爱的光芒。于是，他每一天都满怀对生命的感激之情。

要成为一个快乐的人，重要的一点是学会将过去的错误、罪恶、过失统统忘记，而往前看。忘记过去的事，努力向着未来的目标前进。

北京海淀区有姐妹俩，都是下岗工人。姐姐大学毕业后到纺织厂工会工作，妹妹高中尚未毕业就顶替母亲进厂当了纺织工。下岗后，姐姐认为自己运气不佳，见人就说："我现在是个失去工作的失败者。"有时碰上合适的工作，也不想去争取。妹妹虽然学识和才干比不上姐姐，但她会转换想法，她常对母亲说："我还年轻，有的是学习的机会，有许多工作等我去选择。"她下岗后当过清洁工，站过柜台，参加过职业培训。后来考进一家大宾馆当实习生，两年后提升为大堂经理。妹妹会转换想法，能用最积极的思考、最乐观的精神来支配和控制自己，成功的大门就必然会向她敞开。

一切事物都有两面性，问题在于我们自己怎样去审视、怎样去选择。面对太阳，你眼前是一片光明；背对太阳，你看到的是自己的阴影。成功是一种心态，心态又是个人的选择。

用餐的客人问服务生："明天天气预报如何？"

服务生肯定地说："会是我喜欢的天气。"

客人不解地问："你怎么知道正好是你喜欢的天气？"

服务生回答道："我发现环境不是经常能如我意，所以，我便学习乐观地去面对我所遇到的一切。因此，明天天气一定是我喜欢的。"

乐观本身就是一种成功，因为它表示你拥有健康的心态，活得快乐潇洒，活得心安理得。

你的态度决定你的心情，影响你的健康，甚至改变你一生的际遇。培养乐观之心，凡事多往好处着想，这是心理健康的前提，也是幸福人生的关键之一。

虽然人生不如意之事很多，不过要使生活变得美好起来，却也不是很难。

一个单位分房子，有两个资历差不多的同事都分到了八楼，因为没有电梯，孩子又小，生活多有不便，而有的比他们资历差的还分到了三、四层的好楼层。其中一位同事身体本来很健康，但因为心里不平衡，不但拿老婆孩子出气，还经常到单位领导那里大吵大闹，搞得上下级关系很紧张，自己也气病了一场；另一位同事本来身体较弱，但心态较好，不但不抱怨，还把爬楼梯当成锻炼身体的好机会，不但自己爬，还带着刚会走路的孩子每天练习爬楼梯，结果坏事变好事，自己的身体好了，小孩的身体也健壮了。

其实，我们内心的平静与我们在生活中所获得的快乐，并不在于我们身处何方，也不在于我们拥有什么，更不在于我们是怎样的一个人，而是在于我们的心灵所达到的境界。在这里，外界的因素与此并无多大的关系。

要过好每一天，就是要把过去到昨天为止所有令你苦恼、悲伤或失败的事，全部都忘掉。最重要的是要过好今天，把握住现在正生存着的生命，并且好好地走下去；如果无法做到这点的话，我们可能会失去一切。

在生活中，不论你有大本事或小本事，朋友多，路子广，会有种种发迹的机会；还是你拥有爱情，拥有家庭，拥有多彩的故事，你总有一些盼望，会发现一些趣事，甚至某个消息、某个话题、某种现象都能让你兴奋。这兴奋可能太俗，让人瞧不上眼，或根本就不值。但只要是真实快乐的体验，也就够了。即使是真正遇上不称心的事，也别抱着死理，跟自己过不去，这样，你便能从容应付，潇洒地走出困境。即使一时解不开也用不着烦恼，要知道，日子还长着呢！

▶要得到先付出，给予才能快乐

人生在世，没有无回报的付出，也没有无付出的回报，付出的越多，得到的回报越大，获得的快乐也就越多，只想别人给予自己，那么"得到"的源泉终将枯竭。

交换现象出现于人类社会的早期阶段，人们彼此互通有无，进行贸易，这是物质交换。人生儿育女，而子女顺从、听话，这也是一种交换。人们交流感情，进行社交活动，这也是交换。通过我们对交换现象的观察，我们不难得出下列结论：由于彼此的缺乏和平等的原则才使得交换得以实现；双方只有在相互平等的前提下，交换才能更好地发生作用。一旦破坏了这一"看不见的"规则，我们便无法得到对方的东西。

交换的目的是为了得到自己所缺乏的东西。可见，人世间的事情，给的目的是为了获得。有了付出才有回报，没有无回报的付出，也没有无付出的回报。付出越多，得到的回报越大，获得的快乐就会越多，只想别人给予自己，那么"得到"的源泉终将枯竭。

有一个 50 岁的女人，丈夫去世不久，儿子又坠机身亡，她被悲伤和自怜的感情所包围，久而久之得了忧郁症，甚至产生过自杀的念头，好心的邻居劝她去做些能使别人快乐的事。50 岁的她能做些什么呢？她过去喜欢养花，自从丈夫和儿子去世后，花园都荒芜了。她听了邻居的劝告后，开始整修花园，施肥灌水，撒下种子，很快花园里就开出鲜艳的花朵。从此，她每隔几天就将亲手栽培的鲜花送给附近医院里的病人。她给医院里的病人送去了温馨，换来了一声声的感激话，那些美好的话语轻柔地流入她的心田，治愈了她的忧郁症。她还经常收到病愈者寄来的贺年卡、感谢信，这些卡片和信帮助她消除了孤独感，使她重新获得了人生的喜悦。

"爱出者爱返，福往者福来。"给予别人，等于给予自己。我们在给予的时候，就注定了获得的渴求，我们给予他人以爱、同情和鼓励，然而我们本身却并未因为给予而有所减少、反而会由于给予而获得更多。我们把爱、同情、善意给人的愈多，我们所收回的爱、同情和善意也就愈多。正是有了这种渴求才使我们的给予有了动力。天上不会掉下来的馅饼，也没有免费的午餐，我们时刻都应牢记这一点。

一颗良好的心，一种爱人的性情，可以说是我们最大的财富。因此，我们在成就别人的同时，并非一定会损伤自己。成功的关键在于，知道什么时候给予，什么时候获得。

一个富翁忧心忡忡地来到教堂祈祷之后，他去请教牧师。"我虽然有了金钱，但我感觉并不幸福，我甚至不知道应该用我的金钱做些什么？它能买来欢乐和幸福吗？"牧师让他站在窗前，看外面的街上，问他看到了什么，富翁说："来来往往的人群，多么美妙啊！"牧师又把一面很大的镜子放在他面前，问他看到了什么，他说："我看到了我自己，我很沉闷。"牧师道："是啊，窗户和镜子都是玻璃制做的，不同的是镜子下镀了一层银粉，单纯的玻璃让你看到了别人，也看到了美丽的世界，没有什么阻拦你的视线，而镀上银粉的玻璃只能让你看到你自己，是金钱阻拦了你心灵的眼睛，你守着你的财富，像守着一个封闭的世界。"

富翁得到了启示，就尽可能的去资助那些困难的人，把自己的仁爱带给他人；而得到帮助的人则用无尽的感激和祝福报答他。富翁从中不断地得到欢乐，心情也变得开朗了。

人各有短长，你的朋友、家人甚至陌生人解决不了的问题，可能对于你来说易如反掌，那么何必吝啬一丁点的时间和一举手的力气，何不快乐主动地帮助别人呢？帮助别人走出困境，而你自己也享受了给予得到的快乐，何乐而不为呢？如果我们能够时刻尽自己所能去帮助身边需要帮助的人，那么在我们遇到难关的时候，同样也会有人帮助我们。反之，如果在别人需要帮助的时候我们未能伸出援手，那么等到我们需要帮助的时候，就很可能也得不到想要的帮助。

高尔基说："给予，永远比索取愉快。"给予是一种真诚的付出，更是一种无限的快乐。让我们在人生的道路上，心存感恩，热心地帮助每一个需要帮助的人，关爱每一个需要关爱的人，我们会在这种仁爱而无私的给予中，得到别人的尊重和敬仰，实现着自己的人生价值，享受着"给予别人，快乐自己"的富足人生。

▶快乐源于感恩之心

没有谁对我们的帮助是理所当然的，感恩是认定别人帮助的价值，从而达到彼此感情交流的一种有效手段。其实感恩图报是一种良好的心态，更是一种奉献精神。当你抱有一种感恩的心态生活和工作时，你会生活得更愉快，与人交往更和谐，工作也会更加出色。

古人说得好:"滴水之恩,当涌泉相报。"感恩是一种处世哲学,感恩是一种生活态度,它是一种善于发现生活中的感动,并能享受这一感动的思想境界,感恩是生活中的大智慧。英国作家萨克雷说:"生活就是一面镜子。你笑,它也笑;你哭,它也哭。"你感恩生活,生活将赐予你灿烂的阳光;你不感恩,最终可能一无所有! 每个人都应该有一颗感恩的心,爱自己,也爱别人。

对于生活怀有一颗感恩之心的人,他的心境是平和的,心情也总是很愉快的,即使遇上再大的灾难,也能顺利过关。常怀感恩之心的人,即使遭遇挫折,也会很快战胜挫折,而那些常常抱怨生活的人,他们总是生在福中不知福,即使遇上了福,他们也不认为那就是福,并且无法体会其中的快乐。

小李是一家电脑公司的编程员,一次在工作中遇到一个难题,他的同事主动过来帮助他。同事一句提醒的话使他茅塞顿开,很快就完成了工作。小李对同事表示了他的感谢,并请这位同事喝酒,他说:"我非常感谢你在编那个计算机程序上给我的帮助……"

从此,他们的关系变得更近了,小李也因此在工作上获得了很大的成绩。

小李很有感触地说:"是一种感恩的心态改变了我的人生。我对周围人给予我的点滴关怀和帮助都怀抱强烈的感恩之情,我竭力要回报他们。结果,我不仅工作得更加愉快,所获帮助也更多,工作也更出色,我很快获得了公司加薪升职的机会。"

所有快乐的人都心怀感恩,不知感恩的人不会快乐,你期望得越多,感恩心就越少。在期望获得满足的一刹那,我们必须想到那绝不是必然的事,既然如此,感恩之心会增加我们的愉悦,也会使我们快乐。

无论我们正在做什么工作,工作环境是什么样的,周围的人如何看待我们,只要我们还在生活,就应该以一种感恩的心态来对待一切。

有一次,在学术报告结束之际,一位年轻的女记者捷足跃上讲坛,面对这位已在轮椅上生活了30余年的科学巨匠,深深景仰之余,又不无悲悯地问:"霍金先生,卢枷雷病已将你永远固定在轮椅上,你不认为命运让你失去太多了吗?"

这个问题显然有些突兀和尖锐，报告厅内顿时鸦雀无声，一片静寂。霍金的脸庞却依然充满恬静的微笑，他用还能活动的手指，艰难地叩击键盘，于是，随着合成器发出的标准伦敦音，宽大的投影屏上缓慢然而醒目地显示出如下一段文字：

我的手指还能活动，

我的大脑还能思维；

我有终生追求的理想，

有爱我和我爱的亲人和朋友；

对了，我还有一颗感恩的心。

心灵的震颤之后，掌声雷动。人们纷纷拥向台前，簇拥着这位非凡的科学家，向他表示由衷的敬意。

那种对一切东西都怀有感恩之心的人是品格高尚的人。请不要对自己目前的境遇抱怨，不要对自己所拥有的感到不满。人总是这样，得不到的就是最好的，得到的往往又不肯去珍惜。可是如果哪一天，你手中握住的东西像沙子一样被你不经意地从指缝间滑落，当你懂得珍惜的时候，证明你已失去，这时，后悔已无济于事了。

心存感恩，知足惜福，当我们用感恩的心对待每一件事，服务于他人，用宽容大度、尽职尽责、勤勉工作来证明一切，就会忘掉不愉快，心中充满了美好，积极主动地面对现实，那么你感受的不仅仅是心灵的宁静。一个怀有感恩之心的人，生活也将赋予他们最大的回报。要是我们能用平和、感恩的心态去面对人生，那我们就可以活得很惬意。这时我们也会变得"富裕"，悄然之间，我们会发现得到了很多意想不到的东西。

以乐观的心态，选择积极的生活

虽然选择的权利在每个人自己的手中，但许许多多的人并没有使用这一权利。他们胆小怕事，消极悲观，看不到出路，而满脑子都是退路。这也就是成千上万的人活得碌碌无为的最直接的原因。

我们的人生，是从选择开始的。选择是人类一种天赋的能力，它不需要经过特殊的训练或教育，也不需要有特殊资质，它是每一个人与生俱来的重要的能力之一，几乎所有的人都能掌握它、利用它。如果我们一旦能够正视这种力量的存在，并且开始加以运用，我们的生活能够完全得到改观，生活完全可以合乎我们自己的理想，它将化失败为成功、化怯懦为自信、化浮躁为冷静、化不安为稳定，它能使我们受伤的心灵得以安宁，能使我们烦恼不堪的生命重获生机，变得美满快乐。

一个选择对了，又一个选择对了，不断地做出对的选择，到最后便产生了成功的结果；一个选择错了，又一个选择错了，不断地做出错误的选择，到最后便产生了失败的结果。若想要有一个成功的人生，我们必须降低错误选择出现的概率，减少做错误选择的风险。这就必须预先明确你人生中想要的结果是什么，为这个结果而做出所有的选择，明确你人生想要的结果是什么，这本身又是一个选择。

有一个小故事，流传甚广。

有两个农民，外出打工。一个去上海，一个去北京。可是在候车厅等车时，都又改变了主意，因为邻座的人议论说，上海人精明，外地人问路都收费；北京人质朴，见吃不上饭的人，不仅给馒头，还送旧衣服。

去上海的人想，还是北京好，挣不到钱也饿不死，幸亏车还没到，不然真掉进了火坑。

去北京的人想，还是上海好，给人带路都能挣钱，还有什么不能挣钱的？我幸亏还没上车，不然真失去一次致富的机会。

于是他们在退票处相遇了。原来要去北京的得到了上海的票，去上海的得到了北京的票。

去北京的人发现，北京果然好。他初到北京的一个月，什么都没干，竟然没有饿着。不仅银行大厅里的纯净水可以白喝，而且大商场里欢迎品尝的点心也到处都是。

去上海的人发现，上海果然是一个可以发财的城市。干什么都可以赚钱：带路可以赚钱，看厕所可以赚钱，弄盆凉水让人洗脸也可以赚钱。只要想点办法，再花点力气都可以赚钱。

凭着乡下人对泥土的感情和认识，第二天，他在郊区装了十包含有沙子和树叶的土，以"花盆土"的名义，向不见泥土而又爱养花的上海人兜售。当天他在城郊间往返6次，净赚了50元钱。一年后，凭"花盆土"他竟然在大上海拥有了一间小小的门面。

在长年的走街串巷中，他又有一个新的发现，一些商店楼面亮丽而招牌较黑，一打听才知是清洗公司只负责洗楼不负责洗招牌的结果。他立即抓住这一空当，买了些人字梯、水桶和抹布，办起一个小型清洗公司，专门负责擦洗招牌。如今他的公司已有150多个打工仔，业务也由上海发展到杭州和南京。

前不久，他坐火车去北京考察清洗市场。在北京火车站，一个捡破烂的人把头伸进软卧车厢，向他要一只啤酒瓶。就在递瓶时，两人都愣住了，因为5年前，他们曾换过一次票……

在面临人生的选择的时候，一个人的思想会完全暴露出来。他可能乐观向上，积极进取，喜欢能体现自己能力的生活方式；他也可能胆小怕事，消极悲观，看不到出路，而满脑子都是退路。正是这种选择，决定了他们将拥有一种怎样的人生历程。

虽然选择的权利在每个人自己的手中,但许许多多的人并没有使用这一权利。也许这就是成千上万的人活得碌碌无为的最直接的原因。不少人的生活就像秋风卷起的落叶,漫无目标地飘荡,最后停在某处,干枯、腐烂。为了促进个人的成长,达到个人的幸福,你必须学会驾驭生活。你必须自己选择服装,选择朋友,选择工作,选择奋斗目标⋯⋯

小汪是北方一所名牌大学的高才生,学的是计算机专业。毕业时,一家国内知名企业执意要挽留他,另外也有几家外资企业要接收他,但是在他心里,还是倾向于旱涝保收的机关单位。经过一番努力,小汪终于在一家省直属机关上班了。在机关里,上司把他安排在大量数据的统计整理工作之中。这与他学的专业相距十万八千里。小汪初进机关的愉快心情在消退,变得心灰意冷起来。他工作不断出现失误,而且由于出差时私自旅游而耽误了工作,受到主管领导的严厉批评。几年过去了,小汪原来的专业知识不但没有派上多大用场,而且慢慢忘得一干二净了,有些时候,小汪也想过要调动工作,但专业知识已经忘得难以补救回来了。又过了几年,因为他的工作没有多大起色而成了单位可有可无的边缘人。这时他才深切体会到"一着不慎,满盘皆输"的道理。

人生似一条曲线,起点和终点是无可选择的,而起点和终点之间充满着无数个选择的机会。在这个很精彩也很复杂的世界里,无论是强者还是弱者,无论是成功者还是失败者,无论是大人物还是小人物,他们之间最重要的区别就是对人生之路选择的差别。前者选择了一条布满荆棘、充满风险却能使人生放射华光异彩的道路,而后者则选择了一条平坦却是平庸的道路。

选择需要好的眼光,更需要好的心态,让我们一起为做一个乐观的人,选择一种积极的生活而努力。

第七章 有一种心态叫敬业：
表现出最佳的职业水准，
首先要有最好的职业态度

你可以把工作看成是为老板工作，为薪水工作，也可以把工作看成是为自己的个人简历工作，为自己的成长工作。不一样的心态，会决定你的行动是敷衍塞责还是兢兢业业、力求达到自己的最佳水平。当然，你也会因为自己不同的工作态度，获得不同的回报，年轻的你尤其要牢记：要从工作中得到金钱、地位、尊严和荣誉，首先要尽自己最大所能为工作付出。

▶什么时候都不能对工作厌倦

我们不可能总是找到自己喜欢的工作。只有尽量使自己喜欢目前的工作，心理上的厌烦消除之后，工作才会显得自然轻松。

一个人如果不喜欢自己的工作，他就不会投入必要的时间和精力去取得成功。没有哪一个成功者认为自己的工作是非常烦人的。对于大多数成功者来说，这是一场激动人心并富有挑战性的游戏。

儿童家具专卖公司创始人格蒂文·格罗斯曼说："我本该一周在这里待上六天，但我连休息时间也不定期，很有意思！回家是工作，工作就是乐趣。"亨利·福特迷恋汽车，比尔·盖茨钟爱计算机软件。在他们的眼中，每天都有不同的风险，那是乐趣，也是刺激。

著名的金融家摩根的观念，就是绝不让赚钱变成一种沉重的负担，而是让它成为一种新鲜刺激的游戏。他认为只有以这样游戏的心态去赚取金钱，才是最佳的赚钱心态。

摩根赚钱甚至达到痴迷的程度。他一直有一个习惯，每当黄昏的时候，他就到小报摊上买一份登载着股市收盘的当地晚报回家阅读。当他的朋友都在忙着怎样娱乐的时候，他则说："有些人热衷于研究棒球或者足球的时候，我却喜欢研究怎么赚钱。"

他从来不乱花钱去做其他的事情，他总是琢磨怎么赚钱的办法。有的人开玩笑说："摩根你已经是百万富翁了，感觉滋味如何？"摩根的回答值得人们玩味："凡是我想要的东西而又可以用钱买到的时候，我都能买到。至于其他人们所梦想的东西，比如名车、名画、豪宅我都不为所动，因为我不想得到。"

他并不是一个为金钱而生活的人，他甚至不需要金钱来装饰他的生活。他喜欢的仅仅是游戏的感觉，那种一次次地投入资金，又一次次地通过自己的智慧把钱赚回来的感觉，充满了风险和艰辛，但是也颇为刺激。

成功者懂得，要想成就事业，最重要的也是最基本的就是——必须百分之百热爱自己的工作。一个人只有懂得这一点，他才会拥有一份健康、愉快、积极向上的心态。

然而许多人面临的问题可能是："怎么可能让目前悲惨的工作变得有趣？"当然，并不是天下所有工作都能变成有趣的工作，但是总有办法让它们有所改善。

托妮·莫里森是美国著名的黑人女作家，1993年诺贝尔文学奖获得者。在莫里森的少年时代，由于家境贫困，从12岁开始，每天放学以后，她都要到一个富人家里打几个小时的零工，十分辛苦。一天，她因工作的事向父亲发了几句牢骚。父亲听后对她说："听着，你并不在那儿生活。你生活在这儿。在家里，和你的亲人在一起。只管去干活就行了，然后拿着钱回家来。"

莫里森后来回忆说，从父亲的这番话中，她领悟到了人生的四条经验：一、无论什么样的工作都要做好，不是为了你的老板，而是为了你自己；二、把握你自己的工作，而不让工作把握你；三、你真正的生活是与你的家人在一起；四、你与你所做的工作是两回事，你该是谁就是谁。

在那之后，莫里森又为形形色色的人工作过：有的很聪明，有的很愚蠢；有的心胸宽广，有的小肚鸡肠，但她从未再抱怨过。

工作占人生最大而且最重要的一部分，假如你对工作厌倦，整个人生将缺少乐趣。

因此，在任何情形之下，你都不能对工作产生厌倦，这是最不可取的一件事。假使你为环境所迫，而只能做些乏味的工作，也应该努力设法从这乏味的工作中找出一些兴趣和意义来。要知道，凡是应当做而又必须做的工作，总不可能是完全无意义的。问题全在于你对待工作的精神状态如何。良好的精神，会使任何工作都成为有意义、有兴趣的工作。

心态的惊人力量

有人觉得工作辛苦，是由于他希望尽快把工作交差，好去休息或玩乐。这种急于解除负担的心情，会使工作变得格外枯燥。

我们不可能总是找到自己喜欢的工作。只有尽量使自己喜欢目前的工作，心理上的厌烦消除之后，工作才会显得自然轻松。人们对工作厌倦，一部分原因固然是工作繁重枯燥，但也有一部分原因是由于自己对工作不能胜任。不能胜任，就不能愉快。当工作有成绩并得到赞赏时，本来枯燥的工作也就有了乐趣。

努力工作，所需的是勤劳与坚忍；努力工作而又能快乐地工作，则是一种智慧。这种智慧能使人在枯燥的工作中发现乐趣，使工作不再是一项苦役，而是人生的一种创造。这样的工作态度往往能塑造出杰出的人才。

在工作中，必须树立正确的态度。无论什么样的工作都要做好，不是为了别人，而是为了你自己。要努力把握住你自己的工作，而不是让工作把握你。

▶把自己当成工作的主人而非奴隶

如果我们以做事业的态度来对待工作中的每一件事，把工作当做使命来完成，把工作视为发展自我的机会，展示人格的机会，并创下非凡的业绩，就能真正完成从一个打工者到创业者的飞跃。

大多数人去打工做事时，没有较高的价值取向，他们只为高薪工作，为老板工作，那么，他们在工作中就会产生消极的思想，他会把所有的心思放在如何在公司长久地呆下去上面，让上司看着顺眼，使着顺手，就是他们的最终追求。如果他们觉得自己的付出和报酬不成比例时，就会在工作中偷懒耍滑，对工作不负责任，缺乏主人翁的责任感，总觉得自己吃亏了，于是怨天尤人，而这一切就会阻碍他人生的发展，所以，因为思想的贫穷，导致最终将一无所获。

成功者也打工，但是他们懂得，环境是一个人成功的关键。因此，他们会把自己的全部精力都投入到自己的工作中，他们把工作作为发展自我的机会、展示人格的机会。他们不是为老板工作，而是为自己工作，不是为薪金而工作，而是为价值而工作。工作是普通人谋生的手段，对于一些杰出人物，却是事业的起点。

这样的人绝对不是为了挣钱而打工，通过打工而挣钱的。他会把公司当成一个平台，通过这个平台了解这个行业如何运作，怎样才能更好地运作。他会认真了解运作这个行业的每一个环节、每一道程序。世上无难事，只怕有心人。成功者首先是个有心人、用心人。他不仅仅把钱看做财富，更把赚钱的办法看做财富。

威尔是卡特尔斯建筑工程公司的执行总裁，几年前他是作为一名送水工被卡特尔斯一支建筑队招聘进来的。威尔并不像其他的送水工那样把水桶搬到工地之后就躲在阴凉的墙角，一面抱怨工资太少一面无聊地抽烟。他先到工人中间给每一个忙碌在岗位上的工人的水壶倒满水，并在工人休息时，一边给他们加水，一边听他们讲解关于建筑的各项工作。很快，这个勤奋好学的人引起了建筑队长的注意。半年后，威尔当上了计时员。他并不因为职务的晋升改变过去的习惯，依然勤勤恳恳地工作，总是早上第一个来，晚上最后一个离开。由于他对所有的建筑工作，比如打地基、垒砖、刷泥浆等工种非常熟悉，当建筑队的负责人不在时，工人们遇到棘手的问题，总喜欢问他。一次，负责人看到威尔把旧的红色法兰绒撕开包在日光灯上，以解决工地上没有足够的红灯照明的困难，负责人决定让这个勤恳又能干的年轻人做自己的助理。这个负责人因为有威尔的帮助，把所有的事务处理得井然有序。在这支建筑队扩大到原来的 3 倍时，效率比别的建筑队都高，后来经这位负责人的推荐，不到一年时间，他便成了公司的副总，但他依然专注于工作，从不说闲话，也从不参加任何纷争。他鼓励大家学习和运用新知识，还常常拟计划、画草图，向大家提出各种好建议。只要给他时间，他可以把客户希望他做的所有的事都做好。过了两年，董事会决定任命威尔为公司执行总裁。

在工作的时候，我们要为自己的现在和将来考虑。薪水只是代表着我们工作后给予的一种报酬。我们不应该只看到最终到自己手里的金钱是多少，更应该知道自己每天从工作中学到了什么。这些东西才真正永远属于你，它是你未来资产的一部分，是无法用货币资产估量的。

所以，工作是一个学以致用的过程，是一个自我发展的机会。你可以在工作中培养自己多方面的能力，比如行政能力、决策能力、社交能力等等。而所有这一切都远远超过了你得到的工资的价值。当你从一个新手、一个无知的员工成长为一个熟练的、高效的员工时，你实际上已经大有收获了。

在工作中，除了有形的薪金收入以外，我们还能收到一些无形的收入。工作经验的积累就是一种无形的收入，他们有着在职业生涯中累积起来的环境优势，有受人尊敬的专业声誉、经济上的自由度以及行业中的"知情人"地位。这些无形的收入既不会遗失，也不会被他人剥夺，这才是我们真正的财富。

在新东方创办之前，俞敏洪也在为别人打工，在边上冷眼旁观的过程中，俞敏洪发现，大量的培训学校对学生的态度、管理和理念上有严重缺陷。于是就想，如果我来办学校的话，会如何对待学生？这不仅仅是一个师资的问题，还有一个怎样吸引学生、让学生满意的问题。

观察、积累到一定时候，1993 年俞敏洪开始进行实际操作，验证自己有没有把一个学校办起来的能力。一直奋斗到 1995 年底，学校获得了巨大成功，在大学生和想出国的人这个圈子里，新东方的大名无人不晓。

当然，并不是每个人都要走打工——学习——创业这条路，但是有主动精神，有工作热情的人，从来都是老板最欣赏的员工，而薪金正是这种努力的副产品。无论你的所求是什么，第一步都应该是先拿成绩说话。我们的事业不可能凭空从天上掉下来，请从现在开始就调整心态，对工作拿出足够的热忱来。

▶始终和你的公司、老板站在一起

每一个做老板的都喜欢他的员工对自己的工作全心全意、尽职尽责、充满热情。而员工，应以对待事业的态度来对待工作中的每一件事，并把它当成使命来做，如此，才能获得物质和精神上的良好回报。

每一个做下属的人，都希望得到老板的赏识、重用和提拔。然而，老板另眼看待的主动权并不在老板一方，而是掌握在下属的手里。

如果一个人只是为了报酬而工作，把自己定位于一个打工者，认为他们为老板而工作，只是为了完成分内的工作，至于公司的盈亏和自己毫无关系，那么他们在工作的过程中将会产生消极的思想，丝毫没有热情可言，于是，就会觉得工作很累、很辛苦，在工作中会偷懒耍滑，会堕落，这些都会阻碍他们成长，阻碍他们的成功。

而成功的人，会积极热情地去工作，他们把公司的事当成自己的事业，对工作兢兢业业，怀着感恩的的心情去工作。他们知道工作的目的是锻炼自己，在工作中看到了工作带给自己更多的隐形收入，其中不仅有物质收入，还能收获专业技能、管理知识、人脉关系等许多无形资产，而这些都成为他们以后更好工作的工具，所以他们对待工作很负责，他们会非常"贪婪"地吸收着工作带给他们的营养，所以他们会成功。

乔治到这家钢铁公司工作还不到一个月，就发现很多炼铁的矿石并没有得到完全充分的冶炼，一些矿石中还残留着没有被冶炼好的铁。如果这样下去的话，公司岂不是会有很大的损失？于是，他找到了负责这项工作的工人，跟他说明了问题，这位工人说："如果技术有了问题，工程师一定会跟我说，现在还没有哪一位工程师向我说明这个问题，说明现在没有问题。"乔治又找到了负责技术的工程师，对工程师说明了他看到的问题。工程师很自信地说我们的技术是世界上一流的，怎么可能会有这样的问题？工程师并没有把他说的看成是一个很大的问题，还暗自认为，一个刚刚毕业的大学生，能明白多少，不会是因为想博得别人的好感而表现自己吧？

但是乔治认为这是个很大的问题，于是拿着没有冶炼好的矿石找到了公司负责技术的总工程师，他说："先生，我认为这是一块没有冶炼好的矿石，您认为呢？"

总工程师看了一眼，说："没错，年轻人你说得对。哪来的矿石？"

乔治说："是我们公司的。"

"怎么会，我们公司的技术是一流的，怎么可能会有这样的问题？"总工程师很诧异。

"工程师也这么说，但事实确实如此。"乔治坚持道。

"看来是出问题了。怎么没有人向我反映？"总工程师有些发火了。

总工程师召集负责技术的工程师来到车间，果然发现了一些冶炼并不充分的矿石。经过检查发现，原来是监测机器的某个零件出现了问题，才导致了冶炼的不充分。

公司的总经理知道了这件事之后，不但奖励了乔治，而且还晋升乔治为负责技术监督的工程师。总经理不无感慨地说："我们公司并不缺少工程师，但缺少的是负责任的工程师，这么多工程师就没有一个人发现问题，有人提出了问题，他们还不以为然，对于一个企业来讲，人才是重要的，但是更重要的是真正有责任感和忠诚于公司的人才。"

每一个做老板的都喜欢他的员工对自己的工作全心全意、尽职尽责、充满热情。而员工，应以对待事业的态度来对待工作中的每一件事，并把它当成使命来做，你就能挖掘自己特有的能力，并从中感受到自己人生的价值，在完成使命的同时，你的工作也会真正变成一项自己喜欢的事业。只有这样，才能得到老板的认可，才能获得物质和精神上的回报，才能拥有理想的社会地位，并最终实现自己的人生目标。

如果我们可以在自己尽职尽责的工作态度中，再加上那么一点温暖的人性化因素，则更有锦上添花的效果。

这几天，业务部主管小石发现，上司一直愁眉苦脸，一副无精打采的神态。原来很快就能处理完的公事，现在经常完不成，而且已影响本部门的工作业绩，领导对业务部的工作表现已露出明显的不满。

小石心系大局，忧心忡忡。对上司的表现，他感到不可理解，于是，他从侧面了解了一下情况。原来，上司的妻子得重病住院，上司白天上班，晚上要守护妻子，由于休息不好，再加上老是惦记着病人，因而白天上班自然没有精神，工作效率也明显下降了。

小石了解到这些秘密后，对上司深表同情。为了让上司能腾出时间照顾爱妻，小石找机会与上司谈话，请求暂且将他的部分工作交给自己来干。

接手工作后，小石兢兢业业，一丝不苟，把工作做得很圆满。在小石的努力下，所在部门的业绩有了明显好转，领导也露出了满意的微笑。

后来，上司的妻子病愈出院，上司又开始安心回到了工作岗位。谈起这段经历，上司总是感激不尽，对小石说："那时多亏有你诚心帮忙，要不然的话，公司受损不说，恐怕我自个儿也被炒鱿鱼了。"领导盛赞小石，说他是一个很顾全大局的人。

风雨同舟，一路兼程，这是领导最需要的。在领导最艰难的日子里，请伸出你的手，能够做到对公司不离不弃、患难与共，与领导携手走过一段艰难时光。这段时间是你的感情投资期间，要知道在这世界上，感情才是最值得付出的投资，而且，感情投资在所有投资中，花费最少，回报率最高。

在公司里，老板希望员工有与公司发展方向一致的成长目标。忠诚是团队精神的基础和前提，只有对企业忠诚的人才能产生与企业荣辱与共、休戚与共的感情；只有对企业忠诚的人，才能与自己的团队风雨同舟，患难与共，经风雨而不馁，受荣辱而不骄，企业才会看重他，并为他提供广阔的个人发展空间，从而成为一个值得信赖的人，一个老板乐于雇用的人，一个可能成为老板得力助手的人，最终会让他达到理想的目标。

心态的惊人力量

你有义务维护上司的形象

领导者有错误，做下属的也不是非要一味保持沉默，只是提出的时候一定要注意方式方法，如果在树立起了自己耿直的形象之时却使上司的形象受损，这种做法就有待商榷了。

领导尤其爱面子，很在乎下属的态度，以此作为考验下属对自己尊重不尊重、好不好的一个重要指标。当他们的言行出现失误或漏洞时，最忌讳马上被下属批评纠正。

一家公司召开年终总结大会，老总讲话时出了个错。他说："今年本公司的合作单位进一步扩充，到现在已发展到46个。"话音未落，下属陈诚站起来，冲着台上正讲得眉飞色舞的老总高声纠正道："讲错了！讲错了！那是年初的数字，现在已达到53个。"结果全场哗然，老总羞得面红耳赤，情绪顿时低落下来，他的面子顿时被这一句突如其来的话丢得干干净净。

要说老总也算是个大度的人，过后也没有特意找陈诚的别扭，转眼间又过了半年，这个小小的插曲慢慢地也就被大家淡忘了。这时公司有一次到新加坡总部培训的机会，陈诚属于专业人才，他们部门的主管依例本应推荐陈诚出去。但是这时有人提醒主管说，陈诚曾经惹老总不愉快，这次把他报上去，批不批可不好说了。权衡利弊之后，主管终于决定推荐其他人，陈诚就这样被撤换掉了。

这件事情让陈诚意识到，因为做事不加考虑，自己已经成了公司的边缘人。

尊重上司，保全上司的面子，还表现在对他权威的绝对服从。如果上司交待的工作有困难，也要先说一声"是的"，硬碰硬地拒绝，最后受伤的还是自己。

"小康,请你今晚把这一叠讲义抄一遍。"经理指着厚厚一叠稿纸对秘书小康说。小康听到此言,面对讲义,面露难色,说:"这么多,抄得完吗？"

"这是你的工作,拈轻怕重的可不对。"

"可是,你总得在可能的范围内安排工作吧？这么多东西,就一晚上谁能抄得完？"看到那一大叠东西,小康有些急了。

"抄不完吗?那请你另觅轻松的去处吧!"也许经理正在气头上,于是小康被"炒了鱿鱼"。

小康的被"炒"实在令人惋惜,然而,这是可以想象的。像她这样生硬直接地拒绝上司的要求,给上司的感觉是她在对抗,不服从指示,因而扫了上司的威信,被"炒"也就难免了。

其实,她可以处理得更灵活些。她不妨这样,立即搬过那一堆稿子埋头就抄起来,过一两个小时后,把抄好了的稿子交给经理,再委婉地表示自己的困难,那么经理肯定会很满足于自己说话的威力,并意识到自己要求的不合理,而延长时限。

我们在日常的工作中,面对上司派下来为难的问题很多,这时我们正确的反应应该是"保全上司的面子,保全自己的机会"。以这个大前提为基础,然后你才可以考虑自己的对策。

一般而言,应当在比较宽松的环境氛围中向上司说明情况。首先,应当在非公众场合向上司反映情况;其次,提供信息应当逐步推进,让上司重新去考虑他的决定。

上司可能会由于信息的繁杂而导致对正确信息的吸纳。通过自我批评让上司明白他的决定是错误的,你可以表示,某事是自己没有能够及时向上司汇报,以至上司未能掌握更多的信息,在交谈中应避免使用"错怪"、"误会"、"你不知道"和"你不清楚"等词句。

让上司认错是一件困难的事情,而硬要求上司表态、承认错误,是作为下属极不明智的做法。上司自有作为上司的特殊自尊需求,对不少上司而言,有时他明知自己错了,也不愿意在下属面前作出承认。除了个性原因,作为上司不轻易认错,常常是维护管理秩序的需要。从道理上讲,"有错认错"、"有错纠错"是应当的,但是,"认错",和"纠错"都是有代价的,而且这种代价最后往往是由组织承担的。因此,不强求上司认错,也是出于对组织的负责。

在必要的时候,给上司一个台阶,其实是等于给自己的未来铺路。当一个人言行无忌,成为上司眼中钉的时候,无论他的才华多么出色,都很少能找到发挥的机会了。

▶ 精益求精是成功者一生的座右铭

做事精益求精,不但能够提高自己成功的几率,还可以使自己的才能迅速获得进步,学识日渐充实,最终提升自己的人生品位。

泰戈尔说过:"我只做一件事——努力完美。如果我只是大雨中的一颗小水珠,至少我要努力使自己成为最完美的一滴;如果我是六月的一片树叶,至少我要努力使自己成为一片鲜绿的叶子。"凡是出人头地的成功者,他们做事时,无论大事小事,都竭尽全力,力求达到最佳境界。只有这样,机遇才可能垂青于他,成功才可能离他越来越近。一个人做自己要做的事应该有这样的态度:要么不做,要做就做最好。

"精益求精"可以作为每一个人一生的格言。无论是做人还是做事,也无论是从事伟大的事业还是细微的小事,都要集中你所有的智慧、所有的热情,全力以赴地投入到你所做的事情当中,丝毫不要放松,永远追求卓越,一切力求尽善尽美。

虽然我们只是普通人,但我们要站得更高一些,这样,人生的视野才会更开阔，才会树立起大局意识，遇事便能够站在理性的角度去考虑，从而把事情做得更好。

在美国标准石油公司，有一位推销员叫阿基勃特。他虽说仅是公司里名不见经传的小职员，没人注意他，但他对工作仍尽心尽职，利用任何场合和时机，全力以赴地推销公司的石油。当时公司宣传的口号是"每桶4美元的标准石油"，因此无论何时何地，凡是要求他签名的地方，阿基勃特都会在签完名字的下面，写下："每桶4美元的标准石油"这样几个字，哪怕是在生活中的私人信件或收据上，只要遇到签名他都会写上这几个字。

日复一日，年复一年，因为这样的做法，他在公司中受到了各种嘲笑，但阿基勃特却丝毫不在意。同事讽刺说："你只是一个小小的职员，该清楚自己的身份，如何宣传公司产品是领导考虑的事，公司自有宣传策略，你这样做不但没有任何效果，也没有任何意义。"

但他认为，只要自己是标准石油公司的职员，无论职务的高低，都有为公司产品做宣传的责任和义务。因为他这个习惯，同事戏称他"每桶4美元"先生。

一天，公司的董事长洛克菲勒无意中听说了这件事情，感到非常震惊和感激。他说："竟有职员如此宣传公司的产品，我一定要见见他。"他马上请阿基勃特共进晚餐。他问阿基勃特为什么这样做，阿基勃特说："我多写一次，就可能多一个人知道标准石油。"

后来，洛克菲勒卸任，阿基勃特成为第二任董事长。

无论我们从事哪种职业，都应端正工作态度，干一行、爱一行、钻一行，尽自己的最大努力，求得不断的进步。树立良好的职业道德，培养良好的职业素质，树立爱岗敬业精神，勇于承担责任，要认真地对待自己的工作，尽心尽责，做到全力以赴。

在成为优秀的人之前，你只能把事情做得很好，只有成为优秀的人，你才会把事情做得更好，一个人不经过艰苦的历练是成不了大才的，这是一条真理。而一个人若只用平庸的标准来要求自己，却又想名垂千古——这不是痴心妄想吗?世上最有成功希望的人,无不有着勤劳自信、精益求精的可贵品质。在做任何事情的时候,如果已经养成了马马虎虎的习惯,那么所有的能力、天分、智慧、独创力都将被掩埋掉。做事严谨、精益求精的人,不管走到何处,做什么事情,都可能受到别人的欢迎。

1946 年,年轻的吉米·卡特从海军学院毕业后,遇到了当时的海军上将里·科费将军。将军让他随便说几件自认为比较得意的事情。于是,踌躇满志的吉米·卡特就开始得意洋洋地说起了自己在海军学院毕业时的成绩:"在全校 820 名毕业生中,我名列第 58 名。"他满以为将军听了会夸奖他,让人想不到的是,里·科费将军不但没有夸他,而且还反问道:"你为什么不是第一名?你尽自己最大努力了吗?"这句话使吉米·卡特惊愕不已,很长时间他都没有说话,没有做出回答。但他却牢牢地记住了将军这句话,并将它作为座右铭,时时激励和告诫自己要不断进取、永不自满和松懈,尽最大努力做好每一件事情。最后,他以自己坚忍不拔的毅力和永远进取的精神登上了权力顶峰,他成了美国第 39 任总统!卸任后,吉米·卡特在撰写自己的回忆录时,曾将这句话作为标题:《你尽最大努力了吗》。

追求卓越像是一块坚强厚重的磨石,它会砥砺你,把你的工作带到最完美的境界。也许十全十美永远难以企及,但是,只要你是在不停地追求,你就不会在原来的起点原地踏步。超越平庸,接近完美。这是一句值得每个人铭记一生的格言。有无数人因为养成了轻视工作、马马虎虎的习惯,以及对手头工作敷衍了事的态度,终致一生处于社会底层,不能出类拔萃。

从平庸到优秀只有一步之遥,但有的人终其一生也无法跨越。只有当你选择了追求如何优秀,接下来你才能做到如何卓越。有了尽最大的努力把事情做好的志向,不断对自己提出更高的标准,你就会赢得别人的尊敬,做出令人吃惊的成绩。

试着干别人不愿意干的事情

要想在竞争中脱颖而出，做到与众不同，不但要在工作中尽职尽责做好本职工作，还应该把自己职责以外的工作多做一点，让老板觉得聘用我们薪有超值，这样自然给自己创造了比别人更多的机会。

在人们的日常生活中，存在着一个伟大的定律，叫付出定律。它告诉我们，只要你有付出，就一定有获得；获得不够，表示付出不够，想要得到更多，你必须付出更多。人生就是一个追求卓越的过程，你只需要今天比昨天多付出 1%，每天进步一点点，就已踏上卓越之路了。也许你可能不相信，从"差不多，过得去的员工"到变成一位"优秀员工"，其实只需要你每天多付出一点点；然而，你却会因此得到很多，你的生活以及整个人生也许都会因此而发生改变。

工作中，我们一定要有这样的想法：如果自己想要在竞争中胜出，那一定要在众人中脱颖而出，做到与众不同，不但要在工作中尽职尽责做好本职工作，还应该把自己职责以外的工作多做一点，让老板觉得聘用我们薪有超值，这样自然给自己创造了比别人更多的机会。

大学毕业以后，小于到一家广告公司工作。当时公司正在为商家筹备一场大型的公益活动，每一个员工都很忙，老板更没有时间给小于安排具体工作，于是他成了不折不扣的"万金油"，策划部、设计部、市场部、客服部……哪里需要他就去哪里，可他毫无怨言，而且把前辈们交待给他的每一样工作，都尽自己所能做到尽善尽美。

的确，小于做的工作很琐碎，给同事买饭，订车票，给客户送设计效果图……这些事情，表面上看都不是他该做的工作，然而小于认为，只要是公司需要的，每一件工作都是有意义的。只要是工作，做了就一定会有收获。由于他的用心和努力，每一个给他指派工作的前辈对他都非常的欣赏。

两年后，因公司发展的需要，要在上海成立分公司，小于被提拔为分公司的副总经理，许多员工都不理解资历如此浅的他为什么能被老板委以重任。最后老板的一番话让大家幡然省悟："两年来，小于接触过公司所有的业务，而且每一项工作都做得近乎完美，尽管那些工作很细微，我想，能把小事做得如此完美的人，一定不会忽略做大事的每一个细节。如此认真、敬业，并且熟悉公司全部业务的人，公司再也找不到第二人选了。"

一分耕耘，一分收获，有付出就会有收获。但是大多数人不明白"多做一些"的真正意义。一个优秀的员工，不仅能尽心尽力地做好自己的本职工作，而且还找机会做自己分外的事情，做自己本职以外的工作，我们会积累多方面的经验，认识更多人，还可以受到更多人的关注，这样离成功就更近了。

年轻人应该把眼光放长远一点，应当有远大志向，才可能成为杰出的人物。光是心高气盛还远远不够，必须从最低级的事情做起。不要局限于眼前的一事一人。更不要计较个人得失，任何一次体验都是财富！在做一些具体的事情的过程中，我们在不知不觉中就学到了很多东西，认识到自身的一些不足，知道哪些方面需要弥补。

小马大学毕业后，在一家公司谋到了一份秘书的工作，小马每天认真对待自己分内的工作，有时同事做不完的工作她也热心的帮助。公司有一个资料库，因为大家只有在需要的时候才去翻找自己需要的东西，因而里面特别的乱，可自从小马来了以后，她每天都利用业余时间把资料库整理得井然有序，干干净净。小马所做的一切获得了老板和同事的一致好评。不久，由于小马的出色表现，被老板提升到一个新的部门做了一名部门经理，薪金也提高了许多。

无论你目前从事哪一项工作，都应以一种积极的心态去对待。每天给自己一个机会，即使是做那些分外的琐碎事情，也会发现许多意想不到的机会。

其实，做事情的过程就是我们学习的过程，这个过程除了我们自身的能力得到提高外，更重要的是训练和培养自己强烈的进取心。

吃亏是福。这句话用在工作中是：不必太在意自己比别人多做多少，有事做总比没事做要好。而且你在平常的工作范围之外，在你主动提供这些帮助时，你应当了解，自己这样做的目的并不是为了获得金钱上的报酬，而是给自己增加一个进取的机会。其实，老板和同事对你的看法相当重要，如果你被认定是一个积极、有重要贡献的人，你就会备受欢迎，同事们会重视你，老板会欣赏你；如果你能保持这些优点，你的老板也会肯定、奖励你。虽不能一夕成功，却也绝无永远失败的顾虑。

▶天下是给有责任感的人预备的

人活在这个世上，就必须承担起属于他的责任，如果发现自己错了，就不要找借口，即使责任不全在你，你也应该坦率地承认错误，并想办法补救，这样的人，为自己树立了良好的形象。

在这个世界上，只要做事，就意味着责任。没有不需要承担责任的工作，相反，你的职位越高、权力越大，你肩负的责任就越重。不害怕承担责任，你就一定可以承担起任何正常职业生涯中的责任。敢于承担责任，你给人的印象不但不会受到损失，反而更容易赢得别人的尊敬和信任，你在别人心目中的形象反而会高大起来。

做错了事或工作中出现差错，千万不要为自己寻找种种借口，百般推托，这样的不良习惯对于你的事业发展没有一点好处，而且，不肯承担责任的人则迟早要被公司清除出去。敢于承担责任可以使人格更伟大，因此，你应该勇

心态的惊人力量

于承担责任,全力以赴去做,即使出现失误,你表现出的积极态度,也会使大家原谅你,只要你吸取教训,努力做事,一定会做出优异的业绩,让大家对你刮目相看。

吉米和杜克是同一家公司的两名职员,他们俩工作一直都很认真,也很卖力,上司也对这两名员工很满意,可是一件事却改变了两个人命运。

有一次,吉米和杜克一同把一件很贵重的古董送到码头,没想到送货车开到半路却坏了。因为公司里规定:如果不按规定时间送到,他们要被扣掉一部分奖金。于是,力气大的吉米,背起古董,一路小跑,终于在规定的时间赶到了码头。这时,心存小算盘的杜克想:如果客户看到我背着邮件,把这件事告诉上司,说不定会给我加薪呢。于是说:让我来背吧,你去叫货主。

当吉米把邮件递给他的时候,杜克一下没接住,古董掉在了地上,"哗啦"一声碎了。他们都知道古董打碎了意味着什么,没了工作不说,可能还要背负沉重的债务。果然,上司对他俩进行了十分严厉的批评。

杜克趁着吉米不注意,偷偷来到上司的办公室对上司说:"不是我的错,是吉米不小心弄坏了。"上司把吉米叫到了办公室。吉米把事情的原委告诉了领导。最后说:"这件事是我们的失职,我愿意承担责任。另外,杜克的家境不太好,他的责任我愿意承担。我一定会弥补我们所造成的损失。"

他俩一直等待着处理的结果。一天,上司把他们叫到了办公室,对他们说:"公司一直对你俩很器重,想从你们两个当中选择一个人担任客户部经理,没想到出了这样一件事。不过也好,这会让我们更清楚哪一个人是合适的人选。我们决定请吉米担任公司的客户部经理。因为,一个能勇于承担责任的人是值得信任的。杜克,从明天开始你就不用来上班了。"

上司最后说:"其实,古董的主人已经看见了你们俩在递接古董时的动作,他跟我说了他看见的事实。还有,我也了解到了问题出现后你们两个人的反应。"

责任没有大小之分,一个人,无论你从事的是什么样的职业,都应该尽可能地把自己的工作做好,因为工作就意味着责任,责任意味着勇气、坚强、爱和无私，意味着身上有一股无形的压力。只要你是企业的一员，你就有责任在任何时候维护企业的利益和形象。只有敢于承担责任的人，才能够最终获得成功；没有责任感的员工不会是一个优秀的员工。

一个人要想有所成就，就不要奢望别人主动地来关注自己，尤其是作为一名企业的员工，更不可奢望上司或老板会主动关注自己，而是要积极主动地把自己的才干展示给他们看。只要尽职尽责地做好各项工作，并敢于承担责任的人，才会给别人留下一个好印象，才能是让别人发现自己才能，才可能被赋予更多的使命，实现自己内心的愿望。

林强高考落榜后就随本家哥哥去沿海的一个港口城市打工。那城市很美，林强的眼睛就不够用了。本家哥哥说，不赖吧！林强说，不赖。本家哥哥说，不赖是不赖，可总归不是自个儿的家，人家瞧不起咱。林强说，自个儿瞧得起自个儿就行。

林强和本家哥哥在码头的一个仓库给人家缝补篷布。林强很能干，做的活儿精细，看到丢弃的线头碎布也拾起来，留作备用。

那夜暴风雨骤起，林强从床上爬起来，冲到大雨中。本家哥哥劝不住他，骂他是个憨蛋。在露天仓垛里，林强察看了一垛又一垛货物，加固被掀动的篷布。待老板驾车过来，他已成了个水人儿。老板见所储物资丝毫未损，当场要给他加薪，他就说不啦，我只是看看我修补的篷布牢不牢。

老板见他如此实诚，就想把另一个公司交给他，让他当经理。林强说，我不行，让文化高的人干吧。老板说我看你行——比文化高的人责任感强！于是林强就当了经理。

正是责任，让我们在困难时能够坚持，让我们在绝望时懂得不放弃，让我们在成功时保持冷静，因为这不仅仅为了自己，还为了别人。放弃了自己对社会的责任，就意味着放弃了自身在这个社会中更好生存的机会，就等于在可以自由通行的路上自设路障，摔跤绊倒的也只能是自己。

对企业来说，员工的责任感才能保证企业的信誉，保证企业的竞争力。只有那些勇于负责的人，才能得到上司和老板的赏识和重用，从而在企业中担当重任，也才有资格获得更多的报酬、更大的荣誉。

因此，你应该努力做一个有责任感的人，无论对自己还是别人，都应该多给别人以帮助和鼓励，你自己不但不会有损失，反而会有所收获。一旦你拥有了这种责任感，你便具备了超强的自制力，可以控制自己随时产生的冲动，并驾驭自己的思想。你就会感觉到，你的内心正在产生一种全新的、无声的力量。

跳槽可以，但切忌跳得太浮躁

这是一个求新、求变的年代，人往高处走是一项合情合理的基本权利，但是我们毕竟不能为跳槽而跳槽，环境压抑、工作乏味、收入不理想等等，都不是换个地方就可以完全改善的。

现代社会网络发达、信息通畅，为人们提供了很多工作的机会，同时也有很多工作后再选择的机会。"跳槽"已经不是什么新名词了。

很多人做事大多以薪金为导向，缺乏耐心，放了三两枪没打着兔子，很容易就产生了换地方的念头，总是"这山望着那山高"。频繁的跳槽不仅给公司带来了损失，而且对于自己工作经验的延续和增加以及职业生涯的发展都是一种更大的损失。因此，每个想跳槽的人在行动之前，我们必须要掂量好自己的分量，看清楚周遭的环境和未来的发展趋势。

过于频繁地跳槽，其中一部分人是高估了自己的水平。《伊索寓言》中有只山羊偶然站在屋顶上，便忘记了自己的高度是靠房子垫起来的，看到一只狼从下面走过，就以为自己已经具备了向它挑战的资格。其实某个人在某个单位干得顺，并不等于他就有了重打锣鼓另开张的能力。

约翰逊是纽约某大报的记者，他大学一毕业，当了两年兵，然后就顺利地到一家大媒体报纸当财经记者，而且他要采访的任何对象，似乎都可以手到擒来。附带一提，由于约翰逊长得很帅，又是大报的记者，所以受到许多美女的青睐。

就在一切都很顺利的时候，约翰逊有一次与公司主管发生冲突，心里觉得很委屈。这时候，突然有一家小型报纸想高薪聘请他，而且愿意让他主跑外地新闻线。

约翰逊心想："我在新闻媒体圈才工作了一年，就已经小有名气了。现在有人出多50%的薪水挖我，又让我跑自己喜欢的新闻线，我为什么要留在这里受闷气呢？"于是约翰逊跳槽了。

约翰逊到这家小报社上班采访的第一天，怪事便发生了。原本可以立即顺利邀约采访的明星和大老板，都推说有事，要另外安排时间；而原本安排给自己出书的出版社，也突然推说出版计划受到经济不景气的影响要暂停；甚至那个经常和他约会的美女，看到他新公司的招牌后，脸孔也换成一副欠她钱的样子。

刹那间，全世界都好像在跟约翰逊作对，变得不认识约翰逊这个人了，当然，约翰逊由于绩效不如预期，也时常遭受新老板的冷眼相对。

约翰逊应该郁闷，他不知道以前别人对他表现的尊重与喜爱，是因为他背后代表的大媒体招牌拥有的舆论力量，而不是因为他本身的专业才能与人际关系的积累。每一次跳槽，对一个人的实力都是一种检验，所以我们应该把工作的重心放在经验的积累与能力的培养上。如果仅仅因为偶然的冲突或一时的挫折就走人，从表面上看来也是潇洒，实际上却是感情用事的不理智行为。换一个地方就可以大展拳脚的念头，只是自己的主观想法，而不一定就能通过实践的检验。

其实，跳槽绝不是改变自己境遇的最好办法。许多人一不如意就跳槽，得不到重视也跳槽，人际关系处不好也跳槽，在他们眼里，换工作就是解决这些问题的最好方法。我们要清楚意识到自己跳来跳去，不仅要重新适应环境，重新与同事磨合，最可怕的是，如果我们对下一份新工作同样不适应，难道一直继续换下去？

大学毕业后的五六年，小李几乎是每年换一个工作。当时，小李的工作目标就是向"钱"看。先是在办公室当文秘，后来搞销售。没干多久，就被朋友拉去搞营销策划，收入自然一次比一次高些，但离脱贫致富还有很大距离。刚开始时，小李还曾经为自己的适应能力而深感得意——从一个行当跳到另一个行当，照样可以运转如意。

每次只要换一份新的工作，只要能赚到比原先那份工作更多的钱，小李都会欣然前往。这样折腾来折腾去，虽然也赚到了一些小钱，生活得到了些许改善，可是每每静下心来，却会发现其实一事无成。

回过头来看昔日并肩战斗、咬紧牙关坚持下来的同事，不少人都在他们的领域里打下了坚实的基础，小有名气了。他们昨天所做的一切，都成了铺垫明天成功的基石，成功或迟或早，肯定会来。而小李，所做的只不过是改善了伙食标准而已。

只要我们以积极的心态对待自己、对待工作，不断学习、努力提升，不管在哪里都一样受人重视。当有一天我们自己做老板时，看到自己未来员工的简历上，刚从学校毕业两三年，却已换了三四个工作单位，公司肯定会对你的工作热情和稳定性持怀疑态度，脑子里开始不由自主地有这样的念头，我的公司会不会出现在他下次跳槽的名单内？而且对于一些技术含量高的工作来说，频繁跳槽者得到的仅是皮毛，难以形成丰富的工作积累，对公司、对自己都难说是一个很好的交待。对于这样的员工，你会选择吗？

有人会说，"好员工不跳槽"，那是管理者的角度，"树挪死，人挪活"，哪里好发展就往哪里走嘛！对，这是一个求新、求变的年代，人往高处走是一项合情合理的基本权利。但毕竟我们不能为跳槽而跳槽，除非有足够的理由来支持你。如果你已经把一个行业弄明白了，觉得这个行业没什么前景，自己做得再好，也不会有什么发展前途，除了钱也没什么大的收获，这个时候你可以走，而且走得有理。或者是单位的空间有限，老板也无力把这艘破船带向正途，蝇营狗苟地混日子，还真不如另寻高枝明主去也。至于环境压抑、工作乏味、收入不理想等等，都不是换个山头就可以完全改善的。

根据生涯规划专家的建议，如果想在一家公司出人头地，就必须以勤奋及不辞辛劳的态度埋头苦干至少两年。如果你能忍受一时的不如意，也许便能学到一生受用的专业技术，同时也可以熟悉那一行的运营方式。跳槽并不是单纯改变工作，而是一次自我的提升与突破。如果背着空空的成就行囊跳槽，跳的次数越多，你的身价也就越贬值。

勇于承认错误，不为自己的失误找借口

即使傻瓜也会为自己的错误辩护，但能承认自己错误的人，就会获得他人的尊重，而且令人有一种高贵诚信的感觉。

"人非圣贤，孰能无过？"一个人再聪明、再能干，也有犯错误的时候。犯错是人生的必要经历，如果我们能认识错误，认真检讨错误，分析造成错误的原因，就能帮助自己更有效地做好工作，甚至于改变自己的处境。因为错误提供的重要信息能帮助我们应付变局，人们可以从错误中学到不懂的东西。小的错误可以警告人们避免大的错误。在每一次错误中，我们都能找到未来成功所需的宝贵的经验教训。

"即使傻瓜也会为自己的错误辩护，但能承认自己错误的人，就会获得他人的尊重，而且令人有一种高贵诚信的感觉。"的确，一个有勇气承认自己错误的人，他也可以获得某种程度的满足感，这不仅可以消除罪恶感，而且有助于解决这项错误所造成的问题。

美国新奥尔良市的一位副经理，曾经错误地批准发给一位请病假的员工全薪。当他发现自己犯了错误后，就主动地跑到经理办公室承认。他回忆说：

"我走进他的办公室,告诉他我犯了一个错误,然后把整个情形告诉了他。总经理大发脾气,说这应该是人事部门的错误,但我重复地说这是我的错误。他又大声地指责会计部门的忽略,我又解释说这是我的错误。他又责怪办公室另外两位同事,但是我一直坚持说这是我的错误。最后他看着我说:'好吧,这是你的错误。现在总该把这个解决掉吧。'这个错误后来被解决了,并且没有给任何人带来麻烦。因为我有勇气不去寻找借口。从那以后,经理比以前更重视我了。"

一个人有勇气承认自己的错误,本身就表现了自身的勇气与责任感。面对自己的弱点和错误,拿出足够的勇气去承认它、面对它、改正它,就能弥补错误带来的不良后果。有趣的现象是,当你勇于承认错误时,别人为了减轻你的不安,反而会不自觉地站在你的立场上替你辩护,因为人都是有同情心的。

坦率认错有很多好处,首先是为自己树立敢做敢当的形象。承担责任,不推诿过失,上级放心、下属尊敬、同事喜欢,认一个错又有什么大不了的呢?其次要勇敢地面对错误,今后才能避免错误,从而及时提高自己的水平和能力,错误成了上进的磨刀石。而且,你坦诚的言行让对方有所了解,往往会获得他人的谅解与尊重,并能加深别人对你的良好印象。

有一天,一位绅士来到街角的一家裁缝店,需要将一件衬衫改一下袖子的长短。这是件很容易的事情,于是师傅就交待一个已经学了一年的小徒弟,让他为这位绅士服务。小伙子热情地招待着绅士,并认真地按照绅土的要求改着衬衫。可是一不小心,小伙子拿着剪刀的手颤了一下,将衬衫上划了一个洞。他很紧张,生怕绅士会教训他。绅士正悠闲自得地看着窗外的风景,听见小伙子喊出的话才注意到衬衫被划破了。师傅赶紧过来道歉,并责骂着小伙计。绅士可惜地摇了一摇头,说:"唉呀,我很喜欢这件衬衫的质地,所以才想到要改一下继续穿的,这下子不行了。算了,一个小学徒,不要为难他了,这件衬衫我也不要了,还是让老师傅亲自动手,再给我做一件吧。"师傅让小伙子赶紧谢谢先生,小伙子很惭愧,也很尴尬,他深为自己的失手而愧疚,于是他忐忑地对绅士说:"先生,我对自己的失误给您带来的损失深表歉意。不知您能不能再给我一次机会?我新近刚刚开始学习绣工,也许我可以想想办法挽救一下这件衬衫,请你给我一点时间好吗?"绅士很好奇这个小伙子的真诚与主动,不过一件旧衬衫而已,就让他做试验吧,于是答应过两天来取新衬衫的时候,看看小伙子到底能做什么。

两天过去了,绅士再来到裁缝店,看见小伙子拿着一件完好的衬衫展现在他面前,袖子上绣着精美的刀剑图案,简直完好如新,而且还由刺绣带来了不一样的风格,绅士很赞赏小伙子的手艺,赏了他一笔钱,并对老师傅说:"这个小伙子很有胆量,也很有骨气,以后就让他专门给我裁衣服吧。"

其实,人难免有疏忽的时候,没有谁能做得尽善尽美,这是可以理解的。但是,如何对待已经出现的问题,就能看出一个人是否能够勇于承担责任。任何一个领导者都清楚,能够勇于承担责任的员工、能够真正负责任的员工对于企业的意义。问题出现后,推诿责任或者找借口,都不能掩饰一个人责任感的匮乏。如果你想这么做,那么,可以坦率地说,这种借口没有什么作用,而且会让你的责任感更为缺乏,使你逐步走向失败的深渊。

人无完人,没有人不会没有错误,有时甚至还一错再错,既然错误是不可避免的,那么可怕的并不是错误本身,而是怕知错而不肯改,错了也不悔过。不愿和不敢承认错误,则失去了避免犯大错误的宝贵经验,以后难免会犯同样的错误,最终的结果往往是停滞不前或哀叹自己悲惨的命运。因此,在平时生活中,出现错误并不可怕,只要能敢于承认错误,想办法补救,并在今后的工作中加以改进,便会得到人们的认可和信任。犯了错误敢于承认,才是走向成功的第一步。

心态的惊人力量

▶埋头做好小事,积累做大事的资格

真正的成功者不会因为环境不利,希望渺茫、条件艰苦而放弃做准备。意志不那么坚定的人,却很容易被环境同化,只把手里的工作看成一种解决生存问题的等值交换,一直以将就、凑合的态度来应付。

如果我们没有前辈打下的江山可以继承,那么成功必然会有一个艰辛而枯燥的准备过程。看到终点时尽力冲刺不困难,困难的是在看似毫无希望的境遇里寻找新的契机。

人有抱负是好事,只想一鸣惊人的想法却要不得。生活中那些忙三火四、打一枪换一个地方的人,永远都无法完成自己的原始积累。等到忽然有一天,他看见比自己开始晚的,比自己天资差的,都已经有了可观的收获,他才惊觉到在自己这片园地上还是一无所有。这时他才明白,不是上天没有给他理想或志愿,而是他一心只等待丰收,可是忘了播种。

有时候,也不是我们对自己食言,而是我们缺乏成功所要求我们付出的相应的毅力。事实上,我们经常可以看到有些人没有良好的条件,没有捷径可走,也不希求外在机会的垂青,所以,他们走的路最实在,他们所得到的机遇也就会最多。

一步一个脚印,你没有吃亏,因为你的每一步都是朝着你的目标迈进的。

郑周永,1915 年 11 月 25 日生于朝鲜半岛通川郡的贫苦农民家庭。他自 1937 年在韩国汉城开办一家小米店以来,一次又一次创造奇迹,改写自己的人生。经过多年不懈的努力,逐步创建了以"现代建设""现代造船""现代电子"为核心的现代企业集团,郑周永本人也成为亚洲最富有的企业家之一。

1934年，郑周永家乡遭遇了百年不遇的大旱，为了养家糊口，他告别了父老乡亲，踏上了前往汉城的路。

几经辗转，郑周永终于找到了一份令他满意的工作，在福兴商会的粮米购销行做粮食发放员，每个月能赚到18块钱。对这份工作他十分珍惜，也很投入，就像给自己做事一样兢兢业业。

上班的当天，他就不用老板吩咐，主动地整理了杂乱无章的仓库，把米按十袋一组排列，堆放在一起。杂粮也一样，十袋一组放在一起，堆到另一处。让人对库里的粮食种类和数量一目了然，也便于老板掌握各种粮食出入库的情况。

从此他每天第一个来，把货摊打扫得干干净净，还学习升量法和斗量法。老板吩咐的要做，不吩咐的他也主动做，任劳任怨，不计较得失，深得店主的喜欢和信任。

在工作期间，他是很细心的，时刻注意老板的言行，自己琢磨米行的经营之道。凡是在米行圈里工作的人，他都主动地去结识，向他们请教，与他们沟通，并与他们成为了朋友，在那个圈子里赢得了很好的口碑。

只要有准备，机会终究会来的。到1937年的时候，福兴商会的老板由于自己的儿子吃喝嫖赌，导致生意很难再维持下去了，不得不把自己的米行盘出去。

这对郑周永来说，是个绝好的机会。于是，他与一个好朋友合作，盘下了那家米行。3年的时间，他从一个打工者转而成为那家米行的小老板。郑周永充分利用3年来所建立的各种关系以及学到的经营经验，对前老板的经营方式进行了完善和补充，不仅留住了老客户，还发展了新客户，很快就在汉城的米行业占有了一席之地，拉开了他搏击商海的序幕。

当年郑周永的家乡通川郡遭遇大旱时，出来到大城市讨生活的人肯定远远不止他一个。当初，这些没有资金、也没有经验的年轻人曾经站在同一条起跑线上，可是若干年后，有人成就了自己的事业，有人却始终在为温饱奔波。造成这种差别的根本原因，全在于一个人对待生活的态度。在顺风顺水之时就热情高涨、雄心勃勃,而在艰辛枯燥的环境中就不由自主地灰心懈怠是人的天性,这中间,比的就是一个人的自制能力了。

真正的成功者不会因为环境不利、希望渺茫,条件艰苦而放弃做准备。他们总是能想出办法、创造出条件去学习、去思考、去实践。意志不那么坚定的人,却很容易被环境同化,只把手里的工作看成一种解决生存问题的等值交换,一直以将就、凑合的态度来应付。

在困境中能否真正埋头做事,就是成功人士与失败者最初的分别,而且这种区别和距离会越来越大,以至造就两种完全不同的人生。

曾经有人问著名指挥家托斯卡尼尼的儿子:"你父亲认为他一生中最大的成就是什么?"托斯卡尼尼的儿子回答说:"在我父亲眼中没有所谓最大成就,只要他在做什么,那就是他最重要的事,不论他是在指挥乐队还是在剥一个桔子。"

你正在从事的工作没有卑微与伟大、重要与琐屑之分,无论什么时候,我们所付出的心血都不会白费。打地基的工作虽然辛苦,如果你把它看做一个搭建摩天大楼的连续过程,就能体验到成长的乐趣。"事物的本身并不影响人,人们只受对事物看法的影响!"即使我们不能改变环境,至少我们可以改变内心的想法和看待事物的态度。我们不能预知明天,但可以利用好今天;我们不可能每战每胜,但我们可以尽心尽力。

▶做好职业规划，用自己特长求发展

凡成功者，都是根据自己的长处来确定自己的人生方向，对自己的弱点和短处设法避开，从而如愿以偿的。在人生的坐标系中，一个人用他的短处而不是长处来谋生的话，那是非常可怕的，他可能会在永久的自卑和失意中沉沦。

一个人能否成功，在某种程度上取决于自己对自己的评价，这种评价有一个通俗的名词——定位。在心中你给自己定位是什么，你就是什么，因为定位能决定人生，定位能改变一个人的命运。

在给自己定位时，有一条原则不能变，即你无论做什么，都要选择你最擅长的。只有找准自己最擅长的，才能最大限度地发挥自己的潜能，调动自己身上一切可以调动的因素，并把自己的优势发挥得淋漓尽致，从而获得成功。

许多成就卓著的人士，他们的成功首先得益于他们充分了解自己的长处，根据自己的特长来进行定位或者重新定位，最终找准了真正属于自己的行业。

生活中，很多年轻人对自己得长处认识的还不够充分。例如，善于待人接物的人并不认为他们的特长与别人有什么区别；口才出众的人也不一定会想到这可是自己身上的一个长处。有些时候，正是因为我们在生活中会不假思考地运用自己的特长，反而更容易忽视它们，不知道它们对自己有多么重要。这种人的失败，在于没有找准自己的位置，丢了自己的长处，而用了自己的短处。

乔治毕业于法国一所著名的工程学院，毕业后，他毫不费力地找到了一份专业对口的工作。但是，几年后，他越干越力不从心。后来，他回忆说，当工程师需要一种严肃而自律的精神，但是，自己恰恰缺少这种精神；与此相反，他性格外向，富有亲和力，又特别钟爱四处活动。按部就班的工程师工作很难使他获得心灵上的满足，提高不了工作的积极性，无法在这个行业实现事业的突破，所以，他很苦闷。在一次经济大萧条中，乔治被淘汰出局，成为了一名失业者。这一次，他准备寻找一份适合自己的工作，抱着试试看的心态，他进入了一家工程销售公司，负责技术产品的销售。结果他的特长渐渐得到了发挥，不到两年，他成为了一名颇有成就的职业经理人。

自己的长处是帮助你实现成功的最好工具。如果一个人对自己的长处了解不够，所处位置不当，他就永远休想有所建树；反之，如果找到自己的长处，就会挖掘出自己无限的潜能，更容易地取得成功。

一个人竭尽全力去做一件事而没有成功，并不意味着他做任何事情都无法成功，要是他选择了不适合自己天性的职业，这就注定难以成功。莫里哀和伏尔泰都是失败的律师，但前者成了杰出的文学家，而后者成了伟大的启蒙思想家。

世界上有半数的人从事着与自己的天性格格不入的职业，因此失败的例子数不胜数。在职业生涯的选择方面，要扬长避短。西德尼·史密斯说："不管你擅长什么，都要顺其自然；永远不要丢开自己天赋的优势和才能。"

只有当一个人选择了适合他的工作，找到了适合自己的位置时，才有可能获得成功。就像一个火车头一样，它只有在铁轨上才是强大的，一旦脱离轨道，它就寸步难行。

马克·吐温作为职业作家和演说家，取得了极大的成功，可谓名扬四海。你也许不知道，马克·吐温在试图成为一名商人时却栽了不少跟头，吃尽苦头。

马克·吐温投资开发打字机，最后赔掉了五万美元，一无所获。马克·吐温看见出版商因为发行他的作品赚了大钱，心里很不服气，也想发这笔财，于是他开办了一家出版公司，然而，经商与写作毕竟风马牛不相及，马克·吐温很快陷入了困境，这次短暂的商业经历以出版公司破产倒闭而告终，作家本人也陷入了债务危机。

经过两次打击，马克·吐温终于认识到自己毫无商业才能，于是断了经商的念头，开始在全国巡回演说。这回，风趣幽默、才思敏捷的马克·吐温完全没有了商场中的狼狈，重新找回了感觉。最终，马克·吐温靠写作与演讲还清了所有债务。

你也许兴趣广泛，掌握多种技能，但在所有技能中，总有你的长项。因为唯有利用自己的长处，才能给自己的人生增值；相反，利用自己的短处，会使自己的人生贬值。

很多年轻人涉世不深，只会羡慕别人，或者模仿别人做事，很少有人能认清自己的专长，了解自己的能力，然后发挥专长，所以不能够成大事。

如果你一时很难弄清楚自己的优势所在，这就需要你在实践中善于发现自己、认识自己，不断地了解自己能干什么，不能干什么，如此才能取己所长、避己所短，进而取得成功。

▶出色的业绩，从给自己选择一个适宜的环境开始

轻松的环境看起来是个养人的好地方。但它充其量只是一个"大鱼缸"而已，没有活水源，也没有自己的发展空间，表面的平静之下，其实隐藏着巨大的危机。

人很容易受到环境的影响。人的天性中本来就有喜爱安逸、贪图享受的惰性。许多少年时满怀壮志、朝气蓬勃的人，最后之所以一事无成，大部分都是因为在安逸的生活、舒适的工作环境中呆久了，渐渐地失去了斗志，缺少走

出去为事业拼搏的勇气。再加上舒适的环境缺少激烈的竞争,人的思维能力和机变能力也渐渐地迟钝,失去敏锐性,最终,只能成为环境的奴隶,庸庸碌碌地走过一生。

今天的年轻人,尽管周围的变化日新月异,生活的圈子五彩缤纷,他们的思想和经历还是相对单纯的。先读书,然后进入社会,再慢慢经营自己的小事业、小家庭,这种温室式的生活模式,最弱化一个人能力,从而限制一个人的发展。

有一个单位办公室门口摆着一个挺大的鱼缸,缸里放养着十几条产自热带的杂交鱼。那种鱼长约三寸,大头红背,长得特别漂亮,惹得许多人驻足凝视。

一转眼两年时间过去了,那些鱼在这两年时间里似乎没有什么变化,依旧三寸来长,大头红背,每天自得其乐地在鱼缸里时而游玩,时而小憩,吸引着人们惊羡的目光。

忽一日,鱼缸的缸底被该单位头头那顽皮的小儿子砸了一个大洞,待人们发现时,缸里的水已经所剩无几,十几条热带鱼可怜巴巴地趴在那儿苟延残喘,人们急忙把它们打捞出来。怎么办呢? 人们四处张望了一下,发现只有院子当中的喷水泉可以做它们的容身之所。于是,人们把那十几条鱼放了进去。

两个月后,一个新的鱼缸被抬了回来。人们都跑到喷水泉边来捞鱼。捞来一条,人们大吃一惊,简直有点手足无措了。两个月,仅仅是两个月的时间,那些鱼竟然都由三寸来长疯长到一尺来长!

人们七嘴八舌,众说纷纭。有的说可能是因为喷水泉的水是活水,鱼才长这么长;有的说喷水泉里可能含有某种矿物质;也有的说那些鱼可能是吃了什么特殊的食物。

但无论如何,都有共同的前提,那就是喷水泉要比鱼缸大得多!

环境可塑造一个人,如果生活在一个益于成长的大环境,能使人更好地成长,更好地发挥自己才能;如果生活在一个不益于成长的狭小环境中,由于受环境影响，无法施展自己的才能，人们往往会自暴自弃。生活中，我们不但要学会适应环境，更要懂得选择环境。

美国南部某州，每年举行一次番瓜大赛。一位农夫年年都是金奖得主，而且每次得奖后，都会把种子分给邻居，从不吝惜。有人问他为什么如此好心，不怕别人超过自己吗？他说："我这样做其实是在帮自己。"

原来，这位农夫的土地与邻居们的土地相连，如果别人家的番瓜品种都很差，蜜蜂在传花授粉时，势必使他家的番瓜受到污染，培养不成优质的番瓜。

环境的影响是巨大的，对植物如此，对人也是如此。你是否属于优良品种，取决于你身边的人。假如你周围都是庸才，你因缺乏一流的沟通，终将变成庸才；假如你的对手都很弱小，你因缺少有力挑战，终将变得弱小。

正在一私企做主管会计的肖立，最近辞去了工作，进入刚进驻本市开展业务的一家大公司，重新从底层做起。

朋友问他原因，他笑说："老板不够狠。"

原公司老板以温柔敦厚著称，某位经理因为收取回扣，造成了公司巨大的损失，证据确凿之下，被上司勒令离职，但是这位经理却是老板的校友，别有一番私人关系，自己理亏，还敢越级上奏，结果竟被留了下来，既往不咎。

还有几位资深员工，完全赶不上时代，已经到了每天早上到公司喝茶看报纸过悠闲生活的地步。公司人事部门在专业评估后，请这几位退休，他们跑去跟老板哭诉。老板很有良心，又让他们留下来，继续尸位素餐。

由于老板心地好，不会主动辞掉员工，公司数百名员工的平均年龄，竟然高达五十岁。放眼望去，白发者居多。"快成敬老院了。"朋友说。

虽然他也欣赏老板的慈悲为怀，但是几经考虑，这样的公司实在赶不上日新月异的时代，未来经营的危机很大，再待下去"就像坐上一班不久后一定会撞上山崖的慢车一样"。老板赏罚不分，仁慈到近乎懦弱，他工作起来也没有什么动力，于是牙一咬，投靠别的公司去了。

轻松的环境看起来是不错，工作又清闲，压力又小，是个养人的好地方，但它充其量只是一个"大鱼缸"而已，没有活水源，也没有自己的发展空间，表面的平静之下，其实隐藏着巨大的危机。员工们每天面对着自然状态下的轻松工作环境，用不了多久，就失去了朝气，陷入了周而复始的古老生活状态中，变成了平凡而庸碌的一群人。即使中间还有一些有冲劲、有抱负的年轻的个体，时间一久也会被同化。这时候再想出来，已经跟不上外面的节奏了，只能被时代无情地摒弃。

在任何情况下，我们都应该把自己放在能够焕发斗志的环境中，只有这样，才可以让我们渐渐走上发展事业的道路。另外，这样的环境也可以迫使我们慢慢克服自己身上的惰性，而不断地在压力中面对挑战，挖掘自身的潜力，从而开创出辉煌的业绩。

第八章　有一种心态叫宽容：热情大度的人拥有更融洽的人际关系

生活中，好人缘的人总是让人羡慕的，他们走到哪里都有朋友，工作生活中遇到什么困难，也很容易就能找到可以帮助自己的人。但是我们要知道，这一切并非凭空得到，所谓"种瓜得瓜，种豆得豆"，今天他们所收获的"人情"的果实，都来源于平日播下的好的种子。你以什么样的态度对待别人，决定他将以什么样的态度对待你。

所有的孤寂都是由冷漠带来的

心理孤独的人一般都没有知心的朋友，他们内心苦闷时无人诉说，碰到困难时无人伸出援助之手，他们总觉得生活是一件非常艰难的事情，容易产生悲观情绪，而要改变这一切，要先从微笑开始。

孤独的人常表现为独往独来、离群索居，对他人怀有厌烦、戒备和鄙视的心理；凡事与己无关、漠不关心，一副自我禁锢的样子；如果与人交往，也会缺少热情和活力，显得漫不经心、敷衍了事。有时看上去似乎也很活跃，但常给人一种做作的感觉，仿佛有点神经质，因而人都不愿主动与之交往，不得不与之相处时，也会有如坐针毡之感。

孤独心理是一种不健康的心理状态，有这种心态的人多半是因为小时候生活在缺乏爱、温暖和理解的家庭中，另外生活中突如其来的灾难，孤僻的性格，不能正确地看待人际关系等都容易造成人的孤独心态。如果一个人长期生活在孤独之中，那么他的心理健康可能会受到威胁，心理也会提前老化。心理孤独的人一般都没有知心的朋友，他们内心苦闷时无人诉说，碰到困难时无人伸出援助之手，他们总觉得生活是一件非常艰难的事情，容易产生悲观情绪。

35岁的杨先生，到目前为止，他的人生中已经遭受了很多痛苦，他的第一个妻子因生病而早早地离开了他，后来，他的第二任妻子因为和他性格不和又离婚了，他现在是单身一人。他原先家境也不错，后来做生意赔了好多钱。朋友看他可怜，就给他介绍了现在的这份工作，在一个私人企业上班。他经历的那一连串的不幸，使得他变得越来越冷漠，每天在单位里，他总是低着头，很少和同事说话，看到同事有困难，他也从不主动帮忙，即使别人开口请他帮忙，他也总是无动于衷，显得毫无同情心，总是找这样或那样的借口推辞，单位开会的时候，他总是找一个角落坐下，一言不发……他觉得他好像和别人生活在两个世界里，他没有办法和别人进行正常的交往，他对生活也失去了信心，他觉得活着真没意思。

冷漠是一种消极的心态。一个人冷漠的原因通常是因为心灵受到了某种伤害，受人欺骗、遭人暗算等等都有可能导致一个人变得冷漠起来。正是由于这些原因，他们在人际交往中往往带上灰色眼镜看待人生，逐渐失去了应有的热情和同情心，变得麻木不仁。

生活会用种种方式给人以重压，使人消极悲观，在这种情况下，培养积极的心态是非常必要的。生活态度是人格的温度控制器，其好坏足以影响人生的成败。积极的人生态度是迈向成功的跳板，也是善待自己的第一步；积极的人生态度是成功的催化剂，它使人的性格变得活泼，使人充满进取精神，充满冲劲和抱负，即使遭遇困难，也可以获得周围人的帮助，从而战胜困难。

一天，一个乞讨的小男孩来到一户人家，开门的是一位年轻美丽的女子，当他看到这位年轻美丽的女子时，却有点不知所措了。他没有要饭，只向她乞求一口水喝。这位女子看到他很饥饿的样子，十分同情他，就送他一大杯牛奶喝。男孩慢慢地喝完牛奶，问道："我应该付多少钱？"年轻女子回答："一分钱也不用付。我妈妈教导我们，施以爱心，不图回报。"男孩说："那么，就请接受我由衷的感谢！"说完，男孩离开了这户人家。此刻，他感到自己浑身充满了力量，感觉上帝正朝他点头微笑，一股男子汉的豪气顿时迸发出来。

数年之后，那位年轻美丽的女子得了一种十分罕见的重病，当地的医生对此束手无策，她被转到大城市医治，由专家会诊治疗。如今，那个小男孩已是一位大名鼎鼎的医生了，他参与了这次医治，当他来到病房，一眼就认出在床上躺着的病人就是曾经帮助过他的恩人。他回到办公室，暗暗下了决心："我一定要竭尽所能治好恩人的病。"从那天起。他就特别关照这个病人，经过艰辛努力，手术成功了，手术花去巨额的医疗费，他毅然在高额的医药费通知单上面签上字。

当医药费通知单送到这位特殊病人的手中时，她看到医药费通知单旁边写着一行小字："医药费是一杯牛奶。"

人都是有感情的，当你真心帮助别人的时候，别人也会因你的言行而感动，给予你同样真诚的回报。只有为对方着想才能赢得别人的信任，才能赢得别人的尊重，才能赢得别人的真诚与友谊。一个只为自己的利益着想的人，是不可能赢得别人的尊重和友谊的。这种人是孤独的，因为他没有真正的朋友。

为对方着想可以树立良好的个人形象，可以培养令人景仰的个人魅力，可以为人生赢得良机。

能够与人融洽相处的人是一个快乐的人、一个大度的人、一个与人为善的人。其实，帮助他人消除烦恼、帮助他人消除疾病、帮助他人征服困难、帮助他人走出某些消极的困境……当你积极主动地关心和帮助别人，那你一定会有一个和谐融洽的人际关系，你的生活会变得更加完美和充实。

请珍惜每一次与别人相处的机会，学会微笑，不要板着面孔。抛开心中的冷漠，微笑会使你魅力散发，会令对方更容易记住和欣赏你，可以为自己的事业赢得更多机会。

多多赞美他人，获得更大的人际吸引力

如果你想获得成功，就应该想方设法获得周围人的支持和帮助。因此，你要用一种积极的眼光去看待他人，真诚地赞美他的优点，在日常交往中赢得他的心。

无论是在生活或者工作中，我们都希望自己成为一个受欢迎的人，希望自己被别人喜欢和爱戴，我们希望别人尊重自己，觉得自己受重视和被珍爱，我们也都希望自己有许多知心朋友，跟我们一起分享快乐，承担失败。

在一个人最艰难的时候，任何人都有可能成为他的救星，因此，要学会理解别人，了解他人的心理感受，这样才能"得道多助"。

生活中的每一个人，无论他是默默无闻还是身世显赫，也无论他是文明人还是野蛮人，年轻人还是年老人，都有一种成为重要人物的愿望。这种愿望是我们人类最强烈、最迫切的一种目标。只要满足了别人的这种愿望，使他们觉得自己重要，你就能很快地走上成功的大道。因为每个人都非常珍惜自己在他人心目中的美好印象，并且力求做得更好，在你面前，他们会表现得非常真诚和配合，让你们的关系更为轻松和融洽。

琴德太太住在纽白利斯德路，她刚雇好一个女佣，告诉她下星期一开始来工作。然后，琴德太太打电话给那女佣以前的女主人，询问女佣以前的工作状况，那太太称这个女佣并不好。

星期一女佣来上班的时候，琴德太太并没有把女佣以前女主人的话告诉她，而是彻底地夸奖了女佣一番。琴德太太告诉女佣，她以前的女主人说她诚实可靠，会做菜，会照顾孩子。唯一的缺点就是太随便，不能将房子打扫干净。但是琴德太太认为说得没有道理，她说她从女佣的穿着来看，她是一位爱干净的人，她肯定会把房子收拾得和自己一样整洁干净。而且，她认为她们之间会相处得很好。

后来，她们果然相处得非常好，女佣要顾全她的名誉，所以琴德太太所讲的，她真的做到了。她把屋子收拾得干干净净，她宁愿自己多费些时间、辛苦些，也不愿意破坏琴德太太对她的好印象。

每个人都会认为自己很重要，都有对自己的满足感、重要感、成就感，而且光是他们自己感到了还不满足，他们需要外界对他们的认同，在这种认同中他们感到自己在社会中的价值。赞扬别人可让别人觉得你很在意且欣赏他，你只要是真心诚意的，对方也会以同样友善的态度对待你。

有位公共汽车司机，是个脾气异常暴躁的大老粗，曾经几十次、几百次地甩下再有两秒钟就可以赶上的乘客,所以,口碑极差。但是,他却对一位跟他无亲无故的乘客特别关照,不管多晚,这位司机一定会等他上车。

为什么呢? 就因为这位乘客想办法使司机觉得自己很重要。那位乘客每天早上上车都会跟司机打个招呼:"早上好,先生。"有时他会坐在司机旁边,跟他说些无关痛痒却很中听的话语。例如:你开车的责任很重呢! 你开车的技术很好! 你每天都在拥挤不堪的马路上开车,真有耐心! 真了不起! 于是,就将这位司机捧得飘飘欲仙,这位司机想成为一个重要人物的愿望得到了极大的满足,对那位说他好话的乘客自然就另眼看待了。

任何一个人,哪怕是再平凡的人,身上都有优点和长处,真诚地欣赏我们周围的每一个人、每一件事,也会让他人受到鼓舞。只要你愿意,就能够在别人身上找到某些值得称道的东西,也总是可能发现某些需要指责的东西。这取决于你寻找什么。

赞美他人还能沟通自己与他人的感情。特别是当你与他人产生隔阂时,关心对方,注意和肯定他人的长处,是消除这种隔阂最有效的方式。另外,对于自己不太亲近的人,恰到好处地给予赞美,也会使双方增加亲近感,建立更进一步的人际关系。赞美可以使人们的关系亲近;同时,赞美他人可以反过来激励自己。被人赞美的,肯定是一个人的长处,而在发现他人的优点和长处的同时,我们也会发现自己的差距,并促使自己努力赶上去。所以赞美他人,在鼓励他人进步的同时,自己也会得到进步。

赞美是人们的一种心理需要,是对他人尊敬的一种表现。恰当地赞美别人,会给人以舒适感,同时也会改善我们的人际关系,所以在沟通中,我们必须掌握赞美他人的技巧。被赞美者的良性回报会使你自己感到愉快,彼此得到了尊重,从而形成人际关系的良性循环。

▶善于合作是做大人生格局的基础

合作已成为人类生存的手段，一个人，只有借助他人的智慧才能完成自己人生的超越，只有融入到集体中才能发挥其最大的价值。团结一致，精诚合作，才是正确的多赢思维。

一个篱笆三个桩，一条好汉三个帮。我们生活在群居的社会里，一个人是不可能完成他的一生宏愿的。无论什么事，只有团结起来，才是明智之举。合作就是相互配合，共同把事情做好，合作已成为人类生存的手段。每个人都要借助他人的智慧完成自己人生的超越，于是这个世界充满了竞争与挑战，也充满了合作与快乐。只有团结合作，才能达到双赢的结果。

优秀人才结合在一起，就会相映生辉、相得益彰。现实生活中，有些人乐于助人、广结善缘，产生了较强的亲和力，工作起来就得心应手，左右逢源；相反，有的人虽然自身素质不错，却与他人关系紧张，在需要合作的事情上明显发挥不了自己应有的作用。实践证明，无法与他人和睦相处、团结合作，是一个人事业不能成功的原因之一。

卡耐基通过自己的成功经验发现了一个重要规律：一个人的成功，15%靠专业知识，85%靠人际关系和处事技巧。而所谓的处事技巧和人际关系就是学习合作。在21世纪的今天，一个人的成功在某种意义上取决于他是否善于合作。

皮华是一个化妆品公司的推销员，皮华的公司几次想与另一个化妆品公司合作都未能如愿。经过皮华的不懈努力，该公司终于答应与皮华的公司合作，但有一个要求：要在其化妆品的广告词中加上该公司的名字。

心态的惊人力量

皮华的公司的老总不同意，认为这是花钱替别人打广告，协商又陷入僵局，合作公司限皮华的公司两天内回话。

皮华听到这个消息，直接找到老总，让他赶紧答应，否则会错失良机。老总不乐意地说："我坚决不妥协，他们这是以强凌弱。"皮华认为把产品和一个著名的品牌绑在一起是有利的，经他的劝说，老总终于同意了合作的条件。事情像皮华预料的一样，公司的生产蒸蒸日上，销售额直线上升，皮华也因此被提升为业务总经理。

哲学家威廉·詹姆士曾经说过，如果你能够使别人乐意与你合作，不论做任何事情，你都可以无往不胜。个人的能力是有限的，往往心有余而力不足，唯有善于与人合作，才能获得更大的力量，争取更大的成功。

合作无疑是最有效率的借力之法，聪明的人善于从别人的身上汲取智慧的营养来补充自己，从别人那里借用智慧，比从别人那里获得金钱更为划算。它使双方的优势互补，并使各自的能力产生相乘的效果，从而创造更大的利益。只要把蛋糕做大，双方共享一块大蛋糕，也要比一方独享一块小蛋糕获益大多了。

一个优秀的合作结构，不仅能够为合作伙伴的能力发挥创造良好的条件，还会产生彼此都不曾拥有的一种新的力量。最成功的合作事业是由才能和背景不相同而又能相互配合的人合作创造出来的。雅虎的创始人杨致远和戴维·费罗的合作就是如此。

早在求学期间，杨致远和费罗就在斯坦福大学搭档做过研究作业。杨致远回忆说："多亏费罗，作业几乎是他独自完成，我根本没做什么事。所以从那时起，我就知道以后要多跟这家伙合作。"当然自此之后，杨致远就"常和这家伙合作"。很快地，两人成了合作无间的最佳拍档，杨致远和费罗可以说是互补型人才。杨致远喜欢交际，善于思考，社会活动能力极强，在团体中常是领导者，而费罗则知识渊博，工作扎实，很内敛。若以科技智囊形容杨致远，那么费罗可称做科技天才。

一个人的能力是有限的，只有善于与人合作的人，才能够优势互补，达到自己原本达不到的目的。一个医术高明的外科医生，必须有几个好助手或技术熟练的护士配合，才能完成高难度的手术，所以，一个人如果缺乏与他人合作的精神与能力，他不仅在事业上不会有所建树，甚至连适应社会都会感到困难。每个人的能力都有一定限度，善于与人合作的人能够弥补自己能力的不足，达到自己原本达不到的目的。

一人之力是航船，合作是风吹帆，推动航船前行；一人之力是一轮朝日，合作是朝霞的映衬，共同绘出美景。合作可以让我们更好地生活、更有效地工作、投入同样的精力却因合作而获得更大的成功，得到意想不到的收获。每个人的能力都有一定限度，只有善于合作的人，才能弥补自己能力的不足，才能达到自己原本达不到的目的。

▶每天都准备结识新的朋友

"平时多烧香，急时有人帮。"好的人际关系是成功的基础，但好关系的建立不是一朝一夕就能做到的，必须从一点一滴入手，依靠平日情感的积累。

人人都可能有孤独的时候，但是，人天生不喜欢孤独。为了战胜自己的孤独感，同时，也为找到我们事业上的支持者，我们要为自己培育一些朋友。拥有良好的人际关系，不但能驱散我们内心深处的孤独感，还有利于我们事业的发展。

优秀的社会活动能力，容易带来和谐的人际关系，但人际关系毕竟是无形的，它很难测量却又不固定，因时因地因人而异，那么，人际关系到底对事业起什么样的作用？它又是如何了无痕迹地运作呢？简单地说，社会活动能力与人际关系是一种资源，对人是一笔无形的资本，在悄无声息之间于社会结构中满足人们的某种需求，它是社会资源的重要组成部分。

在现实生活中，运气最好的人并不一定就是工作中最拼命的人，最成功的推销员并不一定就是最有见识的人，最讨人喜爱的姑娘也不一定就是最漂亮的人。但是，所有的这些成功者都具有一个同样的特性——他们都知道如何有效地同别人交往。

广泛与人交往是机遇的源泉，交往越广泛，遇到机遇的概率就越高。有许多机遇就是在与朋友的交往中出现的，有时甚至是在漫不经心的时候，朋友的一句话、朋友的帮助、朋友的关心等都可能化做难得的机遇。在很多情况下，就是靠朋友的推荐、朋友提供的信息和其他多方面的帮助，人们才获得了难得的机遇。

某单位新来一位主要领导，需要配备秘书，在多人跃跃欲试、趋之若鹜的情况下，小许被选中了。原因就在于这位领导委托自己的一个下级单某为自己物色秘书，而单某和小许是同学和好朋友，他们都是北京大学中国语言文学系 1995 届毕业生。单某自然清楚，小许肯定胜任秘书职位，于是就把这个同学推荐出来了。结果，领导本人满意，组织考察合格，正在为前程茫然奔波的小许更是欣喜若狂，因为他找到了适合自己的位置，在当时情况下，当上领导的秘书，是他的心愿，也是他的成功的一个里程碑。

这个里程碑的获得，关键因素是他有那么一个得到领导信任的同学。也许他想不到这个朋友会对他的成功起到至关重要的作用，也许他们之间彼此进行交往的时候，没想到这种交往决定了日后一个人的巨大成功，没想到这种交往就是一个人成功的机遇。因此，从这个意义上说，交往广泛，机遇就多。

陈某是某市餐厅老板，他的餐厅是那个市里发展最快、最具规模的。是他更具做生意的天赋？是他有强硬的后台？朋友和同行们在对他提出这个问题时，他说："统统不是。事实上，我不比其他人厉害，我只是有最佳的人脉关系。在做餐饮前，我就很注意与同餐饮业相关的人员打交道，到我开始做餐饮时，这些人已经是我的好朋友了。在他们的帮助下，我才能很顺利地开展生意。此后，我继续扩大自己的交际圈，这些人里有捧场的、帮忙的、解决难题的，他们都给了我很大的帮助，没有他们，我单枪匹马根本不可能创下这份家业。即使是现在，我也仍和这些新朋旧友关系密切，我们互帮互助，相互提携，大家都很开心。事实上，我自己认为，从某个方面而言，这些人是我最大的财富！"

人缘是很微妙的东西。我们在世间上的一举一动，所接触的大人物或小人物都很可能成为日后成败的因素。而世间密密麻麻地结着人缘的网，我们每一个人都生活在一个个的网目之中，攀缘着网丝可以和许多人拉上关系。假如你们能和这么多人建立良好的人际关系，使他们成为在事业上帮助你的朋友、在生意上照顾你的顾客，相信你的事业一定非常成功。

结实、坚固的网就是你的人际关系。不用说，以此作资本，不管经商，还是从政都将为你开拓一条康庄大道。

"人际关系的建立和在银行存款一样"，在人际交往与关系中重视情感因素，不断增加感情的储蓄，就是聚积信任度，保持和加强亲密互惠的关系。

你在感情账户上的储蓄多，就会赢得对方的信任，那么当你遇到困难，需要帮助的时候，就可以利用这种信任，你即便犯有什么过错，也容易得到别人的谅解；你即便没把话说清楚，有点小脾气，对方也能理解。

反之，不肯增加储蓄而只想大笔支取的人是无人理会的，这样的银行账户是根本不存在的。你毫无储蓄，到需要用钱时，也就必然无钱可用，只有欠债了。但欠债总是要还的，到头来还是要储蓄。这就是社会与人生的大海上平等互利、收支平衡的灯塔。

▶在人最需要的时候送去你的关爱

当你遇到断崖险阻时，你一定特别感激帮助你架桥搭梯的人，而在别人危难的时候，如果你能雪中送炭，真心地帮助他人，那对方一定会把你当做真正的朋友。

　　要想活得幸福快乐，你就得学会"施与受"的艺术，因为这正是维持文明生活所必需的血液。一个人若只知道接受他人的恩惠与施舍，必然永远不会快乐。如果一个人的一生只从别人那里索取或接受而不懂得给予，那么渐渐地，别人给予他的也会越来越少。无论是金钱还是在别的方面的帮助上，施与受都是对等的。

　　如果说给人关爱和帮助也要讲一点技巧的话，那么我们不要忘记在对方处于逆境时给他一种关怀。当你从自己爱的仓库中拿出一部分送给别人时，并不会因为拿出一部分使自己的幸福减少，反而会使自己的心灵更为博大和丰富。

　　一天，有个刚做完眼部手术的孩子。摸索着来到了医院后院，坐在一棵大树下。一片树叶飘到了他的头上，他随手一摸说："这是杨树叶，还是……""是杨树叶。"接着，一双大手摸到了他的脸上。"小朋友，几岁啦？""12 岁。""你眼睛不好？""啊，从小就有毛病。伯伯，您说这世界美丽吗？"

　　"美啊！你看，这天空是蓝色的，这远处的山雄伟挺立，那云朵洁白可爱。在咱们对面有一泓清水，水面上浮着粉红的荷花，碧绿的荷叶。"当孩子沉浸在欢乐中时，突然，他抓住那个人的手，问道："伯伯，我的眼睛能治好吗？"

　　"能，能！孩子，只要你认真配合医生治疗，就会好的。"

"真的？"

"真的！"

"那边儿是什么？还有那边儿……"

"那边儿呀？是……"

以后，就时常看见两个人谈天的身影。

过了一段时间，这个盲童终于拆了线，他看到了光明，当他适应了刺眼的阳光后，便跑向了后院。当他来到那个黑暗中给予他欢乐的地方，用他那明亮的双眼向四周一望，他愣住了。原来，这里没有花木，没有清水，没有大山，有的只是一堵墙壁和一棵老树。在残秋冷风中坐着一个老人，他戴着一副墨镜，身边放着一根探盲棒。老人捧着一片杨树叶，在低低地说着什么。

希望是生命中最好的养料，哪怕这只是一勺清水，它也能使生命之树茁壮成长。著名的美国聋盲女作家海伦·凯勒说得好："我发现生活很令人兴奋，特别当你是为他人而生活的时候。"获得快乐的最可靠方法是：竭尽全力使别人快乐。如果你努力把快乐送给别人，它就会来到你的身边。

只有处处与人为善，严以责己，宽以待人，才是人与人建立情谊与和睦相处的基础。人生在世，不会一帆风顺，总会有许许多多的艰难与困苦。当你遇到断崖险阻时，你一定特别感激帮助你架桥搭梯的人，而在别人危难的时候，如果你能雪中送炭，真心地帮助他人，那对方一定会把你当做真正的朋友。这就告诉我们，要待人如待己，每当自己在困难的时候，你的善行会衍生出另一个善行。

韩国韩进企业集团的董事长赵重熏，原来只是在仁川干货运输公司的一名司机。由于当时干司机这一行业是很低贱的工作，所以他设立的韩进商场发展得一直很慢，使他真正发达起来的转折点，就是他做了富有爱心的一件事。

一天，赵重熏由汉城开车前往仁川，经过富平时，看到路旁有辆抛锚的轿车，是位美国女士的。他马上下车，热心地帮这位美国女士修好了车。令人意想不到的是，这位女士竟然是驻韩美军高级将领的夫人，她在感激之余把赵重熏介绍给自己的丈夫，从此，这位企业家开始真正地起飞了。因为当时朝鲜战争结束不久，韩国国内物资极度匮乏，全靠美军援助。在这位驻韩美军高级将领的帮助下，赵重熙接下了美援物资运输这笔大生意，他开始日进斗金，快速发展起来。如今，韩进企业集团包括大韩航空在内，一年总营业额为12000亿元韩币，而这一切成就的根源，就是赵重熙的爱心。

付出爱心、乐于助人是一种良好的品格。它是一个人走向成功的内在动力，帮助了别人的同时，其实也帮助了自己。在你付出爱心时，他人会同样记住你的爱心，在你需要帮助的时候，他们也就会真心实意地支持你。因为爱心是相互的，付出就有回报。虽然我们在帮助他人时并没有这种主观上的愿望，但是客观上却有这种效果。所以在这时，人们往往会说：善有善报，帮助别人就是帮助自己。

人们都说"患难见真情"。在别人处于困境时，为他所做的一点一滴都显得格外珍贵。危难时期的滴水之恩远胜过腾达时期的千金之赠，因为身处逆境时是人的内心最脆弱的时候，也是人最需要关怀的时候。这时候，哪怕只是简单的一句安慰、轻轻地握一下手，也能让人感激涕零，永生难忘。

▶学习宽容，走出仇恨和抱怨的阴影

"海纳百川，有容乃大。"人一旦被仇怨的心理所包围，既伤人又误己，我们在为人处世的过程中要保持平和的心态，信奉"大度能容，宽厚为本"的宗旨，促进人与人之间的关系的顺利进展。

相信大部分人在生活中都会遇到一些令自己伤心、痛苦甚至愤怒的事情，这些伤害或来自于朋友，或来自于家人，又或来自于同事。许多人经历这些事情时都会有或多或少的委屈和不甘，甚至陷入深深的怨恨中不能自拔。

那是一种有苦说不出来的痛,是一种久久无法释怀的苦,是一种无以言表的悲哀,是一种欲说还休的无奈。

在待人接物之中,度量的大小将直接影响到人与人之间的关系能否顺利进展。天下没有完人,即使智者也会有犯错误的时候,因此,你不应该因为别人的一次过失,便看不起他,甚至在内心将其置于一种"永不超生"的境地。在别人犯了错误,尤其是涉及你的利益时,能否以一种宽容的态度来对待,是衡量一个人素质高低的标准。宽容别人的错误,使其有更多改正的机会,你也会因此变得更加充实。当然,你也不应该因为自己一次过失或失败,便内疚不堪、自怨自责。人都是会犯错误的,只要能够从错误中吸取教训,及时加以改正,这也算是一种幸事。

二战期间,一支部队在森林中与敌军相遇,激战后两名战士与部队失去了联系。

这两名战士来自同一个小镇。两人在森林中艰难跋涉,他们互相鼓励、互相安慰,半个月的时间过去了,依然没有与部队联系上。有一天,他们打死了一只鹿,依靠鹿肉又艰难度过了几天。也许是战争使动物四散奔逃或被杀光,这以后他们再也没看到过任何动物,他们仅剩下一点鹿肉,背在年轻战士的身上。

有一天,他们在森林中又一次与敌人相遇,经过再一次激战,他们巧妙地避开了敌人。就在自以为已经安全时,只听一声枪响,走在前面的年轻战士中了一枪,幸亏伤在肩膀上!后面的士兵惶恐地跑了过来,他害怕得语无伦次,抱着战友的身体泪流不止,并赶快把自己的衬衣撕下包扎战友的伤口。

晚上,未受伤的士兵一直念叨着母亲的名字,两眼直勾勾的,他们都以为他们熬不过这一关了。虽然饥饿难忍,但他们谁也没动身边的鹿肉,天知道他们是如何度过的那一夜。第二天,部队救出了他们。

事隔30年,那位受伤的战士安德森说:"我知道谁开的那一枪,他就是我的战友。当他抱住我时,我碰到他发热的枪管。我怎么也不明白,他为什么对我开枪?但当晚我就宽恕了他。我知道他想独吞我背着的鹿肉,我也知道他想为了他的母亲而活下来。此后 30 年，我假装根本不知道此事，也从不提及。战争太残酷了，他母亲还是没有等到他回来就去世了，我和他一起祭奠了老人家。那一天，他跪下来，请求我原谅他，我没让他说下去。我们又做了几十年的朋友，我宽恕了他。"

避免痛苦最好的方法，就是宽恕曾经伤害我们的人。

路易斯密得说："也许在很久以前，有人伤害了你，而你却忘不了那件不愉快的往事，到现在还痛苦不堪，那就表示你还继续在接受那个伤害。其实你是很无辜的，你要了解到，你并不是世界上唯一有这种经历的人。赶快忘掉这不愉快的记忆，只有宽恕才能释放你自己，让你松一口气。"如果憎恨的情绪持续在心里发酵，可能会使生活逐渐失去秩序，行为越来越极端，最后一发不可收拾。

不过，宽容说起来简单，可做起来并不容易。因为我们都认为，每个人都应该为自己所犯的错误付出代价，这样才符合公平正义的原则，否则岂不便宜了犯错的一方？但是不宽恕会产生什么结果或副作用呢？例如痛苦、埋怨、憎恶、报复等等，这些结果值不值得再承受，这才是一个更重要的问题。

有一个年轻人，他和一个关系非常不错的朋友合资创办了一家公司，然而，就在他俩创业期间，他的那个朋友竟然背着他将公司的现金挪作他用。

因为资金无法周转，他们的公司被迫停业，他因此损失惨重。尽管事后，他的那个朋友也无限懊悔，多次恳求他的原谅，因为，他的那个朋友也没有料到会出现这种局面。

但是，他对朋友的背信弃义失望至极，并由失望而转化为憎恨，事实的确如此，如果那个朋友没有做出这件事情，也许他的眼前会是另一番景象。可是，他现在已经失去了一切，他为了还债，把自己唯一的房产也卖掉了，而他现在只有在外面租房子住。

每当他跟其他一些朋友聚会的时候，他就会大骂那个背信弃义的朋友。有时候喝了酒之后，他甚至曾产生过带上一把刀子，去教训对方一下的念头。

因此，他的情绪一直很坏。在夜里，他经常做噩梦：梦见那个伤害过他的朋友，将他推下一个深不可测的悬崖。待从梦中惊醒之后，他往往是大汗淋漓。烦闷、不安和失眠严重困扰着他，他终没有从那个朋友带给他伤害的阴影里走出来。

人生在世，伤害在所难免，这是任谁都无法改变的事实，当然，我们会因为受伤而感到愤怒是无可厚非的，我们无法原谅伤害的始作俑者也是可以理解的，但是不原谅也是一把双刃剑，可以伤人也会伤己。如果一直都不能原谅一个人或一件事，那么自己内心的伤口是永远无法愈合的。如果我们从另外一个角度，用一种豁达大度的心态来对待它，就会将这种不公正当做对成功者的一种考验。

大度能容，宽厚待人，不单单可以促进人际关系，还可以帮助人们树立自身形象，给他人留下个好印象，从而提高自己的人气。当然，大度与宽容都要建立在一定的基础之上。这要求我们在社交活动中，必须摒弃个人私欲，不能被自私自利的想法控制了思维，为个人的一己之利与他人争得面红耳赤，达不到自己的心愿就不停地抱怨，这样会使自己的人际关系越来越糟，有碍自己的事业的发展。

▶容纳异己，前面的道路更宽阔

对手是我们前进的动力，对手是我们一生难能可贵的财富，他能激活我们的最大潜能，他能使我们学到更多的东西，他能使我们变得日益优秀，并最终成为赢家。因此，对手是智慧的源泉、力量的结晶。

拥有一个强劲的对手，它会激发起你更加旺盛的精力和斗志。所以，最好的办法不是打败对手，而是友好地站到对手的身边去，把他变成自己的朋友。

古人云："生于忧患，死于安乐"。这句话意思是说，忧患可以使人勤奋，从而更好地生存，而安乐则会使人懒惰，因此致死。如果我们不想死在安乐中的话，那么，在人生的竞赛场上，我们只有一条路，那就是变压力为动力，并充分发挥自己的聪明才智，极大地发扬自己的创新精神和奋斗精神。在不断努力、奋斗的过程中，我们就会更加进步，更加强健。因此，可以说，对手是智慧的源泉、力量的结晶。

对手是我们前进的动力。因为对手是一面镜子，能照出我们的缺点和不足，在工作中我们需要动力，而对手的存在，正是我们不断进步的力量源泉。只有拥有真正的对手，才能让我们思想进步，并激发我们无穷的斗志，使我们成为赢家。所以我们呼唤这样的对手，也珍惜这样的对手。这不仅是一种胸怀，更是一种睿智。

比尔·盖茨的两则陈年旧事，非常耐人寻味。

美国的 Real Networks 公司曾经向美国联邦法院提起诉讼，指控比尔·盖茨的微软公司违反反垄断法，并要求其赔偿 10 亿美元。但在官司还没有结束的情况下，Real Networks 公司的首席执行官格拉塞却致电比尔·盖茨，希望得到微软的技术支持，以使自己的音乐文件能够在网络和便携设备上播放。所有的人都认为比尔·盖茨一定会拒绝他，但出人意料的是，比尔·盖茨对他的提议表现出出奇的欢迎，他通过微软的发言人表示，如果对方真的想要整合软件的话，他将很有兴趣合作。

众所周知，微软和苹果两大公司自 20 世纪 80 年代起就一直处于敌对状态，乔布斯和比尔·盖茨为争夺个人计算机这一新兴市场的控制权展开了激烈的竞争。到了 90 年代中期，微软公司明显占据了领先优势，占领了约 90%的市场份额，而苹果公司则举步维艰，但让所有人大跌眼镜的是，1997 年，微软公司向苹果公司投资 1.5 亿美元，把苹果公司从倒闭的边缘拉了回来。2000 年，微软公司为苹果公司推出 Office2001，自此，微软公司与苹果公司真正实现双赢，他们的合作伙伴关系进入了一个新时代。

常人不可理解的两件事都发生在比尔·盖茨身上，这绝对不是一个巧合。

比尔·盖茨的成功，源于很多因素，包括他对商机的把握和他天才的设计能力，但其中还包括他对他的对手所采取的态度。面对对手，一定要不屈不挠，咬紧牙关，迎面而上，决不退缩——这似乎是共识，但明智的比尔·盖茨选择了另一种方式：站到对手的身边去，把对手变成自己的朋友。

许多的人都把对手视为心腹大患、是异己，是眼中钉，是肉中刺，恨不得马上除之而后快，其实只要反过来仔细一想，便会发现，拥有一个强劲的对手，反而倒是一种福分，一种造化。因为一个强劲的对手，会让你时刻有种危机四伏的感觉，它会激发起你更加旺盛的精力和斗志。要知道，当你决定打败对手的时候，对手也想着打败你，他既然能成为你的对手，就一定跟你实力相当，不好对付，所以，最好的办法不是打败他，而是像比尔·盖茨那样，把他变成自己的朋友。

李运在一家公司做部门负责人，在公司他很受总裁的重视。但是不久，公司招了一个新的负责人，这个人的工作能力非常强，又特别会处理同事间的关系，很快得到了总裁的青睐，李运的地位很快被他代替了。

他们明着是在进行各自的工作，但暗地里却是无时无刻不在进行着竞争：想让自己的部门走在前面，想让自己的方案得到总裁的肯定，等等。几个月下来，对方的业绩明显高出李运很多，而他得到的重要工作也明显地增加了。

总裁的轻视、自己手下员工的不满一下子给了李运莫大的压力。面对竞争，李运首先是找自身的不足，改变策略，调整好心态，努力完善自己。大家都工作时，他用十倍的认真去对待；大家下班时，他继续钻研业务，调研市场，寻找工作中需要完善的地方，充分掌握行业内的最新动态。

就这样，在他的努力下，几个月以后，他向总裁提出了一份完善的工作改进计划，总裁又一次肯定了他的重要性，不仅再次重用了他，还将他的职位提升了一级。

事物的法则，永远是用进废退，这是颠扑不破的真理。一个人要想在异常激烈的社会竞争中不被淘汰，还是有一点危机感为好。在生活和工作当中出现竞争对手并不是一件坏事情，相反，倒是一件好事，因为他能使你充满活力而富有朝气。

在工作中不要把能力比我们强的人当成我们成功路上的绊脚石，我们应当树立正确的竞争观念，正是有了强大的对手，才促使我们不断努力，也正是竞争对手的存在，才激励我们不断完善自我，弥补自己的不足，并充分激发自身的潜能，不断超越自我，只有这样才能踏上成功的道路。可以说没有竞争对手，我们就不能更好地发展；没有竞争对手，我们就不能更强大。因此，我们要善待竞争对手，更要感激竞争对手，是他们使我们逐步走向了成功。

▶以智者为师，与强者为伍

强者恒强，如果你想做一个成功者，就要向成功者靠近，与强者为伍，自己才能变得优秀起来，才能让自己逐渐进步，并走向成功。

现代社会有个口号是"结交比你优秀的人做朋友"，它的积极意义在于与各界的精英名流们相交，可以开阔眼界，激励奋发之心。

结交名流也可能获得更切实的帮助。比如你立志在商界干出名堂来，首先就要想办法接近商界名流，与其交往，建立起良好的信赖关系。一旦与你建立了信赖关系，他就会考虑："替这个人找个机会造就人才吧。"如此一来，你的命运可能会大获改观，甚至可能一层层地脱胎换骨，一步步走入名流社会。可能你还没有真正认识到，成功的人往往有深远的影响力，一句赞许的话就可能使你受益良多。

美国有一位名叫阿瑟·华卡的农家少年，在杂志上读了某些大实业家的故事，很想知道得更详细些，并希望能得到他们对后来者的忠告。

有一天，他跑到纽约，也不管几点开始办公，早上 7 点就到了威廉·亚斯达的事务所。

在第二间房子里，华卡立刻认出了面前那体格结实，长着一对浓眉的人是谁。高个子的亚斯达开始觉得这少年有点讨厌，然而一听少年问他："我很想知道，我怎样才能赚得百万美元？"他的表情便柔和并微笑起来。两人竟谈了一个钟头。随后亚斯达还告诉他该去访问实业界的其他名人。

华卡照着亚斯达的指示，遍访了一流的商人、总编辑及银行家。

在赚钱这方面，他所得到的忠告并不见得对他有所帮助，但是能得到成功者的知遇，却给了他自信。他开始仿效他们成功的做法。

又过了两年，这个 20 岁的青年成为他学徒的那家工厂的所有者。24 岁时，他是一家农业机械厂的总经理，不到五年，他就如愿以偿地拥有百万美元的财富了。这个来自乡村粗陋木屋的少年，终于成为银行董事会的一员。

华卡在活跃于实业界的 67 年中，实践着他年轻时来纽约学到的基本信条，即多与有益的人相结交。会见并结交成功立业的前辈，能转换一个人的机遇。

朋友是人生命中的一个重要组成部分，对人的一生有很大的影响；交上什么样的朋友，就会有什么样的命运。只有与一流的人物交往，才能促使自己也成为一流人物。

在自己所处的环境里，能与站在顶点地位的一流人物交往，并学习其优点、做法，倘若能吸取他们经验和观点中的精华，就能引导自己积极向上，对你的生活和工作必将大有助益。

强者恒强，如果你也想做一个成功者，就要时刻向成功者靠近，与成功者为伍，哪怕并不是同一领域的人，他们也可以交流自己的经验和教训，从强者身上学习如何变得更强；哪怕这样会让你自惭形秽，但是你得到更多的，则是来自成功者的宝贵经验，来自榜样的无穷激励。近朱者赤，只有时刻学习一流人物的品质精神，才能让自己也逐渐成为一流人物。

如果在你的生活圈子里，遇到一流人物的可能性极小，那么也不用灰心，心中有想法的人，慢慢地总会找对脚下的路。

唐代京城中有位窦公，聪明伶俐，极善理财，但他却财力绵薄，难以施展赚钱本领，没有办法，他只好先从小处赚起。

他在京城中四处逛荡，寻求赚钱门路。某日来到郊外，却见青山绿水，风景极美，有一座大宅院，房屋严整。一打听，原来是一位权要官宦的外宅。

他来到宅院后花园墙外，看见一个水塘，塘水清澈，直通小河，有水进，有水出，但因无人管理，显得有点零乱肮脏。窦公心想：生财路来了。水塘主人觉得那是块不中用的闲地，就以很低的价钱卖给了他。

窦公买到水塘，又凑借了些钱，请人把水塘砌成石岸，疏通了进出水道，种上莲藕，放养上金鱼，围上篱笆，种上玫瑰。

第二年春天，那名权要宦官休假在家，逛后花园时闻到花香，到花园后一看，直馋得他流口水。窦公知道鱼儿上钩了，立即将此地奉送。

这样一来，两人成了朋友。一天，窦公装作无意地谈起想到江南走走，宦官忙说："我给您写上几封信，让地方官吏多加照应。"

窦公带了这几封信，往来于几个州县，贱买贵卖，又有官府撑腰，不几年便赚了大钱。

这个世界上，在各方面都有许多出类拔萃的人物，他们的影响是非同小可的，有志成功的人必须利用与他们接触的机会和他们建立良好的关系，这对个人的前途有时候至关重要。不要等待，一味等待只能使你错失良机，绝对不可能使你建立良好的人际关系，你应该积极地一步一步地去做，这没有什么不好意思的。

成功不是单打独斗的结果，现代社会是一个高度分工的共同体，一件事情往往需要许多人的共同努力。与成功者为伍，是一种聪明的合作方式，是实现多赢的捷径。只有多和比自己优秀的人交往，自己才会优秀起来；与成功者为伍的人绝对不会是一个失败者。只有时刻与成功者为伍，才能让自己不断进步，逐步走向成功。

▶逞能会损坏你的人气

自满自得、自高自大往往是愚蠢无知的表现，过
分的自我感觉良好实际上是一种无知。它虽然能使
人拥有傻瓜般的幸福感，让人得一时之快，但实际上
常常会引起别人的反感。

在日常工作中，我们不难发现有这样的人，他虽然思路敏捷，口若悬河，
但一说话就令人感到狂妄，高看自己、小看别人，因此别人很难接受他的任何
观点或建议。这种人多数都是因为喜欢表现自己，总想让别人知道自己很有
能力，处处想显示自己的才能，从而能获得他人的敬佩和认可，但结果却往往
适得其反，过强的优越感会引起周围人的反感，最终在交往中使自己走到孤
立无援的地步。

如果一个人在同事之间过于逞能，处处表现自己，那么，这就意味着他在
所有方面都"剥夺"了其他人施展才华、能力的机会，无形之中增加了与他人
矛盾、冲突的可能性。结果是：他使自己处于"众矢之的"的重围之中。

"虚心是人类的宝贵财富"，懂得虚心的人，处处都可以发现，处处都可以
留意，世上的一切知识，总有我们不懂的地方，需要我们去学习、去了解。因
此，虚心对于任何人，在任何地点、任何时间，做任何事情都是非常必要的。只
要你有不断用学习武装自己的愿望，只要你有"不耻下问"的精神，你就能可
以从中获得更多的信息和更多的知识。正所谓谦虚低调的生活方式才是"立
人之本，处世之道"。

李先生是某地区人事局调配科一相当有人缘的骨干。按说搞人事调配工
作是很难不得罪人的，可他却是个例外。当然，他的好人缘也不是凭空得来

心态的惊人力量

的。在他刚到人事局的那段日子里,在同事中连一个朋友都没有。因为他正春风得意,对自己的机遇和才能满意得不得了。因此他每天都使劲吹嘘自己在工作中的成绩:每天有多少人找他请求帮忙,哪个几乎记不清名字的人昨天又硬是给他送了礼等等的"得意事"。但同事们听了之后不仅没有人分享他的"成就",而且还极不高兴。后来还是由当了多年领导的老父亲一语点破,他才意识到自己的失误。

从此他便很少谈自己而多听同事说话,因为他们也有很多事情要吹嘘,把他们的成就说出来,远比听别人吹嘘更令他们兴奋。后来,每当他有时间与同事闲聊的时候,他总是先请对方滔滔不绝地把他们的成就炫耀出来,与其分享,而只是在对方问他的时候,才谦虚地说一下自己的成就。

自满自得、自高自大往往是愚蠢无知的表现。过分的自我感觉良好实际上是一种无知,它虽然能使人拥有傻瓜般的幸福感,让人得一时之快,但实际上常常有损于自己的名声,它不能鉴定出别人的完美程度,所以总陶醉于自己的平庸。

谦虚谨慎是成功人士必备的品格,具有这种品格的人,在待人接物时能温和有礼、平易近人、尊重他人,善于倾听他们的意见和建议,能虚心求教,取长补短。对待自己有自知之明,在成绩面前不居功自傲;在缺点和错误面前不文过饰非,能主动采取措施加以改正。

苏格拉底在和弟子聊天时,一个出身富有的学生对其他同学夸耀他家在雅典城附近有一片特别大的庄园,他吹嘘自己有多富有。

苏格拉底一言不发地拿出了一张地图,对这个学生说:"麻烦你指给我看,亚细亚在哪里?""咱们所在的这一大片都是。"学生说。"很好,那么,你指出来希腊在哪里?"学生在地图上找出一小块很小的地方来。"雅典在哪里?"学生用手指着地图上的一个小点说:"好像是在这儿。""那么现在,请你指一下你那块特别大的庄园。"

学生很羞惭,他的田地在地图上连个影子都没有。

这个故事给我们的启发是:无论什么时候,我们都应该用一颗谦虚的心来面对我们的成绩和荣誉,一定要牢记"山外有山,人外有人"的道理。要知道,你谦虚时就显得对方高大,你朴实和气,他就愿与你相处,认为你亲切、可靠,你愚笨,他就愿意帮助你。如果,你若以强硬姿态出现,处处逞能,咄咄逼人,对方心里会感到紧张,做事没有把握,而且容易让对方产生一种逆反心理,使交往和工作难以继续。

所以,既显现自己,又不贬低别人,是现代社交中一个人必须把握的行动准则。这就要求我们,当别人奋发向上、已经超过了自己的时候,要对其持正确的心态,高调称赞他人的成就,低调地显示自己优点,如果在一片草木之间,你只把自己打扮成一朵鲜艳的玫瑰,谁又只甘心当你的陪衬呢?

▶人际关系的天敌是"猜测",破解密码是"真诚"

世间真情难求。人都是感性的,当一个人认为对方是真心待己时,一般也会真心地对待对方。真诚是生活中的通行证,真诚能赢得一切。

不知道你是否有这样的体会:当几个同事聚在一块悄悄说话时,你会怀疑他们正在讲你的坏话;你告诉朋友一个秘密后,你会不停地想他是否会讲给别人听;老板在会上说了公司发生的不好现象,你会怀疑是不是针对自己说的;一位同事近来对你的态度冷淡一些,你会觉得他可能对你有看法……如果你有这些情况,那么可以说你的猜疑心较重。

在猜疑心的作用下,被猜疑人的一言一行往往都被罩上可疑的色彩,即所谓"疑心生暗鬼"。有了猜疑之心,对待朋友、看待事物,就不能从客观实际出发,进行合乎逻辑的判断、推理,而是凭借一点表面现象,主观臆断,随意夸大，进而扭曲事实，得出一个不切实际的结论，或者先入为主，先设框框，然后察言观色，甚至无中生有，把幻觉当真，把一些毫无关系的现象也当做事实材料，生拉硬拽来当做证据。猜疑使人际交往中本来小小的疙瘩发展成长期的不和，自古以来不知有多少人因为猜疑疏远了朋友，中断了友谊，甚至断送江山。猜疑实在是害己又殃人。

美国新泽西州有一对双胞胎兄弟，他们亲密无间地共同经营着一家商店。有一天，哥哥将一块美元放进收银机后，与顾客外出办事。当他回到店里时，他发现收银机里的美元不见了。他问弟弟："你有没有看见收银机里的钱？"弟弟回答："没有。"哥哥说："钱不会自己跑掉，你一定看见了。"语气中带着强烈的质疑意味，手足之情开始出现了严重的隔阂。

开始双方不愿意说话，后来决定不在一起生活，在商店中砌起了一堵墙，从此分居而立。

20年后的一天，有位穿着体面的绅士走进店问哥哥："你在这家店工作多久了？"哥哥回答说他一辈子都在这家店服务。

这位客人说："我必须告诉你一件事情，20年前，我还是一个不务正业的流浪汉，一天流浪到你的店里，肚子已经好几天没有进食了，我偷偷从你家店的后门溜进来，并且将收银机里面的一美元取走了。虽然时过境迁，但对于这件事，我一直不能忘怀。一块钱虽然是个小数目，但我必须回到这里来请求你的原谅。"

当说完原委后，这位客人惊奇地发现店主已经热泪盈眶，他用语带哽咽的语调请求他："能不能到隔壁商店将故事再说一遍？"当这位客人到隔壁说完故事以后，他惊愕地看到两位面貌相像的中年男子，在商店门口痛哭失声、相拥而泣。

人与人之间相处的基本原则就是真诚，对待每一个人都一样，以真诚为基本准则。生活是一面镜子，你付出什么，就能获得什么，真诚对待每一个人，相应地，每一个人都会真诚地对待你。

奥斯特洛夫斯基说过："所谓友谊，首先就是真诚。"人与人之间的交往，如果心怀鬼胎，相互戒备，"逢人只说三分话，绝不全抛一片心"，那只能是"话不投机半句多"，还有什么交往可言呢？只有真诚，才能使交往的对方从心理上确立安全感与信任感，使交往得以推心置腹地进行下去，友谊得以巩固与发展。真诚是生活中的通行证，真诚能赢得一切。

在工作中，信任是协作关系的黏合剂，没有信任，协作则无从谈起。在生活中，信任是友谊的基础；在自己生活的小环境中，猜疑、防范别人是维护人际关系的大敌；在团队中，信任可以起到亲和的作用，它可使每个人对团体产生归属感。以团体为家，以团体为荣，就会"有福同享，有难同当"。

古希腊，有一个叫皮西厄斯的年轻人，触犯了暴君奥尼修斯，他被推进了监狱，即将处死。皮西厄斯说："我只有一个请求，让我回家乡一趟，向我热爱的人们告别，然后我一定回来伏法。"暴君听完，笑了起来。"我怎么能知道你会不会遵守诺言呢？"他说："你只是想骗我，想逃命。"

这时，一个名叫达芒的年轻人说："噢，国王！把我关进监狱，代替我的朋友皮西厄斯，让他回家乡看看，料理一下事情，向朋友们告别。我知道他一定会回来的，因为他是一个从不失信的人。假如他在您规定的那天没有回来，我情愿替他死。"

暴君很惊讶，竟然有人这样自告奋勇。最后他同意让皮西厄斯回家，并下令把达芒关进监牢。不久，处死皮西厄斯的日期临近了，他却还没有回来。暴君命令狱吏严密看守达芒，别让他逃掉了。但是达芒并没有打算逃跑，他始终相信他的朋友是诚实而守信用的，他说："如果皮西厄斯不准时回来，那也不是他的错。那一定是因为他身不由己，受了阻碍不能回来。"

这一天终于到了，达芒做好了死的准备，他对朋友的信赖依然坚定不移。他说，为自己深爱的人去死，他不悲伤。狱吏前来带他去刑场，就在这时，皮西厄斯出现在门口，暴风雨和船只遇难使他耽搁，他一直担心自己来得太晚。他亲热地向达芒致意，达芒很高兴，因为他终于准时回来了。

暴君还不算太坏，还能看到别人的美德。他认为，像达芒和皮西厄斯这样互相热爱、互相信赖的人不应该受不公正的惩罚，于是，就把他俩释放了。

"我愿意用我的全部财产，换取这样一位朋友。"暴君说。

真诚无私能使一个外表毫无魅力的人增添许多内在吸引力。人格魅力的基本点就是真诚。待人心眼实一点、守信一点，能更多地获得他人的信赖、理解，能得到更多的支持、合作，因此获得更多的成功机遇。

真诚，能在可以信赖的人们之间架起心灵的桥梁，通过这座桥梁，打开对方心灵的大门，并在此基础上并肩携手，合作共事。自己真诚实在，表露真心，对方会感到你信任他，从而卸下猜疑、戒备心理，把你作为知心朋友，乐意向你诉说一切。

世间真情难求。人都是感性的，当一个人认为对方是真心待己时，一般也会真心地对待对方，有时甚至为了对方两肋插刀也在所不辞。所以，如果一个人能以真情赢得他人的信任，那他也就多了事业上的帮手，帮手越多，力量越大，事业自然也就越来越旺。

▶用宽厚化解他人的敌意

人与人之间原本就没有什么深仇大恨，也没有太大的利害冲突，偶尔发生一些小摩擦是在所难免的。这时，只需要你用一颗仁慈之心去面对这些细小的矛盾，做到"得饶人处且饶人"。

有一首歌这样唱道："千里难寻是朋友，朋友多了路好走。"朋友，无论是最好的，还是一般的，他们或多或少地都能给予你帮助和支持，这是每一个办事成功者的"关键"。事实表明，谁的朋友越多，来往越密切，谁的事业就更越发达、生活得越快乐、身体就越健康。有人经过研究后发现，朋友关系所带来的益处，仅次于婚姻关系，而大于所有其他人际关系，它不仅有助于减轻工作造成的压迫感，丰富生活，而且还能给你提供很多帮助。

常言道："多个朋友多条路，多个仇人多堵墙。"所以无论如何，我们也要使自己的朋友尽可能地多，仇人尽可能地少。与其与人为敌，不如化敌为友，这样，我们的路才会越走越宽，越走越顺。

"世界上最大的是海洋，比海洋更大的是天空。比天空更大的是人的胸怀。"其实，宽以待人实际上是一种情感投资法，对人以宽大为怀，最终会得到好的回报。

从前，一个牧场生活着两户人家，一家以牧羊为生，养了许多羊；一家是猎户，靠打猎为生，所以养了许多猎狗。这样，问题就出现了，这些猎狗经常跳过栅栏，袭击牧羊户的小羔羊。牧羊户几次请猎户把狗关好，但猎户都不以为然，口头虽然答应了，可没过几天，他家的猎狗又跳进牧场横冲直闯，咬伤了好几只小羊。

终于牧羊户忍无可忍了，就去找镇上的法官评理。听了他的控诉，明理的法官说："我可以处罚那个猎户，也可以发布法令让他把狗锁起来。但这样一来你就失去了一个朋友，多了一个敌人。你是愿意和敌人作邻居呢？还是和朋友作邻居？"牧羊人想了想答道："当然是朋友了。"

于是法官给牧羊户出了一个主意，既可以保证他的羊群不再受骚扰，而且还可以赢得一个友好的邻居。一到家，牧羊户就按法官说的挑选了三只最可爱的小羔羊，送给猎户的三个儿子。看到洁白温顺又可爱的小羔羊，孩子们如获至宝，每天放学都要在院子里和小羔羊玩耍嬉戏。因为怕猎狗伤害到儿子们的小羔羊，猎户就做了个大铁笼，把狗结结实实地锁了起来。

从此，牧场主的羊群再也没有受到骚扰。猎户因为牧羊户的友好，开始送各种野味给他以作为回谢，牧羊户也不时用羊奶酪回赠猎户，渐渐地两人成了好朋友。

凡事不必太认真，如果太较真儿，由于人是相互作用的，你表现出一分敌意，他有可能还以二分，然后你则递增为三分，他又会还回来六分……把敌意换成善意，你会有多么大的收获。当"冤冤相报何时了"的双负，能成为"相逢一笑泯恩仇"的双赢时,这难道不是人生最大的成功吗?

人生在世,心胸开阔是非常重要的,谁能没有言谈上的失误和过错呢?对于别人无意间造成的过错应充分谅解,不必计较无关大局的小事情。法国有一句格言说过:"两个都不原谅对方细小过错的人不可能成为老朋友。"如果以老朋友的态度进行合作,许多冲突是可以避免的。

服装业巨子施瓦茨在创业初期,有一次拿着样品经过一家小店,却无缘无故地被店主讥讽嘲笑了一番,说他的衣服只能堆在仓库里,再过100年也卖不出去。施瓦茨并没有反唇相讥,而是诚恳地向对方请教,结果发现那位小店主说得头头是道。施瓦茨大为吃惊,愿意高薪聘用他,然而他不但不领情,还讽刺了施瓦茨一顿。施瓦茨并没有放弃说服这位店主,他运用各种方法打听,才知道这位店主居然是一位极其杰出的服装设计师,只是因为他性情怪僻而与多位上司闹翻,一气之下才发誓不再设计,改行做商人的。施瓦茨弄清楚事情的真相后,三番五次地登门拜访,并且诚心请教,这位设计师仍然不理睬他。然而施瓦茨还是常去看望他,和他聊天,并给予热情的帮助。到最后,这位设计师自己都感到不好意思了,终于答应出山。后来,这位设计师创造出巨大效益,他帮助施瓦茨建立了一个庞大的服装帝国。

善于理解、体谅别人在特殊情况下的心理、情绪是一种较高的修养。有的人生性敏感,有的人恰恰遇到不顺心的事没处发泄怒气,也许对方正生病,这些都可能是造成态度、情绪反常或过激的原因,对此予以充分谅解,会得到相应的回报。

一个宽宏大量的人,他的爱心往往多于怨恨。他乐观、愉快、豁达、忍让,而不悲伤、消沉、焦躁、恼怒;他对自己周围的人的不足之处,以爱心劝慰,晓之以理,动之以情,使听者动心、感佩、尊从,这样,他们之间就不会存在感情上的隔阂、行动上的对立、心理上的怨恨。

说话不要说得太绝，给自己留些余地

留余地，就是不把事情做绝，不把事情做到极点，于情不偏激，于理不过头，这样，才会使自己得以最完美无损的保全。

古人云："处事须留余地，责善切戒尽言。"物极则必反，否极而泰来。行不可至极处，至极则无路可续行；言不可称绝对，称绝则无理可续言。做任何事时，进一步，也应让三分。人生一世，万不可使某一事物沿着某一固定的方向发展到极端，而应在发展过程中充分认识其各种可能性，以便有足够的条件和回旋余地采取机动的应付措施。

无论你是一个卓越的人，还是一个平凡的人，在处理各种事物中，都要给自己留些余地。不管是与谁交往，包括上司与下属之间、同事之间，或是师长与学生之间、父母与儿女之间、兄弟姐妹之间，甚至是夫妻之间，千万要记住，善留余地，更不应该有气盛、挑战、蔑视之类的行为。

1790 年 7 月 24 日，在法国的一个小城儒里亚克，一块巨石从天而降，巨大的响声把居住在这里的加斯可尼人吓了一大跳。尤其令人惊异的是，这块石头把加斯可尼人教堂旁边的屋子砸了一个大窟窿。市民们目睹了这一切，纷纷认为这块破坏了他们宁静生活的怪石来历不明。他们以为这块石头可能还会飞上天去，为了防止它"逃走"，就给巨石凿了个洞，用铁链穿起来，然后把铁链锁在教堂门口的大圆柱上。最后市民们又通过决议，要写一封信给法国科学院，请派科学家来研究这块怪石。儒里亚克市的市长证实了市民们在信上所写的事实，并且签上了自己的名字，又派专人将信送往巴黎。

在巴黎的法国科学院里，当宣读儒里亚克的这封来信时，人群中突然爆发出阵阵哄笑声,有的人甚至笑得前俯后仰,还有人连眼泪都笑出来了。有些科学家带着嘲笑的口气说:"哈哈,加斯可尼人是最爱吹牛皮的,今天他们向我们报告天上落下巨石,过几天他们还会来报告天上又掉下五吨牛奶,外加一千块美味的带血的牛排……"在笑够了之后,他们以科学院的名义作出了决定,对加斯可尼人的撒谎和儒里亚克市长的愚蠢表示遗憾,同时号召所有有科学头脑的人,不要相信这些荒诞不经的报告。

你可以认为那些"科学家"很无知、很武断,可是认真想一下,在生活中,我们是否也犯过类似的错误呢?

为了避免出现日后自己打自己嘴巴的尴尬,我们说话时要注意留有余地,这就可以在情况发生意外变化时,自己可以从容转身。所以,很多人在面对他人的询问时,都偏爱用这些字眼,诸如:可能、尽量、或许、研究研究、考虑一下、评估、征询各方意见……这些都不是肯定的字眼。他们之所以如此,就是为了留一点儿空间好容纳"意外";否则一下子把话说死了,结果事与愿违,那不是很难堪吗?

有些人性情直率、为人豪爽,遇事喜欢大包大揽,"包在我身上"、"放心等我的好消息吧"等等是他们的口头禅。然而俗话说得好,"计划没有变化快",世事的发展变化,常常在我们的意料之外,即使你满有把握的事,也可能会随时出现一些小岔子。事情办不成,回头再去见你的托付人,你的信誉就要大大地打上一些折扣了。

赵志强大学毕业后,应聘到一家实力不俗的公司做销售,他对公司的环境、待遇等都很满意,憋足了劲儿想表现一下。赶上"十一黄金周"做促销策划,主管把其中一个项目交到他手上,问他:"有什么问题吗?"赵志强拍着胸脯回答说:"没问题,放心吧!"过了三天,没有任何动静。主管问他进度如何,他才老实说:"不如想象中的那么简单!"虽然主管同意他继续努力,但对他的拍胸脯已有些反感,有什么需要独当一面的工作,再也不愿意交到他手上。

我们自己应该是最了解自己的,能吃几碗饭、能干多少事?对于没有十分把握的工作,不如实事求是,只表示自己会全力以赴就可以了。如果只为表现自己的积极能干，给上司留下一个意气风发的好印象而大包大揽，万一事情不像自己想象中的那么顺利，上司除了要怀疑你的能力之外，也会怀疑你是否有自知之明。

工作之外，在我们的日常交往中，也存在同样的问题。有的人就爱打肿脸充胖子，自认自己特能，朋友一求，马上一拍胸脯，包在我身上。更有甚者，明知自己办不成，硬往自己身上揽。

这种人不去衡量自己的力量，不考虑可能出现的阻碍，以至于出了问题时，连个抽身退步的余地都没有。

帮助别人本身无可厚非，关键是量力而行。不看清自己的实力，什么事都说"我能行"与一个莽汉没有什么区别。你要为你所说出的话负责，就必须"三思而后言"。

凡事留有余地，日后能进退自如、收敛从容。这是处世的艺术、人生的哲学。不留余地，就像下棋走入僵局，即使没有输，也无法再走下去了；与此相反，凡事留有回旋的余地，才能做到进退从容、屈伸任意。

第九章 有一种心态叫放下：
放弃对完美的苛求，才能
使我们的生活真正圆满起来

要充分地享受生活的美好，首先要有一种知足常乐的心态。要让自己的一切追求和欲望都符合自然之道，在自己的能力范围之内生活，珍惜现在所拥有的平静与喜悦。在这个基础上，我们才可以放手去追寻自己的幸福，不会因为患得患失而把自己逼进人生的死胡同。

心态的惊人力量

▶人生有些东西你不得不割舍

如果总是想拥有的太多，生命将不堪重负，常常会失去更有价值的东西。而放弃是另一种形式的选择，放弃的目的是为了更好地获得，只有善于放弃的人才是生活的智者。

生命给予我们每个人的，都是一座丰富的宝库，但你必须学会选择，选择适合你自己的。而每一个选择都有一个不同的结局，如若全盘皆收，终将落得全盘皆输。选择总有缺憾，不能尽善尽美、如愿以偿，人生有些缺憾才是正常的。人生有所失才会有所得，只有放弃一部分，我们才会得到另外一部分；只有放弃某种我们凭"惯性"而固守的东西，我们才会得到另一些真正有益于人生的东西。

放弃是一门艺术。在物欲横流的今天，既需要你做出选择，更需要你做出放弃。与其说是抉择得当，不如说是放弃得好。人生苦短，要想获得越多，就得放弃越多。那些什么都不放弃的人，是不可能有多少获得的，其结果必然是对自身生命的最大的放弃，让自己的一生永远处在碌碌无为之中。

一个正在职校学习计算机的孩子，还有一个月就可以拿到结业证书了。就在这时候他的父亲带来一则消息：某一知名跨国企业正在招聘计算机网络员。这家公司实力非常雄厚，很有发展潜力，近些年推出的一些产品在市场上也非常热销。如果被录用后的薪水自然会很丰厚，但有一个条件，所有参加应聘的员工都要接受一个月的培训。

这样的条件对任何人来说都很诱人，孩子自然也很想去应聘，可是如果去应聘就必须接受培训，自然就上不了职校的课，参加不了结业考试，连张结业证都拿不到；要是没有被那家公司录用，自己真是竹篮子打水一场空。

孩子很苦恼。父亲笑了，说要和孩子做个游戏。他买了两个大西瓜，放在孩子面前，让他把两个西瓜一起抱起来。孩子瞪圆了眼睛憋足了劲，还是没有办法把两个西瓜一起抱起来。他认为抱起一个已经很勉强了，何况是两个。

孩子问父亲："那你怎么能把第二个抱起来？"父亲回答说："哎，你不能把手上的那个放下来吗？"

孩子似乎明白了父亲的用意，放下一个，不就能抱起另一个吗？父亲提醒他说：这两个总得放弃一个，才能获得另一个，就看你自己的选择了。

孩子顿悟，最终选择了应聘，放弃了职校的培训。后来，如愿以偿地成了那家跨国企业的职员。

古人云，鱼和熊掌不可兼得。要想有所得，就要学会放弃，有所得也必然有所失，只有我们学会了放弃，放弃局部利益而保全整体利益是最明智的选择，我们才拥有一份成熟，才会活得更加充实、坦然和轻松。

放弃是一种智慧，更是一种勇气。生活给予你的是有限的生命、有限的资源，所以你必须放弃一些不该拥有的，放弃那些不适合自己去充当的角色，放弃束缚你手脚的那些沉重包袱。如果你什么也不愿放弃，最终有可能一无所有。

2003年4月26日，美国登山爱好者拉斯顿到离犹他州东南150英里处的蓝约翰峡谷登山探险。在攀过一道3英尺长的狭缝时，一块巨石挡住了去路。他试图将其推开，不料它摇晃了一下，突然下滑，把他的右臂夹在石壁中。尽管拉斯顿想方设法用左手去推巨石，却始终无法抽出右臂。那天，他的探险设备、干粮水壶和急救包等一应俱全，唯独没带手机。于是，他只好原地躺着，保存实力，等待别人来救援。干粮吃完了，拉斯顿便靠饮水度日。到了第四天，水壶中一点水也没有了。

第五天早晨，当浑身无力的拉斯顿从断断续续的睡眠中醒来时，他终于明白：蓝约翰峡谷过于偏僻，人迹罕至，只有靠自己救自己了。他最后下定决心，用随身带的8厘米长的袖珍小折刀给自己的右手臂实施截肢。钻心彻骨的剧痛和大量失血使拉斯顿差点昏厥，但他仍然坚持从急救包中取出杀菌膏和绷带，给切断的右臂做了紧急止血处理。

拉斯顿跌跌撞撞上路了，走出 7 英里后被两名登山者发现。不久，一架救援直升机飞来了，拉斯顿终于获救，他的壮举使他成为美国人心目中的英雄。

人总是在经历过一些事情以后才会懂得在得到与失去中慢慢地认识自己，懂得适时的坚持与放弃。其实，生活并不需要无谓的执著，没有什么真的不能割舍，懂得放弃才有快乐，背着包袱走路总是很辛苦的，学会放弃，生活会更容易一些。

在这个世界上，没有什么是不可以改变的。美好、快乐的事情会改变，痛苦、烦恼的事情也会改变，曾经以为不可改变的，许多年后，你就会发现，其实很多事情都改变了。而改变最多的，竟是自己；不变的，只是小孩子美好天真的愿望罢了！明白了这个道理，我们难道还要执著地固守着某一种东西放不下吗？

纠缠于过于复杂的细节没有意义

人的一生是短暂的，而人们却因为自己的思想过于复杂，想的太多，无形中给自己的人生增添了许多烦恼。而简单生活让我们学会放下包袱，轻松生活。

每个人的人生都会有苦恼。然而，有时人生的苦恼，不在于自己获得多少、拥有多少，而是因为自己想得到更多，是自己把本来简单的问题给复杂化了。如果有人问你 1+1 等于几，你可能要思考半天，因为你知道陈景润花了好几年的时间去证明 1+1 等于几的问题。其实，陈景润想证明的是哥德巴赫猜想，并非是去证明 1+1 等于 2。但是如果去问一个小学生，孩子会毫不犹豫地回答出来。因为孩子没有把问题想得那么复杂，他们的头脑想的简单。

人有时想得到的太多，而自己的能力很难达到，所以我们便感到失望与不满，其实，静下心来仔细想想，生活中的许多事情，并不是你的能力不强，恰恰是因为人们那复杂的心灵和没有边际的欲望所造成的。太多的欲望反而束缚了自己的手脚，使得本来简单的事情复杂化了，凭空给自己的人生增添了许多不必要的烦恼。

有一年，一位记者奉一家著名杂志之命，前往非洲写一篇关于一个新建立的共和国的总统宫的文章，稿件发回后，这份杂志的编辑只看了第一句话，便拒绝采用。文章是这样开头的："数百级的台阶通向围绕着总统宫的高墙。"编辑立即给记者拍了电报，要求他搞清楚确切的台阶阶数和宫墙的高度。

记者马上着手获取这些事实，但是他为此花的时间太多了。这期间编辑变得越来越不耐烦，因为杂志就要拿去付印。他一连发了两封加急电报催促，但都没有回答，他又发了一封电报给记者，告诉他如果他再这么装聋作哑就解雇了他。不过记者还是没有回电，编辑只好很不情愿地照原样发表了那篇文章。一星期后，编辑终于收到了记者的回电，这可怜的家伙被逮捕了，并且被投进了监狱。不过，他总算还被允许发一份电报，报告编辑就在他数到通向总统宫 15 英尺高的宫墙的第 1084 级台阶时，被逮捕了。

某些人自以为"堪予称赞"的坚忍不拔的精神，其实没有丝毫的实际价值。除非对结果有积极意义，否则，在一些无关紧要的末节问题上纠缠只能浪费宝贵的时间。

其实，我们的人生又何曾不是这样呢？无论遇到多么大的困难和挫折我们都走过来了，可是却因为一些过于细节的小事，使我们本来美好的人生增添许多不必要的忧虑与烦恼，而所有的忧虑和烦恼都源于我们的思想方法。

有一个老人，非常喜欢留大胡子，花白的胡子足有一尺长。有一天，老人在门口溜达，邻居家五岁的小孩儿问他："老爷爷，你这么长的胡子，晚上睡觉的时候，是把它放在被子里面呢，还是放在被子外面的？"老人竟一时答不上来。晚上睡觉的时候，老人突然想起小孩子问他的话，他先把胡子放在被子外面,感觉很不舒服;又把胡子拿到被子里面,仍然觉得很难受。就这样,老人一会儿把胡子拿出来,一会儿又把胡子放进去,整整一个晚上,他始终记不起来过去睡觉的时候,胡子是怎么放的。第二天天刚亮,老人去敲邻居家的门,正好是小孩子来开门,老人生气地说:"都怪你这小孩,让我一晚上没睡成觉!"

胡子怎么放和睡觉没有关系,睡不着是因为想得太多,把简单的问题复杂化,庸人自扰。世间的任何事情都有一个限度,超过了这个限度,好多事情都可能是极其荒谬的。

因此,我们要学会善待自己,凡事别跟自己过不去,保持一种简单纯洁的心态,过一种简单健康的生活,这不仅是对自己的爱护,更是对生命的爱惜。

简化生活,就是要做到心存简单,不要背负太多的欲望上路,要安于淡泊、远离名利,去寻找生活的乐趣、追求人生的幸福。一个人的生活是轻松快乐或劳累烦闷,是由自己的心态营造出来的。我们应该肯定自己,尽力发展我们能够发展的东西,我们只要尽力了,也就生活得问心无愧了。

对于一个人来说,最大的财富就是健康和快乐,遇事想得开、放得下,卸下自己沉重的思想包袱,进入怡然之境,这样的人生才是最快乐、最有意义的人生。

▶ 活在当下,珍惜现在的拥有

我们来到世上的目的就是让我们好好享受自己经历的每一点一滴,感受身旁的每一件事,关注正在进行的生活,不要去想过去的事情,也不要担忧未来的生活,你才能无忧无虑。

有一位作家这样说过:"当你存心去找快乐的时候,往往找不到,唯有让自己活在'现在'，全神贯注于周围的事物，快乐便会不请自来。"或许我们来到世上的目的就是让我们好好享受自己经历的每一点一滴，感受身旁的每一件事，关注正在进行的生活，不要去想过去的事情，也不要担忧未来的生活，你才能无忧无虑。用一颗平常的心态去对待今天，把当下的事情做好，感受生活才能理解生活和快乐的真正含义！

安徒生有一篇名为《老头子总是不会错》的童话故事：

乡村有一对清贫的老夫妇，有一天他们想把家中唯一值点钱的一匹马拉到市场上去换点更有用的东西。老头牵着马去赶集了，他先与人换得一头母牛，又用母牛去换了一只羊，再用羊换来一只肥鹅，又把鹅换了母鸡，最后用母鸡换了别人的一口袋烂苹果。

在每次交换中，他都想给老伴一个惊喜。当他扛着大袋子来到一家小酒店歇息时，遇上两个英国人。闲聊中他谈了自己赶集的经过，两个英国人听后哈哈大笑，说他回去准得挨老婆子一顿揍。老头子坚称绝对不会，英国人就用一袋金币打赌，二人于是一起回到老头子家中。

老太婆见老头子回来了，非常高兴，她兴奋地听着老头子讲赶集的经过。每听老头子讲到用一种东西换了另一种东西时，她都充满了对老头的钦佩。她嘴里不时地说着："哦，羊奶也同样好喝。""哦，鹅毛多漂亮，""哦，我们有鸡蛋吃了。我们有牛奶了！"

最后听到老头子背回一袋已经开始腐烂的苹果时，她同样不愠不恼，大声说："我们今晚就可以吃到苹果馅饼了！"

结果，英国人输掉了一袋金币。

从这个故事中我们可以领悟到：不要为失去的一匹马而惋惜或埋怨生活，既然有一袋烂苹果，就做一些苹果馅饼好了。这样生活才能妙趣横生、和美幸福，而且，你才可能获得意外的收获。

快乐是什么？快乐就是珍惜你现在拥有的一切，快乐就是如此简单。有人为低工资而懊恼、忧郁，猛然发现邻居大嫂已经下岗失业，于是马上又暗暗庆幸自己还有一份工作可以做，虽然工资低一些，但起码没有下岗失业，心情转眼就好了起来。每个人总是看重自己的痛苦，而对别人的痛苦往往忽略不计，当自己痛苦不堪的时候，要是能够换一个角度来思考，痛苦的程度就会大大减弱。教你一个快乐的办法：当自己兴高采烈的时候，应多向上比，越比越会进步；当自己苦恼郁闷的时候，应多向下比，越比越会开心。

许多人不知道幸福是什么，就把"社会公认"的幸福标准当成自己的标准，把幸福量化为"两套住房，一辆汽车，漂亮老婆（有钱老公）"等等，一天到晚汲汲于此，幸福没有找到，时间却在焦灼中飞速流逝了。其实，要追求幸福，就不能按别人的曲子跳舞，要仔细倾听自己内心深处发出的声音，把自己的主客观条件像接受阳光和空气一样接受下来。

年轻的著名指挥家彭家鹏对此也深有体会。彭家鹏早年在上海音乐学院和中央音乐学院学习作曲和指挥，被认为是很有天赋的青年指挥家。可在获得硕士学位之后，他却出人意料地告别了音乐。为什么？因为音乐家"太穷、太苦"。他来到香港，成为了一名地道的商人，一身名牌，出入商界名流之间。他赚了很多钱，然而，却感到自己并不快乐。终于，他重新选择了音乐，报名参加第 35 届国际康德拉申指挥大师班，被破格录取，并荣获"康德拉申大师班奖"，后又申请到乌克兰国际指挥大师班学习，并以第一名毕业。人生有时像一条环行道，彭家鹏重新拿起指挥棒，成为中国广播民族乐团艺术总监，告别了锦衣玉食的生活，又回归到简单朴素的生活中来时，他才最终找到满足与快乐。

在我们的生活中，时刻都会在取舍中选择，懂得放弃才有快乐，背着包袱走路总是很辛苦，只有懂得放弃该放弃的才能有更多精力去获得自己该得到的。其实，人要有所得必要有所失，只有学会放弃，才有可能登上人生的最高峰。懂得了放弃的真意，静观万物，体会与世界一样博大的境界，我们自然会懂得适时地有所放弃！

选择自己喜欢的事会让我们感受到人生的快乐。珍惜我们现在所拥有的一切，知足常乐，在物质生活上不贪婪、不奢求，心境平和，知足而快乐。多一份宁静，少一些牢骚，多一份宽容和理解，就会让我们对生活充满信心，看到希望的曙光就在前面。只有拥有广阔的心胸，才能拥有旷达、乐观、快乐的人生。

不懂得低头，生活就会变得很沉重

常言道：识时务者为俊杰。所谓俊杰，并非专指那些纵横驰骋如入无人之境、冲锋陷阵无坚不摧的英雄，还应当包括那些适时地低头、心境平和的人。

现实生活是残酷的，很多人都会碰到不尽如人意的事情。有时候，你必须面对现实，学会低头示弱，说得俗点，也就是该低头时就要低头。要放下所谓的"面子"和"尊严"，低头是一种智慧和勇气。要知道，敢于碰硬，被视为有"骨气"。 若一味地有"骨气"，到头来，不但会被拒之门外，而且还会被"门框"撞得头破血流，元气大伤，有些人会因此而一败涂地。

人的一生，要历经千万门坎，打开的大门并不完全适合我们的躯体，有时甚至还有人为的障碍，我们会经常碰壁，或不得不伏地而行。因此，要学会低头，不呈匹夫之勇，胳膊拧不过大腿，该低头时就低头，巧妙地穿过人生荆棘，这既是人生进步的一种策略和智慧，也是人生立身处世中不可缺少的风度，同时，这也更是一种修养。

中央电视台有一个栏目是王小丫主持的《开心辞典》。主持人王小丫总是面带微笑问参与者："继续吗？"如果继续就有两种结果，一个是成功，接着往前进，一个是失败，退回到你原来的起点。不进则退，不可能让你还能保持住已经取得的成绩。答对12道题的人并不多。但是，很多选手都是一直往前，有好多人已经答对了第8道题，但因为一次失误，又回到了从前的点数。

那天，一个答题的人一直很幸运，一路到了第9道题，当他把自己所有设定的家庭梦想都实现后，王小丫问："继续吗？""不。"他说，"我放弃。"看到这里，很多观众都是一愣，主持人王小丫也一愣。因为很少有人放弃，那是在全国电视观众面前，失败或成功都可以理解，本来就是一场智力加机遇的游戏，但他放弃了。

王小丫继续问他："真的放弃吗？"而且一连问了三次，他连犹豫都没有，然后点头，真的放弃。"不后悔？"王小丫问。他笑着说："不后悔，因为应该得到的已经得到了。"

最终，他只答了 9 道题，没有接着冲向完美的 12 道，但是他说，已经很满足了，因为人生有许多东西必须放弃才会得到。

人不仅要有"进"的勇气和实力，也要有退的大度和智慧。有时候，不刻意追求反而更容易得到，追求得太迫切、太执著反而只能白白增添烦恼，让到手的幸福轻易溜走。

人在前进的道路上，有时可能需要退却，退一步海阔天空，适时而退是一种智慧，更是一种谋略；如果常常一条道跑到黑，还自以为是，硬要拿着鸡蛋去与石头斗狠，只能算做是无谓的牺牲。人生的道路不可能是笔直的，当需要走弯路时，就应当选择适当的弯路，以便更好地接近和达到目标。

有一位老和尚，他身边聚拢着一帮虔诚的弟子。这一天，他嘱咐弟子每人去南山打一担柴回来。弟子们匆匆行至离山不远的河边，人人目瞪口呆。只见洪水从山上奔泻而下，无论如何也休想渡河打柴了。一个个无功而返后，弟子们都有些垂头丧气。唯独一个小和尚与师傅坦然相对。师傅问其故，小和尚从怀中掏出一个苹果，递给师傅说："过不了河，打不了柴，见河边有棵苹果树，我就顺手把树上唯一的一个苹果摘下来了。"后来，这位小和尚成了师傅的衣钵传人。

在人生的道路上，总有一些坎坷和不尽如人意的事情，因此，我们要学会放弃，学会适时地低头，要懂得妥协，不钻牛角尖，只有这样，我们才能轻松生活，快乐地走完自己的人生。诚然，要成就一项事业，离不开专一执著、持之以恒的韧性，但只知固守，有时也会演变成为执拗，变成"一条道儿走到黑"式的顽固。适时地放弃，是根据自己的实力，明智地选择后退，看看自己以前走过的路，退一步看人生的不顺和挫折，退一步看人生的功名利禄，寻找一种海阔天空的人生境界，你会发现人生照样美好，天空依然晴朗，世界仍是那么美丽。

人生苦短，韶华难留。选准目标，就要锲而不舍。但若目标不适，或主客观条件不允许，与其蹉跎岁月，徒劳无功，还不如学会放弃，"见异思迁"。如此，才有可能柳暗花明，再展宏图。班超投笔从戎，鲁迅弃医学文，都是"改换门庭"后大放异彩的楷模。可见，如果能审时度势、扬长避短、把握时机，放弃既是一种理性的表现，也不失为一种豁达之举！

在自己能力范围内生活，不必苛求完美

每个人的一生都不可能面面俱到，尽善尽美，都有一些令人感觉不如意的地方。其实，人的能力是有限的，人生不可能没有欠缺。懂得了生命都有缺失的道理，你就不会再对生活苛求完美了。

追求尽善尽美是人的一种普遍心态，人们总是希望自己的事业有成就，希望自己的爱情美满，希望自己的人际关系良好，希望……总之，希望生活的方方面面都好。正是这种苛求完美的态度，使人的精神背负着如此沉重的包袱，给人带来了莫大的焦虑、沮丧和压抑。结果是我们哪方面都感觉不满意。

"金无足赤，人无完人"，我们应该认识到自己的能力是有限的，不可能把所有的事情都做得尽如人意；如果一味地去苛求面面俱到，只会使自己陷入焦灼不安之中。其实，我们只要仔细审视一下自己，虽然我们不能把一切做得尽善尽美，但只要我们尽力做到最好，而不理想的那一部分，我们要勇敢地接受它、且善待它,我们的人生会有许多快乐。

在河的两岸,分别住着一个和尚与一个农夫。

和尚每天看着农夫日出而作,日落而息,生活看起来非常充实,令他相当羡慕。而农夫也在对岸,看见和尚每天都是无忧无虑地诵经、敲钟,生活十分轻松,令他非常向往。因此,在他们的心中产生了一个共同念头:"真想到对岸去!换个新生活!"

有一天,他们碰巧见面了,两人商谈一番,并达成交换身份的协议,农夫变成和尚,而和尚则变成农夫。

当农夫来到和尚的生活环境后,这才发现,和尚的日子一点也不好过,那种敲钟、诵经的工作,看起来很悠闲,事实上却非常繁琐,每个步骤都不能疏漏。更重要的是,僧侣刻板单调的生活非常枯燥乏味,虽然悠闲,却让他觉得无所适从,于是,成为和尚的农夫,每天敲钟、诵经之余都坐在岸边,羡慕地看着在彼岸快乐工作的其他农夫。

至于那位做了农夫的和尚,重返尘世后,痛苦比农夫还要多,面对俗世的烦忧、辛劳与困惑,他非常怀念当和尚的日子。

因而他也和农夫一样,每天坐在岸边,羡慕地看着对岸步履缓慢的其他和尚,并静静地聆听彼岸传来的诵经声。

苛求完美的人们,永远不会对生活满意,也就永远过不上自己想要的生活。事物的本来面目就是这样:世事大多并不完美!"找一片最完美的树叶",人们的初衷总是美好的,但是,如果不切实际地一味找下去,最终往往只会吃尽苦头。直到有一天你才会明白:为了寻求"一片最完美的树叶",而失去许多机会是多么得不偿失。况且,人生中"最完美的树叶"又在哪里呢?童话故事中的完美在生活中是不存在的,我们可以追求生活中的美,但不能奢求完美,我们要善待自己,不要和自己过不去,用一颗平常心来对待生活、对待人生,我们就会拥有幸福的生活。

人生要做的事情很多,因为人的能力是有限的,你不可能面面俱到,我们被更多的欲望所迷惑。要知道,我们终身劳苦而获得的财富和我们所能享受到的世俗的欢乐都只是过眼云烟，我们是不可能带着它们离开这个世界的，所以，人生中许多事情不可太执著，该放手时就放手。要轻视欲望，就要懂得舍弃。而外在的舍弃让你接受教训，心里的舍弃让你得到解脱，从而心里变得安宁。

有一个聪明的年轻人，很想在一切方面都比他身边的人强，他尤其想成为一名大学问家。可是，许多年过去了，他的其他方面都不错，学业却没有长进，他很苦恼，就去向一个大师求教。

大师说："我们登山吧，到山顶你就知道该如何做了。"那山上有许多晶莹的小石头，煞是迷人。每见到他喜欢的石头，大师就让他装进袋子里背着，很快，他就吃不消了。"大师，再背，别说到山顶了，恐怕连动也不能动了。"他疑惑地望着大师。"是呀，那该怎么办呢？"大师微微一笑："该放下就放下，不然背着石头咋能登山呢？"大师笑了。

年轻人一愣，忽觉心中一亮，向大师道了谢走了。之后，他一心做学问，进步飞快……

每个人的人生都会有苦恼。然而，有时人生的苦恼，不在于自己获得多少、拥有多少，而是因为自己想得到更多，人有时想得到的太多，而自己的能力很难达到，所以我们便感到失望与不满。其实，静下心来仔细想想，生活中的许多事情，并不是你的能力不强，恰恰是因为你的愿望不切实际。世间任何事情都有一个限度，超过了这个限度，好多事情都可能是极其荒谬的。我们应时常摆正自己的心态，肯定自己，尽力发展我们能够发展的东西。凡事别跟自己过不去，这是一种精神的解脱，它会促使我们做自己喜欢做的事，并开心地把此事做好，没有一点怨言，这不仅是对自己的爱护，更是对生命的爱惜。

知足者常乐，知足者能认识到无止境的欲望和痛苦，于是就干脆压抑一些无法实现的欲望，这样虽然看起来比较残忍，但它却减少了更多的痛苦。在能实现的欲望之内，他拼命为之奋斗，一旦得到了自己的所求，快乐便油然而生，每上进一个台阶，快乐的程度也会上进一个台阶。只有经常知足，在自我能达到的范围之内去要求自己，而不是刻意去勉强自己，去强迫自己，而是自觉地知足，心平气和去享受独得之乐。

心态的惊人力量

成熟消费，做金钱的主人

成熟的人绝不会为了面子"装阔"。学会花钱，也是快乐生活的一个必要条件。节俭不仅是太平安逸的基础，而且是一切善行的基础。

随着穷人与富人概念的模糊，越来越多的高薪族经常感到没钱，也经常借钱，挣得不少，花得更多。有钱时他们什么都敢玩，什么都敢买，没钱时便一贫如洗，艰难度日。拿着丰厚的薪水，却打起贫穷的旗号，这就是诞生于写字楼里的"穷人"。这个"家庭"的成员大都较为独立，其中又以单身年轻人为多。他们可以无牵无挂地花钱购物、玩乐，过"有上顿没下顿"的生活。花钱对于他们来说，带来的是"快乐的感觉"。

成熟的人绝不会为了面子"装阔"。学会花钱，也是快乐生活的一个必要条件。世界上最会赚钱的人，无不是最会花钱的人。小气，并不是讽刺，这是有钱人的看家本领，精打细算，物有所值，才是大富翁的真正风度。

百万富翁斯坦利认为，能紧紧控制住钱是致富的关键，那些高收入者不会积攒钱财，总是把钱花在一些没有价值的东西上，因此，他们仍然被拒绝在财富之外。斯坦利说："事实上，你没有必要一定要戴一只价值5000美元的手表，没有必要去坐豪华小轿车。"他举了一个例子，福特轿车被美国的百万富翁喜爱，原因是价格适中。有位百万富翁获悉他的朋友们计划在他65岁生日时送给他一辆劳斯莱斯牌小轿车后，他很快通知他的朋友千万不要如此。这位百万富翁说："这是与我的生活风格极不相配的。如果你拥有这样一辆车，你一定换掉你的房子，一定去买套相称的家具，一定更换一切与这不相称的物品，着实打扮自己。"

成功者沉得住气，在他们的意识里，世界这么大，要做的事这么多，事事都为面子而活着，就没有更多的精力去忙正事了。

只有有节制的快乐，才是真正的快乐。一位少年在即将进入社会的时候，曾收到这样一段书面忠告："对于任何你不通过向别人借债就不能获得的享乐，绝不要去享受。千万不要去借钱，这样会使你慢慢堕落下去。"

犹太商人约翰逊坚信：过早地负债对人的发展极为不利。他关于这方面的论述是极有见地的，值得我们深思。他说："不要想当然地只把债务当做一种麻烦，你会发现它是一场灭顶之灾。贫穷不仅剥夺一个人乐善好施的权利，而且在他面对本可以通过各种德行来避免的肉体和精神的邪恶的诱惑时，变得无力抵抗。这是你首先要小心在意的。"

在纽约东部的德兰思大街上，有两个曾经打过照面的波兰人相遇了。

"嗨！最近生意如何？"

"还行吧。"

"如果是这样的话，能不能借给我五块钱？"

"我跟你不是很熟，为什么要借给你五块钱？"

"这真是太有意思了！在我们那里，邻居们不肯借钱给我是因为他们对我太熟悉了，而现在你不肯借钱给我又是因为和我不熟。"

这种借一点花一点的无赖心态，与生意场上"借鸡生蛋"的投资完全不可同日而语。以自己的信用做赌注，到了人人侧目的时候，就再也没有花样可玩了。

一个债台高筑的人是不可能独立的。要一个负债累累的人不说假话，是一件非常困难的事，因此，人们说，谎言是骑在债务背上的幽灵。负债者为了拖延债务的偿还时间，不得不向债主编造借口，这就使得他极尽撒谎之能事。对于一个人来说，找一个正当的理由来逃避第一次债务，是一件非常容易的事情；但是，有了第一次就会有第二次，第一次逃避债务的技巧对于逃避第二次债务往往会产生巨大的诱惑。用不了多长时间，这位负债者就会深深地陷入债务中，不能自拔，无论他怎么努力都不能解脱出来。走向负债的第一步就是走向虚妄的第一步。在这个过程中，必然发生的事情是债务接踵而来，如同编造的谎言永不间断。

　　无论在什么情况下，消费的时候都不能倾其所有。人类幸福的一大敌人就是贫穷，它会破坏人们的自由生活，并且，它会阻止人们实现自己的美德。节俭不仅是太平安逸的基础，而且是一切善行的基础。一个本身都需要帮助的人是绝不可能帮助别人的。我们必须先自足然后才能出让。

　　在消费方式上，年轻人最应牢记的一句话是：收入高于支出永远是远离烦恼的最简单秘诀。

　　著名的成功学大师卡耐基，在当年一小时只挣五美分的艰苦环境里，仍然可以计划消费，让自己的生活稍有盈余。所以能否打理好自己的收入，和它的丰厚与否没有必然的联系，关键在一个人对金钱的看法、对生活的态度。一般来说，若每年都在银行积存薪金的话，已算是一个不错的开始。如果自己想转换工作环境、进修或者创业，手中有一笔钱是相当重要的。

▶节俭不能减了生活的乐趣

精打细算当然不是一件坏事，但是如果一个人连亲情、友情与爱情，都要用"精算"的方式来拿捏时，他就完全被金钱所控制，损失了大部分的生活的快乐。

　　我们重视节俭、自律与务实精神，但是应该注意，凡事有度，如果走了极端，生活就会失去原本的意义。

　　我们鼓励正在前进路上的人调动起一切力量追求成功，是为了让一个人创造更大的价值，追求更为美好的生活。我们应该成为钱的主人，而不是使自己变成一架赚钱机器。既然创造了生活，我们就有理由享受这种付出带来的快乐。

有一艘船在航行中遇到了强烈的暴风雨，偏离了航向。

到次日早晨，风平浪静了，人们发现前面不远处有一个美丽的岛屿，船便驶进海湾，抛下锚，做短暂的休息。

从甲板上望去，岛上鲜花盛开，树上挂满令人垂涎的果子，一大片美丽的绿阴，还可以听见小鸟动听的歌声。

于是，船上的旅客分成三组。

第一组旅客，因担心正好出现顺风而错过起航时机，便不管岛上如何美丽，静候在船。

第二组旅客快速登上小岛，在阳光下浏览一遍盛景，立刻回来。

第三组旅客留恋于美丽的风光，留在岛上。结果，有的被猛兽吃掉，有的误食毒果生病而死。

人们普遍认为，第一组人一点儿也体会不了人生的快乐，缺少生活乐趣；第三组由于过于贪恋享乐，终于为自己的沉溺付出了代价；只有第二组人既享受了快乐，又没有忘记自己的使命，这是最聪明的一组。这个寓言给了大家这样一个启示：我们需要以责任、创造和成就来完成自我实现，同时也需要以休闲和享乐来调养身心。工作和赚钱固然重要，但是应张弛有度，才是合理的生活态度，在这方面，世上最富有的犹太人已经给我们做了示范。

犹太民族是一个很会享受的民族，在日常的生活中，他们注重吃喝的享受，吃得好，身体才会更棒。犹太人最大的本钱就是健康。在历史上，犹太人到处漂泊，处处受到迫害，但是犹太人并未因此而从地球上消失，这不能不归功于他们养身有术——注重健康。

犹太教不禁欲，尊重教徒心理和生理的自然需求。犹太人喜欢穿上笔挺的晚礼服，温文尔雅地到豪华餐厅，享受一顿丰盛的晚餐。为了对朋友表示最高的敬意，他们一定会邀请你去共进丰富的晚餐，进餐的场所可以在家中或高级的豪华餐厅。因为丰盛的晚餐，除了能享受人生的乐趣外，还有一个很重要的意义，那就是象征犹太人对金融界的支配权。物质的快乐可以激发一个人的自尊心和自豪感，让他对生活更热忱，更加有创造精神。

如果只知囤积而不知享用，金钱于我们又有什么价值可言？当然，节约的念头，必须常常放在心里，以便约束挥霍。但是同时我们的所作所为要与身份相称，不要专做表面文章，最起码的衣、食、住、行，不可过于节省，如果为了节俭，连应有的生活乐趣也一概免除，那就失去节约的意义了。

杰利是一位在美国长大的华裔大学生，他以"小气"、"吝啬"闻名于华人学生圈。

杰利的父母倡导"节俭是一种美德"，家里凡是有空间的地方，都堆满了别人不要的二手家具或是电器，家里堆得几乎连走路的空间都没有，更别说生活的舒适度了。更夸张的是，杰利的父母对于使用过的保鲜膜，不管是经过微波炉使用过的，或是包过油腻食物的，一律都是回收清洗再使用。

杰利每次追女朋友，都会设定"八次约会"来完成"全垒打"计划，而每次约会的使用额度绝对不能超过50美元。每经过两次约会，就要完成"牵手、拥抱、亲吻"的标准进度，如果没有达到这个进度，杰利就会认为两个人的约会完全不符合"投资报酬率"。

杰利在人前保持着"黄金单身汉"的身份，内心却非常向往家庭生活，不过，很多女孩子在领教过杰利的价值观之后，还是"敬"而远之了。

看来，杰利如果希望远离寂寞，必须得挑战自己的价值观了！

杰利的"精打细算"，当然不能算是一件坏事，但是如果一个人连亲情、友情与爱情，都要用"精算"的方式来拿捏时，他就完全变成了金钱的奴隶，完全在金钱意识的支配下进行毫无乐趣的生活。

那种只以金钱的得失来衡量生活中一切的态度，其实并无助于我们对财富的积累。物质的快乐和身体的健康，能够激发人们对生活的热爱，而如果不懂得怎样去热爱你的工作、热爱周围的人和适当地娱乐，财富就没有意义了。

▶用平和的心态看待世上的不公平

世界上根本就没有绝对的公平，因此，我们不必事事都拿着一把公平的尺子去衡量，这样做无非就是自己和自己过不去。

我们每个人都渴望社会的公平和公正，但这只是一个理想。每时每刻，我们都有可能不公平地对待他人，也有可能受到他人的不公平待遇，这是社会现实。如果过多沉醉于那些公平的思考会使我们背上沉重的"渴求平等"的包袱，就会产生消极的情绪，从而完全演变成为一种对生活、对自己的苛刻。

上帝对每一个人都是公平的。给予了你此，便不会给予你彼；给予了你彼，便不会给予你此，总之，十全十美的事情是没有的，因为，我们每一个人都生活在这个世界里，我们所取得的一切，都是我们自己努力的结果。有的人努力多，得到的就多；有的人努力少，得到的就少，所以，生活在这个世界上，我们不需要抱怨什么。对自己现状不满意的时候，与其抱怨，不如仔细检讨自己什么地方不如别人，所谓求人不如求己，正是这个道理。

但是，现实生活中绝对的公平并不存在，你寻找绝对公平就如同寻找神话传说中的神话一样，是永远也找不到的。

这个世界不是根据公平的原则而创造的。譬如，鸟吃虫子，对虫子来说是不公平的；蜘蛛吃苍蝇，对苍蝇来说是不公平的；豹吃狼，狼吃獾、獾吃鼠、鼠又吃……只要看看大自然就可以明白，这个世界并没有公平。飓风、海啸、地震等等都是不公平的，公平是神话中的概念。人们每天都过着不公平的生活，快乐或不快乐，是与公平无关的。

其实，只要我们换一种方式去看人生，就会发现在这个世界上，一切都是公平的。换言之,也就是你究竟如何看待事物或不平等的事情了。

生命中的许多东西是不可以强求的,那些刻意强求的某些东西或许我们终生都得不到,而我们不曾期待的灿烂往往会在我们的淡泊从容中不期而至。我们常想悟出真理,却反而因为这种执著而迷惑、困扰。只要恢复直率之心,彻底地顺从自然,道理就随手可得了。

小涵上高中的时候,班里从外地转来一位女同学,她的名字叫孔祥春,她的到来,打破了小涵从来都考第一名的神话,两个女孩开始较上了劲儿。

不久后,小涵发现,孔祥春不但成绩好,性格也开朗活泼,学校有什么唱歌、演讲等活动,她总是积极参加,表现都很出色。而且小涵还隐隐听到同学议论,说孔祥春的爸爸就是新调来的孔副市长,是这个城市理所当然的公主。想到自己开杂货店的父母,小涵不禁有些伤心,她知道,自己从家庭到个人表现,比孔祥春总是差着一截。于是小涵加倍努力,把时间都用在学习上,功夫不负有心人,高考后她非常顺利地考入北方一所著名的工科大学的应用化学专业,孔祥春发挥却有些失常,只进了一家师范学院的外语系。直到此时,小涵才暗暗地松了一口气。

但是上帝却偏偏和世人开玩笑似的,毕业之后,因为专业太冷门,再加上个人性格的原因,小涵的工作并不好找,最后勉强在一家公司的技术部门做了名小职员,所学的东西用不上,每天只是打杂跑腿而已。孔祥春却是天生的幸运儿,她一毕业,就凭着一口流利的英语和出色的形象,当上了省电视台的少儿节目的主持人,成为一颗引人注目的新星。同学聚会时,她挽着英俊儒雅的丈夫一起出场,让众多的女同学羡慕不已。

小涵从小就是一个心高气盛的女孩,在与孔祥春的对比中,她一次次受到深深的打击,心情非常灰暗。一个偶然的机会,她在电台上听到一个心理辅导的节目,忍不住拨通了电话。听了小涵的倾诉,声音平和悦耳的女主持告诉她:"你一直在追求一种虚幻的完美,越是难以达到,越是不懂得放弃。你为什么总是盯着身边最幸运的人,与她比较呢?今天你已经大学毕业,有稳定的工作,有广阔的前途,年华正好,身体健康,你多年的努力,已经得到了回报啊!"

小涵一时无语，突然意识到，孔祥春的阴影，正是自己多年的枷锁，自己单向地比来比去，人家可能根本只当小涵是一个普通的同学，想一想，真是没有必要。把注意力放回自己身上之后，小涵发现，可做的事情其实很多，幸福其实一直都在触手可及的地方。

爱默生说："一味愚蠢地强求始终公平，是心胸狭窄者的弊病之一。"生命是宝贵的，它由不得我们随意浪费，如果总是把自己陷入到不公平的消极情绪中，就会造成明日的蹉跎和生命道路的空白。因此，我们不妨换一种心态，珍爱生命，活出自我。做自己喜欢的事，让我们主宰自己的命运，我们要在人生有限的时间里，实现自己的人生价值，让我们的生活过得更充实，更有意义。

生活中，我们总是在考虑自己并未得到的东西，却往往忽略已经拥有的，不知足者最苦恼。人心不足蛇吞象，其实我们每个人到底有多大的力量，只有自己最清楚，只有知足者才能保持一种良好的心理状态，让自己的需求和承受能力相对地维持平衡，能够在纷繁复杂的社会里找准自己的位置。

▶▶不要让工作榨干你的健康

在现实生活中，有些人近似疯狂地虐待折磨自己，让自己辛劳，他们想着先苦后甜，现在吃的苦以后再来补偿。用先吃苦再娱乐、先苦才能后甜来迷惑自己，那其实是一个谎言，如果你因此失去了健康，一切都变得没了意义。

关于一个人所取得的成就与健康的关系，有一个非常有趣的比喻：健康是"1"，而财富、名誉、职位等都是"0"。有"1"在，"0"自然越多越好，如果"1"倒下了，再多的"0"也都没有了意义。

海伦是一位非常精明能干的女会计师，凡事都懂得精打细算。她开了一家会计师事务所，没有一分钱不在她的掌控之下，但是她每天辛苦工作挣钱，却掌控不了自己的命运。在她 32 岁的时候，就因为过度劳累而得了蜂窝性组织炎，自此之后，她便终日与各种中、西药品为伍。医生警告，如果她再如此操劳下去，生命就会快速老化终结。她原本计划 45 岁退休的时候要移民到法国南部的农庄，投资红酒生意，结果，计划赶不上变化，没有了健康，一切都将成为泡影。

现代人为钱而去拼命工作，生命的发条一直绷得紧紧的。这不但不会使你致富，而且会使你失去挣钱的最大资本——健康，你赚的钱再多，如果失去健康而换来的这一切，是毫无意义的，因为那钱也不是你的了，你连口袋都没有了，钱怎么能流向你的口袋呢？

中国近代的幽默大师林语堂曾经说过："地球上只有人拼命工作，其他的动物都是在生活。动物只有在肚子饿了才出动寻找食物，吃饱了就休息，人吃饱了之后又埋头工作。动物囤积东西是为了过冬，人囤积东西则是为了自己的贪婪，这是违反自然的现象。"

日本人被看成是勤奋的民族。日本政府调查，有将近三分之二的日本上班族一年休假不到 10 天。日本人由于被工作过度洗脑，国民健康状况已严重亮起红灯。男性死亡率有 10% 的原因是"工作过度"。为此，日本政府不得不出面宣导，教育国民如何休闲，日本的劳工局还发行了一系列的海报，劝导全国员工多休假，其中有一句口号是说："大家一起来实现一周工作五天的社会。"

然而，日本政府最感头痛的还不止这点。日本总理府曾经做过另一份调查，询问日本民众闲暇时最爱做的是什么。结果，85% 的人表示，他们只想睡觉。柴林斯基慨叹："工作不只使日本人疲倦，而且是把他们榨干了！"

工作，把日本人变得非常乏味，甚至连休闲生活也不知该如何安排，不过，美国人似乎也好不到哪里去。根据美国商务部研究报告，只有 58% 的人满意自己的休闲生活，其余 42% 的人，必须借助外力，才能帮助他们提升休闲品质。

国外商界流传一句话："保住性命才能做生意。"这句话从幽默的角度告诚我们——如果我们将自己毁灭了，别的什么都没有价值了。

有的人会说："我没有时间运动，我不得不工作。"其实越是这种时刻你越应该说："我必须保养好身体！"如果你失去健康，别的什么事也别想做了，如果你不能养成健康的习惯，不能定期体检，将来你花在治病上的时间远比你保养身体的时间长得多。小小的感冒就会让你好几天不能工作，更何况带着疲惫工作，工作效率也不会很高。

吉姆是纽约一家大型律师事务所的合伙人，他就像所见到的一般人一样，很爱他的家庭，但是他却让蜡烛两头烧。他每天很早离开家，很晚才回家。他经常出差，而且工作压力总是很大。他的孩子一天天长大了，而他错过了孩子成长过程中的大部分与孩子共处的时刻。他缺乏睡眠与运动，当他对公司越有价值时，他个人的时间就越稀少了。

从某个角度来看，这样的生活方式太没有人性了。在一连串的个人反省之后，他终于下了结论：虽然工作很重要，但绝不值得为工作而放弃个人健康，更不值得因此而失去参与孩子成长的过程。于是他重新安排自己的生活重心。他辞去律师事务所的工作，自己开业。

在现实生活中，有些人近似疯狂地虐待折磨自己，让自己辛劳，他们想着先苦后甜，现在吃的苦以后再来补偿。用先吃苦再娱乐、先苦才能后甜来迷惑自己。那其实是一个谎言，苦难并不是欢乐的前提。

前些年有首流行音乐叫《我想去桂林》，歌词大意是："我想去桂林啊，我想去桂林，当我有时间的时候，我却没有钱；当我有钱的时候，我却没时间。"其中蕴涵的哲理就是娱乐和休闲如果换成等待和补偿，那极有可能成为一个谎言，成为一个永远的等待。

在一家500强企业任技术总监的徐苹，有一段让自己追悔莫及的伤心往事。

她曾经是一个非常喜欢担忧未来的人，总是担心事业，总想攒更多的钱，读更多的书，拿更高的学位。36岁的时候，徐苹怀上一个孩子，可当时她考上了经济学的博士。学习很紧张，为了更优秀，她彻夜苦读，结果，孩子流产了，从此她再也没有怀上过孩子。现在她升到了很高的职位，有了很多的钱，但却一辈子也看不到自己的孩子了。

很多人都认为永不停息的奋斗能让他们的生活更保险，所以，他们把现在的生活过得潦草而廉价，其实这是对生活没有自信的表现。健康的享受是人生的进步，当你为了将来而省略了生活中应有的享受时，你的生活就打了九折；如果牺牲了自由与亲情，你的生活就打了七折；如果你放弃了自己的意愿和爱情，那你的生活就打了对折，再富足的生活也经不起打折。

现在许多白领宁愿放弃高薪的职位，来换取更多的休息时间，从而达到一种"可持续发展"，而不是像以往一样拼命工作，发疯赚钱。

记住"不值得为工作而死"，你就会善待自己——不论是精神上或肉体上，你会过得更好、更快乐，也可能活得更长。你会放下心中的恐惧，事实上，你的工作生涯也会更成功、更快乐、更长久，所以，保持活力与健康吧！这样对你的事业也会有帮助的。

别在得失面前迷失自我

人生有所得，就会有所失。在你认为得到的同时，其实，在另一方面可能会有一些东西失去，而在失去的同时也可能会有一些你意想不到的收获。

俗话说，有所得，就必有所失。而有的人会无端生出许多烦恼，这都源于利害得失间的矛盾。人有所得，就要有所失。该失去的东西就要毫不吝啬，甚至忍痛割爱。得到并不一定就值得庆幸，失去也并不完全是坏事情，有时反而会催促生命的进步。

得与失是相辅相成的，是相互矛盾的统一体，这就需要选择，需要放弃。

在你认为得到的同时，其实在另一方面可能会有一些东西失去，而在失去的同时也可能会有一些你意想不到的收获。放弃才是真得，放弃才能权衡利弊、推陈出新，才能求新求异、求发展。大家都应该记住：有失才有得！

春秋时候，楚国有个擅长射箭的人叫养叔。他能在百步之外射中杨树枝上的叶子，并且百发百中。楚王羡慕养叔的射箭本领，就请养叔来教他射箭。养叔便把射箭的技巧倾囊相授。

楚王兴致勃勃地练习了好一阵子，渐渐能得心应手，就邀请养叔跟他一起到野外去打猎。打猎开始了，楚王叫人把躲在芦苇丛里的野鸭子赶出来。野鸭子被惊扰得振翅飞出。楚王弯弓搭箭，正要射猎时，忽然从他的左边跳出一只山羊。

楚王心想，一箭射死山羊，可比射中一只野鸭子划算多了！于是楚王又把箭头对准了山羊，准备射它。可是正在此时，右边突然又跳出一只梅花鹿。楚王又想，若是射中罕见的梅花鹿，价值比山羊又不知高出了多少，于是楚王又把箭头对准了梅花鹿。忽然，大家一阵子惊呼，原来从树丛里飞出了一只珍贵的苍鹰，振翅往空中窜去，楚王又觉得还是射苍鹰好。

可是当他正要瞄准苍鹰时，苍鹰已迅速地飞走了。楚王只好回头来射梅花鹿，可是梅花鹿也逃走了。他再回头去找山羊，可是山羊也早溜了，连那一群野鸭子也都飞得无影无踪了。楚王拿着弓箭比划了半天，结果什么也没有射着。

人们的获得总是在得与失、成与败之间进行选择，选择的特点是得到总是伴随着失去，人不可能同时到两个地方去，获得不会是天上掉馅饼，总是要付出失去的成本，人们烦恼的根源就在于不愿意为自己的获得付出失去的成本。

俗话说："万事有得必有失。"失去与收获是相辅相成的两方面，它们都是客观真实存在着的，你不能总是看到其中一方面，而忽视另一方面。得与失，必定有其平衡点。你不要总因为失去而痛苦，你也会有成功与收获的时候，得与失需要你去感受和体会，如果你常感到失落，那是因为你的心胸狭窄所致，如果你常能体验获得的快乐，那是因为你的心态平和。

在飞速行驶的列车上，一位老人不小心将刚买的新鞋从窗口掉下去一只，周围的旅客无不为之惋惜，不料老人毅然把剩下的另一只也扔了下去。众人大惑不解，老人却从容一笑："鞋无论多么昂贵，剩下一只对我来说就没有什么意义了。把它扔下去，就可能让拾到的人得到一双新鞋，说不定他还能穿呢。"

老人在丢了一只鞋后，毅然丢下另一只鞋，这便是成熟而理智的表现。一般来说，人们总是飘飘然于拥有的喜悦，而凄凄然于失去的悲伤。老人却以从容达观之态，超越于世人之上。的确，与其抱残守缺，不如舍去，或许会给别人带来幸福，同时也使自己心情舒畅。老人这种舍得的做法令人顿生敬意，也值得我们深思。

在生活中，我们不妨把得失看得淡一些，也许我们的"失"正孕育着一次更大的"得"，当然，我们现在的"得"也许成为下一个更大的"失"。我们应该懂得"福兮祸之所伏，祸兮福之所倚"的辩证之理。不要因为一次失去，就仇恨一切。在工作中，我们在一方面失去了，也许会在另一个方面得到补偿。

让我们用一颗平常心去对待生活中的拥有与失去，凡事看得淡一点，会让自己的生活轻松愉快，如果太贪心，总想得到很多又无法面对失去，那终究会成为一种生活的负荷与累赘，让你疲惫不堪而逐渐失去人生的乐趣。

▶追求名利，但不要被它们蒙住眼睛

人人都有欲望，都想过美满幸福的生活，都希望丰衣足食，这是人之常情，但是，如果把这种欲望变成不正当的欲求，变成无止境的贪婪，那我们就无形中成了欲望的奴隶了。

乾隆皇帝有一次下江南微服私访时，来到江苏镇江的金山寺，从这里可以看到山脚下大江东去、百舸争流的景色,好一派恢弘的气势,忍不住兴致大发,于是便随口问一个老和尚:"你在这儿住了几十年,可清楚每天来来往往多少只船只?"老和尚回答说:"我只看到两只船,一只为名,一只为利。"和尚一语道破天机。是的,人活世上,无论贫穷富贵,都免不了要和"名利"二字打交道,况且绝大多数的人也是难过名利关的,因为人世间实在是有太多的诱惑,有很多口口声声说"视名利为粪土"的人一遇到实际情况便不能自持了。而那些面对诱惑能够不迷不倒、不乱不痴的人真可谓是圣人了。

其实,人人都有欲望,都想过美满幸福的生活,都希望丰衣足食,这是人之常情,但是,如果把这种欲望变成不正当的欲求,变成无止境的贪婪,那我们就无形中成了欲望的奴隶了。在欲望的支配下,我们不得不为了权力、为了地位,为了金钱而削尖了脑袋向里钻。我们常常感到自己非常累,但是仍觉得不满足,因为在我们看来,很多人比自己的生活更富足,很多人的权力比自己大,所以我们别无出路,只能硬着头皮往前冲,在无奈中透支着体力、精力与生命。

古人常说:"过犹不及。"是说凡事要讲一个适度,对于功名利禄,凡人几乎没有不梦寐以求的,但如果过分热衷,弄不好也会陷入其中而不能自拔,最终毁灭自己。身外之物应当被人奴役,而不是奴役人,这话一说出来,大家都能明白,可是世上的事往往是"不识庐山真面目,只缘身在此山中",局中人就不容易明白,不容易跳出。因此,真正聪明之人,对待功名利禄也是"得放手处且放手",讲究个"吃亏是福",讲究个装糊涂,不可过分执著。

一个人,背着包袱走路总是很辛苦的,该放弃时就应果断地放弃,生活中有得必有失,正所谓:"失之东隅,收之桑榆。"静观世间万物,体会与世界一样博大的诗意,适当地有所放弃,这正是获得内心平衡和快乐的好方法。

第二次世界大战期间,美军与日军在依洛吉岛展开了激战,最后将日军打败,把胜利的旗帜插在了岛上的主峰,心情激动的陆战队员们,在欢呼声中把那面胜利的旗帜撕成碎片分给大家,以作终生的纪念。这是一个十分有意义的场面,后赶来的记者打算把它拍下来,就找来六名战士重新演出这一幕。

其中有一个战士叫海斯，是一个在战斗中表现极为普通的人，可是就因为这张照片的作用，使他成了英雄，在国内得到一个又一个的荣誉，他的形象也开始印在邮票、香皂等上面，家乡也为他塑了雕像。这时他的内心是极为矛盾的：一方面陶醉在赞扬中，一方面又怕真相被揭露；同时，由于自己名不副实，又总是处在一种内疚、自愧之中。在这样的心理状态下，他每天只好用酒来麻醉自己。终于，在一天夜里，他穿好军装，悄悄地离开了对他充满赞誉的人世。

人生最大的成功是认识自己并超越自己。能够认识自己已经很不错，超越自己就更是一种能力，个人的满足比别人的评价更重要。也许，当别人因为金钱地位而洋洋得意时，你也自卑，你也会失落。可当你静下心来想一想，这一切都不重要。人生在世，趋利避害、追名逐利是人之常情，但应顺其自然，适而可止。不然，任欲念恣意滋长——不择手段地去争名夺利，那必将受名缰利锁所累，弄不好还会落个身败名裂的可耻下场。我国历史上有许多格言警句和诗词歌赋，都是劝人要淡泊名利，不要为了一点蜗角虚名、蝇头小利而蝇营狗苟地生活。朱熹就说过："凡名利之地，退一步便安稳，只管向前便危险。"非淡泊无以明志，非宁静无以致远。莫以成败论英雄，莫以名利论成功。剥弃世俗的外衣，成功就在你的心里。

浮生一世，短短几十年，总有一天连生命都不得不放弃，还有什么看不开的呢？懂得放弃的人往往要比一味追求的人得到的更多些，也更放松些和快乐些。人生的路很宽，为官为民，有钱没钱，一样可以活得有滋有味，只不过各有各的活法而已。民有民的乐，官有官的忧，穷有穷的喜，富有富的悲，此皆随个人与环境的不同而变化，我们真的没有必要处心积虑地去追求不属于自己的东西。

生活中，如果我们能以乐观的态度去对待功名利禄，面对外界的各种变化不惊不惧，不愠不怒，不暴不躁；面对物质引诱，心不动，手不痒。没有小肚鸡肠带来的烦恼，没有功名利禄的拖累。活得轻松，过得自在，白天知足常乐，夜里睡觉安宁，走路感觉踏实，蓦然回首时没有遗憾，这才是幸福的人生。

第十章 有一种心态叫淡定：
克服焦虑与浮躁，
还自己一个清爽的心境

在现代都市里，流行一种叫"浮躁"的情绪病。人的个性完全淹没在世俗的潮流之中，每个人都来去匆匆，看形势，估行情，每天所想的，都是如何把自己推销出去，加薪升职发大财。因为急、因为乱，我们忘记了生活的本来面目，忘记了蓝天白云，忘记了如何投入全身心地去爱。

▶明确自己现阶段的目标与义务

那些已经有了足够阅历的人都知道，人生经常会有一些巨大的反差。当你一心立大志、成大事的时候，很可能终其一生也两手空空。当现实与梦想存在着巨大的距离的时候，你应当保留梦想，服从于现实。

哲人说过，"梦想指引我们飞升"。我们都知道梦想里隐藏着无限的积极力量，但对于如何把梦想变为现实，年轻人常有种抓不到重点的感觉。梦想是浪漫主义的，而成功则是现实主义的，你制订了目标，并不等于已经实现了目标，还必须憋足了劲，一步一步做下去。其实实现目标的方法极为简单，从现在开始，从你目前的学业和工作出发，完成你的原始积累。

凡是获得了成功的人都知道，进步是一点一滴不断地努力得来的。例如，房屋是由一砖一瓦堆砌成的，篮球比赛的最后胜利是由一次一次的得分累积而成的，商店的繁荣也是靠着一个一个的顾客在不停地购物过程中形成的，所以每一个重大的成就都是由一系列的小成就累积成的。"继续走完下一里路"的原则不仅对别人很有用，当然对你也很有用。对年轻人来讲，不管被指派的工作多么不重要，都应该看成是"使自己向前跨一步"的好机会。推销员每促成一笔交易，就为迈向更高的管理职位积累了条件。教授每一次的演讲，科学家每一次的实验，都是向前跨一步、更上一层楼的好机会。

有时某些人看似一夜成名，但是如果你仔细看看他们过去的历史，就知道他们的成功并不是偶然得来的，他们早已投入无数心血，打好坚固的基础了。那些暴起暴落的人物，声名来得快，去得也快。他们的成功往往只是昙花一现而已，他们并没有深厚的根基与雄厚的实力。

理想不同于妄想和幻想，目标要切实可行，行动要脚踏实地，这样，离你的梦想就不远了。

美国汽车工业巨头福特曾经特别欣赏一位年轻人的才能，他想帮助这个年轻人实现自己的梦想。可这位年轻人的梦想却把福特吓了一跳：他一生最大的愿望就是赚到10000亿美元——超过福特现有财产的100倍。

福特问他："你要那么多钱做什么？"

年轻人迟疑了一会儿，说："老实讲，我也不知道，但我觉着只有那样才算是成功。"

福特说："一个人果真拥有那么多钱，将会威胁整个世界，我看你还是先别考虑这件事吧。"

五年后的一天，年轻人告诉福特，他想创办一所大学，他已经有了10万美元，还缺少10万。福特这时开始帮助他，他们没有再提过那10000亿美元的事。

经过八年的努力，年轻人成功了，他就是著名的伊利诺斯大学的创始人本·伊利诺斯。

要赚够10000亿美元的梦想，已经到了狂想的地步，这个目标，只能让茫然的人更加茫然。我们关于梦想的勾勒应该是这样的：我目前拥有什么，我从哪里做起才能让自己的生活发生一些正面的变化。

当你长大逐渐成长之后，你会开始思考你的人生何去何从。

但是，你的某些梦想会成真，其他的会渐渐消失或改变，更有些会在你的眼前粉碎。在你的人生中，你可能必须要放弃一到两个梦想。可是你这么做的时候，其他的机会又会展现在你面前。

在很小的时候，约翰便梦想成为一位名作家。妻子对他的信心令他十分陶醉，妻子白天作秘书，晚上作裁缝师来维持日常生活，而约翰则日以继夜地创作他的第一本诗集。

约翰全心全意从事写作，等到完成时感到非常的自豪。他本想向全世界描述自己内心深处的梦想、希望和欲望，却发觉这个世界对之嗤之以鼻。他被退稿 12 次之后早就完全麻痹了，等到拒绝了 24 次，他坐在后院凉亭，重新评估人生目标的优先次序。

约翰开始想到妻子想要住在一栋红砖屋的梦想，以当时的财务状况而言，他们似乎永远达不到这个梦想，还好，后来约翰在一个广告公司内担任一个职位，他们竭尽所能节省每一分钱，不久便足够建筑他们的家园。

从某种意义上说，约翰放弃了成为诗人的梦想的机会，而迁就于另一个比较小的梦。然而，每当他亲眼看到妻子坐在门廊里缝制衣服，向邻居挥手致意时，他就觉得成为诗人未必就是个值得追求的伟大梦想。

约翰的经历告诉我们，当现实与梦想存在着巨大的差距的时候，你应当保留梦想，服从于现实。许多年轻人都常犯同样的错误，对生活提供的巨大的财富，只能收获到一点点，尽管未知的财富就近在眼前，他们却得之甚少，因为他们只一心盯着梦想的汽球，对身边的果子却视而不见。

务实的人都会为自己树立一个能够实现的目标，他们都知道，如果把目标定得过高，不但会使自己无法脚踏实地地工作，而且也发挥不出目标的激励作用。因为在当我们付出很多努力，但仍旧无法达到目标时，我们就会变得懒怠和灰心。只有为自己树立一个能够实现的目标，才可以使自己的航向明确，能脚踏实地去追求自己想要的生活。

那些已经有了足够阅历的人都知道，人生经常会有一些有趣的反差。当你一心立大志、成大事的时候，很可能终其一生也两手空空；当你暂时收起了雄心壮志，从身边小事开始行动时，反而会柳暗花明，出现了意想不到的好机遇。

不管你的梦想多么高远，还是应该先做触手可及的小事，你朝目标迈进的每一步都会增加你的快乐、热忱与自信。每天努力工作，你就会逐渐在心中激发出你相信每件事都会成功的绝对信心；每天的进步能让你去除恐惧，践踏怀疑，你会从积极的思考进展成为积极的领悟，没有一件事情可以阻挡得了你。

做事情脚踏实地最重要

走马观花得来的大概印象，和事物的真实面目总有一定的差距，我们可以犯错误，但是绝不可以被那种"想当然"的推论误导。

在现实生活中，有人常常幻想一鸣惊人、一夜暴富，他们总是眼高手低、只想不做，在他们的字典里，只有"如果"、"假如"、"要是"这些字眼，只做无意义的假设，没有实际的行动。他们总想着哪天自己在路上能够捡到一大笔钱，总想找到一个挣钱最快的工作，总想着自己买彩票能够中上一注，总希望自己赌马押宝似的可以咸鱼翻身。在他们的头脑里，只有幻想、空想，而没有理想和行动。

我们认识事物，总有一定的思维框架，这来自外界的影响和以前经验的参照。它们是有用的，但是，又可能使我们用它来对照复杂的对象时，陷入想当然的错误，所以，当你在作一项决定之前，一定要注意这与现实是否合拍。

20 世纪 90 年代，"要练字，找席殊"的广告语声名远播，"席殊"成了习字产业的第一品牌。就在席殊的书法函授班办得火热之际，席殊发现，随着电脑的不断普及，习字事业再往前拓展的空间已经很小了，学习书法的人开始逐渐减少，在低谷期到来之前，他要赶快寻找下一个发展目标。于是，席殊匆忙决定投资酱油厂。

"习字大王"席殊居然做起了酱油，并且立志要将酱油卖到大江南北，这真是让人匪夷所思。但席殊却固执地认为，酱油是老百姓天天都需要的东西，做起来会有更大的赚头，而且，那个时候全国酱油中还没有一个有影响力的品牌。他觉得，"席殊"在习字领域是第一品牌了，他知道如何操作有杀伤力的广告，他要把"席殊"这个品牌延伸到其他行业中去。

可是，席殊并不清楚"酱油的内幕"，等到染指酱缸，就像掉进了无底深渊，为了挽回败局，他只好不停地往里投钱，直到500万元投入了这个大酱缸，也仍不见起色。在实验室里做出的酱油样品，颜色好，味道好，还评上了几次国家金奖。但一进入大批量生产，就完全是两回事了，无论怎么折腾，就是折腾不出预想中的酱油来，最后只好惨淡收场。

席殊的思路并没有问题，酱油是中国人一日不可或缺的消费品，市场空间巨大，发展前景广阔，关键是在既没有技术优势又不清楚行业内幕的情况下，光凭一腔热情能不能就把事办成了？当大家都不遗余力地鼓吹创新和尝试的时候，只是不知谁能为没经过严密论证的创新负责。

有句俗话说，"隔行如隔山"。尽管社会生活中的各行各业是紧密地联系在一起的，但是每个行业之间存在着许多你看得见与看不见的隔阂和区别，每个行业都有其自身的经营之道。所以，无论你是久经商场，还是初出茅庐，如果你这次创业要涉足一个你自己并不熟悉的领域，一定要慎之又慎，绝对不能盲目从事。

认为自己万能的想法，肯定是荒谬的，而且相当危险。你在这个位置上如鱼得水，换一个地方，就很有可能放不开手脚。创造财富事业也一样，不要凭空想象，更不要轻易去尝试你一无所知的行业，只有经过认真详尽的分析调查之后再做决定，才是正确的态度。

被称为"烧鹅仔"的林伟成，1982年高中毕业后，拿着父母给的300元家底做本钱，在惠州市大角市场的一个破木棚里摆摊卖起了烧鹅。谁知忙活了一整天，九只烧鹅只卖出半只，其余的第二天变了味，本钱一下子失去一大块。19岁的林伟成初次经商，就遭遇挫折。

他很快从失败中找出了原因，就到广州拜师学艺，钻研烧鹅加工技术。

一年后，林伟成回到了惠州，又干起了卖烧鹅的营生。他的烧鹅色、香、味俱全，深受人们的青睐，烧多少便能卖多少，每天他的摊位前都排起长长的队伍。摆了一年多的小摊，便有了10万多元的积蓄。这时，不安分的他想往大了干，于是办起了一家快餐店。一年后，林伟成又经营起粤海酒家，经过十余年的艰苦创业,林伟成已在惠州餐饮界崭露头角,"烧鹅仔"几乎家喻户晓,成了惠州大有名气的老板。

正当林伟成立志要创中国餐饮名牌、做中国麦当劳的时候,上天却与他开了一个莫大的玩笑。1993年下半年,国家加强宏观调控,惠州绚丽的经济泡沫消退。原来天天食客盈门的生意每况愈下,亏损严重。为了挽回败局,林伟成投资6000万元开了一家大型商场和珠宝行,结果一败再败。他又开始涉足房地产,更是血本无归。仅仅一年的时间,林伟成十几年艰辛拼搏积累下来的资本亏空殆尽,且欠下2000万元的外债。

吃一堑,长一智。林伟成决定从头做起,当一名烧鹅仔。他首先到国家工商总局登记注册了自己的商标,然后自任主编,聘请有关专家编撰了长达20万字的《烧鹅仔集团酒店管理标准》,以此作为集团规范化管理的依据和员工的教材,踏踏实实重新创业。

栽下梧桐树,自有凤凰来,"烧鹅仔"独特的经营管理模式重新带来一场餐饮业的革命,也给自己招来了众多的合作伙伴。从西安到北京、天津、兰州、乌鲁木齐、郑州等地,烧鹅仔的连锁店可以说是遍地开花,而且走向了韩国与日本,从而使烧鹅仔东山再起,走向成功。

林伟成的创业之路一波三折,耐人寻味。但这里面有一条非常明晰的线索是:根据自身的条件和长处做事时则成功;头脑冲动、盲目投资时则失败。所以当你要做大事、赚大钱的时候,首先要确立方向,脚踏实地,寻找最适合自己的方式。

也许你常可以从一些报刊上,看到某些领导对一项错误的决策表态说:"这次我们花钱买了一个教训,以后要引以为戒,千万别犯类似的错误。"但是我们却没有花钱买经验的资本,跌一次跟头,搭进去的可能是半辈子的积累,所以我们更应该以审视的态度对待自己的结论。一定要克服急功近利的思想,要脚踏实地,把事先的准备工作落到实处,为了少犯错误,要注意对情况进行反复分析,并尽量收集新的资料加以检验,时时提醒自己,尽量避免被直观感觉的误导,不可以轻率地下任何结论。

心态的惊人力量

贪婪会使人生改道

欲望的永不满足，是不停地激励人们追求更高目标的动力，然而，过度的贪心往往会使人们迷失生活的方向，因此，凡事须适可而止。

贪婪是人性的恶习，贪得无厌者，终毁其身。贪婪往往给人造成精神上无休止的压力，最终导致无谓的伤害，损人不利己。

人的私心、贪婪、嫉妒，常使人跌倒，重重地跌在自己"恶念"的祸害里。人生的很多错误只在一念之间，而人生在贪婪这错误观念的支配下常发生转弯。如果一个人有太多的物欲和虚荣心，那么他在行走时，就会因为身背如此重负而寸步难行。

对财富的追求是无可厚非的，但终日为钱所累的人，可以说做了一生有钱的乞丐，成了金钱的奴隶。更有甚者为了钱耗尽其毕生的精力，到头来除了钱以外，一无所有。也许人们太在意对金钱拥有的多少，而忽略了其他，其实人间有许多无价之宝，没有任何土地或钱财能与这些无价之宝相比。如果我们想要以良好的心态、从容的步履走过人生的岁月，就不要表现得太贪婪。我们可以允许财富进入我们的屋内，但永远不要让它主宰我们的心灵。

在一场战争结束之后，有一个农夫和一个商人在街上寻找财物。他们同时发现了一堆没有被烧毁的羊毛，于是两人商议，将其分半，每人一份。分完之后，他们就踏上了归程。归途中，他们又发现了一些布匹，农夫将身上沉重的羊毛扔掉，选些自己扛得动的较好的布匹；贪婪的商人将农夫所丢下的羊毛和剩余的布匹统统捡起来，重负让他气喘吁吁、行动缓慢。走了没有多长时间，他们又看到一些银器，于是农夫扔掉了背着的布匹，将银器收拾了一些带走了。但是商人因为拿的东西太多没有办法弯腰，所以没有得到。这时，天降大雨，饥寒交迫的商人身上的羊毛和布匹被雨水淋湿了，他踉踉跄跄跄摔倒在泥泞当中，而农夫却一身轻松地回家了。后来他卖了银器，开创了自己的事业，幸福地过了一生。

古语说："人为财死，鸟为食亡。"人不能没有欲望，不然就会失去前进的动力，但人却不能太贪婪，因为贪欲是个无底洞，你永远也填不满。正如席慕蓉所说，金钱是一种有用的东西，但是，只有在你觉得知足的时候，它才会带给你快乐；否则的话，它除了给你烦恼和妒忌之外，没有任何积极的意义。

有些人认为社会是为自己而存在的，天下之物皆为自己所拥有。这种错误的价值观念使得他们"贪婪成性"。有贪婪之心的人，初次伸出黑手时，多有惧怕心理。一旦得手，便喜上心头，每一次侥幸过关对他都会产生一种行为的强化作用，不断刺激着那颗贪婪的心。有些人原来家境贫寒，或者生活中有段坎坷的经历，便觉得社会对自己不公平，一旦其地位、身份上升，就会利用手中的权力向社会索取不义之财，以补偿以往的不足，形成一种补偿心理。还有些人存在着攀比心理，看别人过得比自己好，物质生活比自己富裕，就会更贪婪地索取，以求平衡。

有一个穷人在田地里锄地，突然锄出一条小蛇，他不愿意打死它，就对它说："你快逃吧，不然让人看见了会被打死的，小蛇迅速地跑了。"

晚上，他做了一个梦，梦见一个白衣少年对他说："我是被你放生的小蛇，为了报答你，我可以帮你实现你的愿望。"穷人说："我能有什么愿望呢？只要能过上有衣穿，有饭吃、有房住的日子就行了。"小蛇说："这很简单，我给你一个盆，在盆里有一枚金币，你可以去盆里拿金币，每次拿一个，你永远也拿不完，但是要记住，不能太贪婪！"

穷人醒来，果然床前有一个小盆，里面有一个金币，他就拿金币，拿出一个，还有一个，金币不断地出现，他总也拿不完。

穷人高兴极了，他不停地拿啊，拿啊，金币越来越多了，足够他用的了，但他还不愿意停下来。他饿了，就想，拿了更多的金币以后就可以天天吃佳肴，他累了，就想，拿了更多的金币，以后就可以什么活都不用干了。

金币已经堆了很高很高了。他依然没有住手，他又累又饿，虚弱得快不行了。

他想：我不能停止，金币还在源源不断地出来，最后他实在坚持不住了，想扶着堆得高高的金币站起来，设想到，没站稳，身子一歪靠在金币上，大堆的金币倒下来，把他砸死了。

《圣经》上曾经说过，如果你得到的是整个世界，而丧失了自我的生命，那么，你也得不偿失。因贪婪得来的东西，永远是人生的累赘。贪婪轻则让人丧失生活的乐趣，重则误了身家性命。生活的压力越来越大，脸上的笑容越来越少，这或许便是贪婪的代价。

"身外物，不奢恋"，是思悟后的清醒，它不但是超越世俗的大智大勇，也是放眼未来的豁达胸襟。知足，才能常乐，才能免除恐惧与焦虑，只有这样，才能把自己从贪婪的精神桎梏中解救出来。谁能做到这一点，谁就会活得轻松，过得自在，遇事想得开，放得下。

《伊索寓言》里所说："有些人因为贪婪，想得到更多的东西，却把现在所有的也失掉了。"生命之舟载不动太多的贪婪，因此，要学会适时地放下，放下是一种觉悟，更是一种心灵的自由。

▶▶攀比会把你拖向烦恼的深渊

比较的心态，是人之常情。但是不要忘了，天外有天，人外有人。生活中的许多麻烦都源于盲目地和别人攀比，从而失去自我的人生方向，更忘记了人生的真正意义。

生活累，一小半缘于生存，一大半缘于攀比。在日常生活中，我们会往往不自觉地进行着各种比较。把自己的能力和他人对比：某人做生意赚了钱，某人仕途顺利，某人买了高级轿车，某人住进了豪华别墅……你觉得自己本来不比他们差，却不如他们风光体面！凡事都怕比，"不比不知道，一比吓一跳"，一攀比，自己的劣势就出来了，就容易发火、激动，就会产生不平衡的心理。如果因为怒火而失去理智，不择手段，毫无廉耻，膨胀自私贪欲之心，让身心陷入一种失控的状态中，无法接受这种巨大的反差，以及对自尊心的过度打击，此时因攀比而产生的痛苦会更强烈，那么就必然会产生一些意想不到的可怕后果。由此，你的人生必将陷入难以回旋的败局之中。

在现实生活中，我们要把握自己的心态，做自己心态的主人。其实，人生中的一些东西是无法改变的，比如对于出身，我们能够做的只有接受。而是否能够取得成就，我们完全可以通过自己的艰苦创业，努力奋斗去实现人生的自我价值，从而达到一种新的平衡，这才是值得称赞和庆幸的。

某校的教师小齐，安分守己的平静生活突然被同学的生日宴会给搅乱了。那一天，下了课的小齐和他的妻子拎着生日蛋糕就往同学家赶。看着昔日的老同学下海经商数年，已是小有名气，资产百万，有自己的别墅，开着宝马，一副成功者的气派，生日宴会上尽是社会上层的名人雅士。当然，那场生日宴会举办得很奢侈。

当小齐重返校园上课时就好像变了个人，整天心事重重，见人就诉苦。"这小子，有两下子，想当年上学那阵子，考试总不及格，作业老是抄别人的，自己压根就没做过，凭什么现在比我有钱？"他唠唠叨叨地说着，其他老师安慰他，"我们的工资虽比上不足，但是比下有余，钱够花了就行！"小齐更加气急败坏地说："够花？我整个一年的工资加到一起也比不上人家一天挣的钱……"

比较的心态，是人之常情。但是不要忘了，天外有天，人外有人。经济学家认为，我们越来越富，但是体会不到幸福，根本原因是，我们一味地和比自己强的人去比较，就会觉得生活很不幸福，甚至觉得糟糕透顶。确实如此，对于现代的许多人来说，如果只是单纯追求生活的幸福并不难，难的是他们往往追求的却是要比别人更幸福。

其实没有一个人的生活是完美无缺的，都会或多或少地存在着不足。有的人夫妻恩爱，月收入数万元，可惜身体不健康；有的人才貌双全，又非常能干，感情方面却非常坎坷；有的人家财万贯，却是子孙不孝。如果一个人总是拿自己的缺点和别人的优点相比，就会忽略自己的优点，只是看到自己不如别人的地方，当然会"人比人气死人"。如果一个人能客观地和别人相比较的话，结果肯定是一样的：比上不足，比下有余。

据研究表明，一个人的幸福指数与攀比别人是成反比的。我们周围的很多人都感到生活太累，其实并非穷得生活不下去，而是跟别人比起来觉得差距太大，心理失衡所致。如果我们能用一种积极的态度去和别人比较，不如别人时便积极进取，争取更上层楼；比别人强时便谦虚谨慎，乐观待人，岂不更好？

从前有一个好人，死后上了天堂，上帝召见他，特准他再投胎一次，上帝问他："你再去人间，你希望得到什么？"他回答："金钱、学识、名利、美貌、家庭、儿女，我希望我拥有的一切都能让世人羡慕。"

上帝笑着说："如果人间真有这么美好的事，那么这位子让给你，我也要去投胎！"

从某种意义上讲，能来到这个世界本身就是一种幸运，能有一个健康的身体则是最大的幸运。每一个人把自己做好是最重要的，最好不要与别人比高低、比大小。一味和比自己强的人比，结果由于心灵的弦绷得太紧，损耗精神，很难有大的作为。

其实，把自己与别人相比是毫无意义的，因为你根本不知道别人在生活中的目标与动力以及别人独一无二的能力，别人有别人的才干，你有你的才干。我们常常认为才干就是音乐、艺术或智力方面的天赋，但实际上我们人人都有奇妙的、自己仍在忽视的才干，诸如激情、耐力、幽默、善解人意、交际才能等，它们是有助于我们取得成功的强有力工具，一个人只要在自己从事的专业领域中有所成就，便不虚此生。

不沉溺于过去，把注意力放在下一次考验上

沉溺于过去，只能让我们失掉现在。过去已成为历史，所以要尝试着忘记过去，坦然地面对过去，勇敢地面向未来，才能成为生活的强者。

我们都要由昨天走到今天，再由今天走向明天。很多时候，我们站在今天，总是无休止地为既往的过错耿耿于怀，为昨天已成历史的挫折郁郁寡欢，永远走不出失败留下的阴影。其实，我们都是常人，人生不如意之事十之八九，不管昨天你是成功还是失败，都已成为过去，虽然它会对你的今天和明天有所影响，但已不能成为最终的决定因素，因此，不要沉溺于过去，过去已成为历史。所以要尝试着忘记昨天，坦然地面对过去，勇敢地面向未来，才能成为生活的强者。

每个人都有过失去，但对其所持的心态却不同。有的人总是向他人反复表明他失去的东西有多么好、有多么珍贵。有的人则不同，比如，他们在失去了原有的工作之后，不是一味地伤感，而是主动寻找新的工作。他们相信，失去并不意味着失败，失去后还可以重新拥有。这才是成功者应具备的心态。

英国前首相劳合·乔治有一个习惯——随手关上身后的门。有一天，乔治和朋友在院子里散步，他们每经过一扇门，乔治总是随手把门关上。"你有必要把这些门关上吗？"朋友很是纳闷。"哦，当然有这个必要。"乔治微笑着对朋友说，"我这一生都在关我身后的门。你知道，这是必须做的事。当你关门时，也将过去的一切留在后面，不管是美好的成就，还是让人懊恼的失误，然后，你才可以重新开始。"

朋友听后，陷入了沉思中。乔治正是凭着这种精神一步一步走向了成功，

踏上了英国首相的位置。

"我这一生都在关我身后的门！"多么经典的一句话！从昨天的风雨里走过来，身上难免沾染一些尘土和霉气，心中多少留下一些酸楚的记忆，这是不能完全抹掉的。我们需要总结昨天的失误，但我们不能对过去了的失误和不愉快耿耿于怀，因为伤感也好、悔恨也罢，都不能改变过去，不能使你更聪明、更完美。如果总是背着沉重的怀旧包袱，为逝去的流年伤感不已，那只会白白耗费眼前的大好时光，那也就等于放弃了现在和未来。

有一天，老禅师带着两个徒弟，提着灯笼在黑夜行走。一阵风，灯灭了。"怎么办？"徒弟问。"看脚下！"师父答。当一切变成黑暗，后面的来路，与前面的去路，都看不见，如同前世与来生，都摸不着。我们要做的是什么？当然是："看脚下，看今生！"

把过去的一切甩在身后，也就是卸下心头的包袱，才会更好地重新开始新的生活。一个不受过去干扰的人，就像画家手中一张干净的纸，更能画出美妙的图画来。因为是崭新的开始，就需要付出全部的努力，需要认真地对待，需要一丝不苟地去应对每一个环节和细节，这样往往更能把事情做好。

不可能只存在于你的心中。面对复杂的工作，恐惧和退缩都于事无补。无论在任何时候，你都要坚信，别人能做到的，你也能做到，甚至还比别人做得更好。只要你心存希望，满怀信心，太阳每一天都是新的。

有一个叫秦裕的奥运会柔道金牌得主，在连续获得 203 场胜利之后却突然宣布退役，而那时他才 28 岁，因此引起很多人的猜测，以为他出了什么问题。其实不然，秦裕是明智的，因为他感觉到自己运动的巅峰状态已经过去，而以往那种求胜的意志也迅速减退，这才主动宣布撤退，去当了教练。

应该说，秦裕的选择虽然有些无奈，然而，从长远来看，这也是一种如释重负、坦然平和的选择，比起那种硬充好汉者来说，他是英雄，因为他消失于人生最高处的亮点上，给世人留下的是一个微笑。

只要你心无挂碍，什么都看得开、放得下，你就会感谢生活。因为我们是如此平凡，却又如此幸运。生命的价值永远都不能简单地用世人所谓的得失成败来衡量，因为生命是否有意义，最关键的在于个体的自身体验，"如人饮水，冷暖自知"，任何外在的标准都不能够妄加评判。无论是成是败，只要我们体验过了，本身就是一种成就。往事已矣，抬头看，向前走，路才会更宽。

▶隐藏不等于从此被埋没

退是为了更好地前进，以退为进是一种成功的策略，暂时放弃某些有碍大局的目标是为了最后实现更大的成功。这退中本身已包含了进的含义，这种退更是一种进取的策略。

很多人之所以只选择不放弃，只知进不知退，根本原因是他们放不下面子和架子。暂时的退后，无疑会招来非议或嘲笑，而他们的面子容不得半点嘲笑，只有一味地勉强硬撑下去。但是，暂时退却，是养精蓄锐，等待时机。这样的退后再进会更快，更好，更有效，更有力，在某些时候，退一步路更宽。

俗话说："真人不露相。"如果不懂得退避，表现得太突出，只能遭到忌恨和破坏。只有那些大智若愚的人，才懂得巧妙退让，适时地低头，给人让路，也给自己选择了一条更为畅通的路。退是为了以后再进，暂时放弃某些有碍大局的目标是为了最后实现更大的成功。这退中本身已包含了进的含义，这种退更是一种进取的策略。

维斯卡亚公司是美国 20 世纪 80 年代最为著名的机械制造公司，其产品销往全世界，并代表着当今重型机械制造业的最高水平。许多人毕业后到该公司求职遭拒绝，原因很简单，该公司的高技术人员爆满，不再需要各种高技术人才。

詹姆斯和许多人的命运一样，在该公司每年一次的用人测试会上被拒绝申请，詹姆斯并没有死心，他发誓一定要进入维斯卡亚重型机械制造公司。于是他采取了一个特殊的策略，假装自己一无所长。

他先找到公司人事部，提出为该公司无偿提供劳动力，请求公司分派给他任何工作，他都不计任何报酬来完成。公司起初觉得这简直不可思议，但考虑到不用任何花费，也用不着操心，于是便分派他去打扫车间里的废铁屑。一年来，詹姆斯勤勤恳恳地重复着这种简单但是劳累的工作。为了糊口，下班后他还要去酒吧打工。这样虽然得到老板及工人们的好感，但是仍然没有一个人提到录用他的问题。

一九九〇年初，公司的许多订单纷纷被退回，理由均是产品质量有问题，为此公司将蒙受巨大的损失。公司董事会为了扭转颓势，紧急召开会议商讨解决方案，当会议进行一大半却尚未见眉目时，詹姆斯闯入会议室，提出要直接见总经理。在会上，詹姆斯把对这一问题出现的原因做了令人信服的解释，并且就工程技术上的问题提出了自己的看法，随后拿出了自己对产品的改造设计图。这个设计非常先进，恰到好处地保留了原来机械的优点，同时克服了已出现的弊病。总经理及董事会的董事见到这个编外清洁工如此精明在行，便询问他的背景以及现状。詹姆斯面对公司的最高决策者们，将自己的意图和盘托出，经董事会举手表决，詹姆斯当即被聘为公司负责生产技术问题的副总经理。

原来，詹姆斯在做清扫工时，利用清扫工到处走动的特点，细心察看了整个公司各部门的生产情况，并一一做了详细记录，发现了所存在的技术性问题并想出解决的办法。为此，他花了近一年的时间搞设计，做了大量的统计数据，为最后一展雄姿奠定了基础。

俗话说，退一步路更宽。这里所说的退是另一种方式的进。以退为进，由低到高，既是自我表现的一种艺术，也是生存竞争的一种方略。在一般的情况下，人们在竞争初期总是十分谨慎地保护自己，做到尽可能地不露声色，巧妙隐藏自己的过人之处，才能够在动荡中幸存，这样，便可以使自己较好地避免在竞争中受到别人及对手的"攻击"。

许多刚从学校毕业的年轻人,不懂得这种心理,总是夸耀自己的学历、本事和才能,希望自己能早日被重用。其实,往往事与愿违。明智的做法是:先降下身份和面子,甚至让别人看低自己,克制自己的欲望和冲动,更不应当过早地暴露自己的才华,逐渐积蓄自己的实力,当你默默无闻的时候,你会因一点成绩一鸣惊人,这就是深藏不露的好处。然后再寻找机会全面地展现自己的才华,在知己知彼的情况下,获得竞争中的主动权。

在山区有一种鸟捕鱼的技术十分高明。这种鸟体态十分轻盈,浑身羽毛油黑发亮,像一个小精灵。它在岸边的枝头上停下的时候,头颈的转动频率之快十分惊人,大约一秒钟就有三次左右。这样做的目的,是不放过任何一次猎物出现的机会。果然,它瞄准了一处深水湾,那里鱼儿成群,正在来回游动。它得意地用嘴整理一下羽毛,而后挺直身子,子弹一样射向正对深水湾的空中,稍一停顿,又炮弹一样"嘟"地一声扎进水湾。

我们一定以为它在这一瞬间会叼起一条鱼来的,其实错了——它是直入水底后迅疾将身子收作一团,蜷缩在湾底的砂石上。起初被惊得四散而逃的鱼儿见无什么动静后,又慢慢围拢过来,好奇地看着那团射进水里的、在阳光下显得十分怪异的东西,有的鱼儿甚至凑过去试探地叮咬几下,希望那是一团美味。

此时的它,看似不动声色,其实正微张双眼四下观望。很快就瞄定了一条又大又肥的鱼儿。待这条大鱼游到它攻击的最佳位置时,便从湾底展开身子,箭一般射出去。那鱼儿尚未反应过来,便被它叼住,蹿离水面,落在岸边的枝头上。

后退几步,冲力更大,成功的希望可能更大,人生的进退之道也是这样。如果太迫切达到目的,也许会落得白白增添烦恼而又不能达到目的,而以退为进,表面上看是懦弱,而实际上是一种进攻,可能会有更大的成功。

真正成大事的人是不会强出头的,他们的心机在于暂时低头,放下面子和身架,以退为进,走一条曲线成功之路。一方面和旁人维持着和谐的关系,避免受伤害;另一方面透过冷静的观察,掌握大环境的脉搏,觉得自己的条件在各方面与其他竞争对手比较，有取胜的可能，于是，便当仁不让地冲上前去，自然便可英雄大显身手了。

▶控制好自己的情绪，小心让人乘虚而入

要想在社会上安身立命，如果太轻易暴露自己的情感就很容易受到伤害，所以要学会保护自己，善于运用理智，将情绪引入正确的表现渠道，用理智控制情感。

一个不会愤怒的人是庸人，一个只会愤怒的人是蠢人，一个能够控制自己情绪、做到尽量不发怒是一个聪明有修养的人。一个人的涵养来源于他的修养，有修养的人善于运用理智控制自己的情绪。遇事不冷静的人，绝不是一个有修养的人。生活中，面对不同的环境，不同的对手，有时候采用何种手段已不太关键，而如何保持好自己的情绪才至关重要。

要在社会上安身立命，如果太轻易暴露自己的情感就容易受到伤害，人应该学会保护自己，不同的人对人对事的态度会不同，掌握一定权力的人，把自己的喜怒经常流露给下级，下级则会投其所好，而掩盖事物真正的本质。普通人过于直率地表露自己的情感，则显得肤浅，也容易开罪于人。所以要忍耐住自己的情绪，不要过多地暴露出来。因为这关系到你能否在社会上游刃有余地生存的问题。

克制，乃为人的一大智慧，对于一个成功的开拓者来说，它既是实现既定目标的保证，又是取得更大成功的起点。

有一位爱尔兰人名叫欧·哈里，他所受的教育不多，可是很爱抬杠。他当过汽车推销员，后来因为推销不成功而来求助于卡耐基。听了几个简单的问

题以后，卡耐基就发现他老是跟顾客争辩。如果对方挑剔他的车，他立刻会涨红脸大声强辩。欧·哈里承认，他在口头上赢得了不少辩论，但并没能赢得顾客。他说："我走出人家的办公室时总是对自己说，我总算整了那个混蛋一次。我的确整了人一次，可是我什么都没有能卖给他。"

欧·哈里后来是纽约怀德汽车公司的明星推销员。他是怎么成功的？他这样说："如果我现在走进顾客的办公室，而对方说'什么？怀德卡车？不好！你要送我我都不要，我要的是何赛的卡车。'我会说：'老兄，何赛的货色的确不错，买他们的卡车绝错不了。何赛的车是优良产品。'这样他就会无话可说了，没有抬杠的余地，他只有住嘴了。他总不能在我同意他的看法后，还说一上午的'何赛车子最好'之类的话吧。我们接着不谈何赛，我就开始介绍怀德汽车的优点。直到他认可了我们的汽车，我就做成了生意。"

在一些日常小事上，人们的修养如何，最能体现出他的水准。我们应该学会适时地调控自己的情绪，把握好分寸，做自己情绪的主人。

人需要冷静，冷静使人理智稳健，冷静使人宽厚豁达，冷静使人有条不紊，冷静使人高瞻远瞩。在一个浮躁、善变、功利的社会中，尤其需要一位冷静者，冷静的习惯有助于我们消除自己的浮躁心，可以让自己真正宁静下来后再投入社交、投入工作、投入事业。冷静的习惯是我们处事的好帮手。

洛克菲勒曾有一件很有趣的逸事：有一位不速之客突然闯入他的办公室，直奔他的写字台，并以拳头猛击台面，大发雷霆："洛克菲勒，我恨你！我有绝对的理由恨你！"接着，那暴客恣意谩骂他达10分钟之久。办公室所有职员都感到无比气愤，以为洛克菲勒一定会抄起墨水瓶向他掷去，或是吩咐保安员将他赶出去。然而，出乎意料的是，洛克菲勒并没有这样做。他停下手中的活，用和善的神气注视着这位攻击者，那人越暴躁，他便显得越和善！

那无理之徒被弄得莫名其妙，他渐渐平息下来。因为一个人发怒时，遭不到反击，他是坚持不了多久的。于是，他咽了一口气。他是做好了来此与洛克菲勒作斗争的，并想好了洛克菲勒将要怎样回击他，他再用想好的话语去反驳。但是，洛克菲勒就是不开口，所以他不知如何是好了。

最后，他又在洛克菲勒的桌子上敲了几下，仍然得不到回应，只得索然无味地离去。洛克菲勒呢？他就像根本没发生过任何事一样，重新拿起笔，继续他的工作。

天下能成大事业的，都是一个理智的聪明人，他们能够控制自己的坏情绪。不理睬他人对自己的无礼攻击，便是给他最严厉的迎头痛击！成功者每战必胜的原因，就是当对手急不可耐时，他们依然故我，显得相当冷静与沉着。

情绪时时刻刻都伴随着我们，我们虽然无法做到心如止水，没有丝毫情绪的波澜，但我们却应学会善于运用理智，将情绪引入正确的表现渠道，使自己按理智的原则控制情绪，用理智驾驭情感。当我们过于注意微不足道的一点点小事时，愤怒的情绪犹如人体中的一枚定时炸弹，随时都可能造成无法弥补的后果。在关键时刻不能让怒火左右自己的情绪，不然你会为此付出惨痛的代价。

一个人总会遇到各种各样的变化，如何在变化的过程中，理智地处理各种事情，做到不感情用事是至关重要的，要干大事的人应当提高自己控制情绪的能力。能驾驭自己的情绪，才能真正驾驭自己。这样，对身体健康和事业发展都有着莫大的帮助。

▶▶成功讲究储备，心太急了不成

要获得成功的人生，控制好自己的步调是必须的，创业需要激情，打牢基础需要的却是耐性。成功要讲究储备，仓库里的东西越充足，成功的机会就越大，也才可能走得更远。

当我们给了自己一个正确的定位，充满信心地走在成功的道路上时，一定要对在未来可能遭遇到的一切问题有个心理准备。从一无所有到建立起自己的事业基础，不是可以一蹴而就的事情，这就要求我们在成功之前的黯淡时光里，要有坚持到底的信心和勇气。

为了让自己不轻易动摇，我们必须要对"长久的快乐"和"暂时的快乐"有个清醒的认识。如果不喜欢种树的辛苦，而只喜欢享受果子的甘甜，那么，吃完手里的果子之后，下一步就是对着空空的树杈发呆了。要获得成功的人生，控制好自己的步调是必须的，创业需要激情，打牢基础需要的却是耐性。

传说，有两个人偶然与酒仙邂逅，一起获得了神仙传授的酿酒之法：米要端阳那天饱满起来的，水要冰雪初融时的高山流泉，把二者调和了，注入深幽无人处千年紫砂土铸成的陶瓮，再用初夏第一张看见朝阳的新荷覆紧，密闭七七四十九天，直到鸡叫三遍后方可启封。

就像每一个传说里的英雄一样，他们历尽千辛万苦，找齐了所有的材料，把梦想一起调和密封，然后潜心等待那个时刻。这是多么漫长的等待啊！

第四十九天到了，两人整夜不寐，等着鸡鸣的声音。远远地，传来了第一声鸡鸣，过了很久，依稀响起了第二声。然而，该死的第三遍鸡鸣迟迟没有来。其中一个再也忍不住了，他打开了他的陶瓮，迫不及待地尝了一口，就惊呆了：天哪！像醋一样酸。大错已经铸成不可挽回，他失望地把它洒在了地上。

而另外一个，虽然也是按捺不住想要伸手，却还是咬着牙，坚持到了第三遍响亮的鸡鸣。舀出来一抿，大叫一声：多么甘甜清醇的酒啊！

只差那么一刻，"醋水"没有变成佳酿。许多成功者，他们与普通人的区别，往往不是机遇或是更聪明的头脑，只在于后者多坚持了一刻——有时是一年，有时是一天，有时，仅仅只是几分钟。

有人曾说，世上只有两种人，用一个简单的实验就可以把他们区分开来。假设给他们同样的一碗小麦，一种人会首先留下一部分用于播种，然后再考虑其他问题；而另一种人则不管三七二十一，把小麦全部磨成面，做成馒头吃掉。

我们每个人都想做一个成功的人、优秀的人，只不过在馒头的引诱下，我们失去了忍耐的性子。成功是要讲究储备的,仓库里的东西越充足,成功的机会就越大,也才可能走得更远。成功的路是那样的遥远与艰辛,口袋里的馒头固然可以令我们在启程以后跑得飞快,不过吃了眼前的,恐怕就没法指望下一顿了。馒头中的热量终究有一天会消耗殆尽,没有播种我们就没有支持,没有粮食的保证,我们将过早地凋谢。

有两位学法律的大学生,一个毕业以后就去了律师事务所工作,而另外一个则选择继续学习深造。他们毕业的时候,才 23 岁。转眼 10 年过去了,那个参加工作的同学已经成了鼎鼎有名的大律师,而继续深造的另一个同学也结束了学习生涯,跨入了律师的行业。到他们都是 35 岁的时候,这位 33 岁才成为律师的同学已经和做了 12 年律师的另一位同学做得一样好,一样有名。可是到了 43 岁,也就是他们毕业 20 年,后者由于 10 年深造积累的知识不断地派上用场,生意越做越好;而前者却由于自己的知识所限,跟不上时代的潮流而日渐沉寂下来。

寻求事业的成功和求学其实是一个道理,想求速达,就难以把事业办扎实。早熟便是才,大器必然晚成。是的,在我们这个世界上,一日暴富、一夜成名的事例也有,但毕竟这只是一个偶然,代替不了世间的大道。许多成功者的成长之路其实无比的平淡,没有新闻、没有传奇,他们依靠自己扎扎实实的努力,最终换来让人瞩目的成就。

哲学家告诉我们,世间的任何一件事情,都有它的不二法门。不论什么时候,一切急功近利的思想与行为都是一种短视,都是非常有害的。成功也有它的不二法门,那就是:一定要目光长远,而不要只盯着眼前的一点点利益,要学会朝着目标不停顿地努力,这是成功的唯一选择,也是最好的选择。实现你人生的最大价值,让进取心、理想和梦想变成触手可及的现实,这才是人生最大的利益。

保持低调，不咄咄逼人

真正的成功者，尤其是一个才华横溢的成功者，他懂得适时地显露才华，让才华含而不露，并有所节制，在有效地保护自我后，才能充分发挥自己的才华，而后走向成功。

成功的智者懂得藏锋露拙，待时而动，自己的才华与锋芒平时都含而不露，当需要时，适时地显露自己的才华，成就一番大事，在成功后懂得激流勇退，舍得功名利禄。所谓"花要半开，酒要半醉"，当你志得意满时，且不可趾高气扬、目空一切、不可一世，要战胜盲目骄傲自大的病态心理，凡事不要太张狂、太咄咄逼人，让才华含而不露，适可而止，有所节制，在有效地保护自我后，又能充分发挥自己的才华，这是做人的一条重要原则。

在生活中我们不难发现，那些口若悬河、好出风头、心中藏不住半点秘密的人非常浅薄，时间长了也令人反感乃至厌恶。相反，那些看来口齿笨拙或者总是隐藏自己才干的人，却往往成竹在胸，计谋过人，更容易成功。过去说"宰相肚里能撑船"，是说大人有大量，这大量也包括深藏不露，胸中自有百万雄兵，能藏得住秘密，不轻易显山露水。

大家读过《三国演义》后可能注意到，刘备死后，诸葛亮好像没有大的作为了，不像刘备在世时那样运筹帷幄，满腹经纶，锋芒毕露了。在刘备这样的明君手下，诸葛亮是不用担心受猜忌的，并且刘备也离不开他，因此他可以尽力发挥自己的才华，辅助刘备，打下一份江山，三分天下而有其一。刘备之后，阿斗即位。刘备当着群臣的面说："如果这小子可以辅助，就好好扶助他；如果他不是当君主的材料，你就自立为君算了。"诸葛亮顿时冒了虚汗，手足无措，哭着跪拜于地说:"臣怎么能不竭尽全力,尽忠贞之节,一直到死而不松懈呢?"说完,叩头流血。刘备再仁义,也不至于把国家让给诸葛亮,他说让诸葛亮为君,怎么知道没有杀他的心思呢?因此,诸葛亮一方面行事谨慎,鞠躬尽瘁,一方面则常年征战在外,以防授人以"挟制"的把柄。而且他锋芒大有收敛,故意显示自己老而无用,以免祸及自身。这是韬晦之计,收敛锋芒是诸葛亮的大聪明。

凡是鲜花盛开娇艳的时候,不是立即被人采摘而去,就是衰败的开始。人生也是这样。当你志得意满时,切不可趾高气扬、目空一切、不可一世,这样你不被别人当靶子打才怪呢!

所以,无论你有怎样出众的才智,也一定要谨记:一半多于全部。在大多数的情况下,才不可露尽,力不可使尽。即若有知识,也应适当保留,这样,你会加倍地完善。永远保存一些应变的能力,适时救助比全力以赴更值得珍贵。深谋远虑的人总能有效地保护自己,稳妥地驾驭航船,从而才更稳妥地走向成功。

有一位现已年逾七旬的低调"穷人"。他自己开车,衣服总是穿破为止;最喜欢的运动不是高尔夫,而是桥牌;最喜欢吃的不是鱼子酱,而是玉米花。人们常爱谈论豪宅,他住的是在 1957 年用 3.1 万美元买下的纳布拉斯加州屋子。

五十多年来,他一直住在奥马哈的这一幢房子里。灰色粉刷的外墙无形中也反映出他处事的态度——非常的低调。有趣的是,所居住的地区还被当地政府列为"有损市容"的地方。在香港出差的时候,他还用宾馆赠的优惠券。对财富有他自己的理解,他认为,财富来自于社会,早晚它还应当回报于社会。他告诫儿女不要期望在他身后获得巨额遗赠,因为他不想让他们坐享其成,更不想让他们毁于财富。2006 年,他将自己财富的一半以上,约 300 亿美元捐给了比尔·盖茨及其妻子建立的"比尔与梅琳达·盖茨基金会"。

如今大多数时间里,他深居简出,躲在奥马哈的家中,除了家人,连个助手都没有;他的车牌上还标着"节俭"的字样;他的佣人,两周才来一次。他创办的公司之一凯特威广场第14层的伯克希尔公司，尽管它富得流油，但全体人员仅有11人，这里没有诸如门卫、司机、顾问、律师之类的职位。

他就是身价400多亿美元的世界第二富豪当沃伦·巴菲特！低调做人，高调做事，正是沃伦·巴菲特成功的所在。

低调做人，就是当一个人的成就发展到巅峰时，应保持清醒的头脑，克服浮躁，居安思危，自我警觉，更应该具有一颗防人之心，所谓"明枪易躲，暗箭难防"。如果到处张扬就容易招致妒忌，有损于实力，因此，低调是保存自己的实力、积累自己的底蕴，低调可以使自己没有高高在上的感觉，可以保护自己、融入人群，与人和谐相处，在不显山不露水中成就了自己的事业。低调是一种成功者的大智慧、大境界。

▶正确地估价自己，不要在"潮流"中迷失方向

这是一个崇尚成功、鄙视贫弱的时代，我们所能获得的讯息，大都在传播后进者的弱点。那么小人物的优势又在哪里呢？踏实、坚韧、经得起摔打的性格，和不走出来就没有饭吃的压力，都是他们最宝贵的财富，也是他们成功的根本。

许多成功人士都表示，贫穷是父母亲所留下来的最大的财产，因为贫穷，发愤图强才成了唯一的出路。两千多年前，孟子就有过"天将降大任于斯人也，必先苦其心志，劳其筋骨，饿其体肤"的人生定论，困窘的环境，本身就是一种素质训练，能从中站起来的人，已经与成功十分接近了。

日本歌手千昌夫，在兄弟三人之中排行老二，小学三年级时父亲病故，全家人以母亲的积蓄勉强维持生计。但因为实在太穷而无力支付电费，常常被

停电，没办法，全家只好靠蜡烛照明。即使现在，他每当看到蜡烛，眼前就浮现当年贫困生活的情景。所以，他甚至讨厌看到餐桌上的蜡烛。千昌夫初中毕业升入高中，心里仍旧充满贫困艰辛的感觉，这种感觉，促使他产生渴望获得成功的雄心。高中二年级春假的一天，他独自一人乘夜间列车离家出走，以做歌手为目标直奔东京。之后，拜作曲家远藤实宅为师，历经磨难与痛苦，终于成为如今风靡全国的歌手。

有了立足的事业之后，千昌夫积极投资创业，如今是一位在夏威夷毛伊岛有一幢豪华饭店的实业家。

一无所有的人，因为他对自己的过去并没什么可留恋的，也就不怕打破旧时的生活框架而重新开始。这中间，弱者有可能被生活重担压弯了腰，击破了梦，强者却可以将压力化为动力，以一种誓不回头的勇气，开始自我拯救。

那些已经走出第一步的人会发现，自己在困苦之中培养出来的坚韧的性格，是一笔可以使用终生的财富。那种简单的、不断重复的生活造就了他们吃苦的性格。在他们看来，只有享不了的福，没有受不了的罪。这种吃苦的本性纵有逆来顺受的味道，但却是获得成功的很重要的资本。

某招聘会上，公司主管想招一名部门经理，选来选去，最后只剩下甲和乙两个选手。为了选择一个更适合公司发展的职员，他给他们出了一道题，如果公司买了筐苹果，可是苹果有好多烂的，谁也不可能两天吃完。现在这两筐苹果就在这儿，你们拿回去吃吧，一个月后你们再来，给我答复。

一个月后，甲和乙都回来了，向主管经理说明了自己是怎么做的，甲不慌不忙地说："苹果发到我手里就有一半在烂，我就先选烂的吃，吃到最后还是烂的，一筐苹果没吃到一个好的——我已经拉了半个月肚子了。"

主管经理笑着问甲："既然吃苹果是让你这么痛苦，你为什么还要吃呢？"

甲答："不管怎么说，吃苹果是公司考验我的题目，不吃等于辜负了公司的好意。"

主管经理又问乙说："你是怎么处理那一筐苹果的，难道也选先烂的吃？"

乙说："不。那筐苹果到我手里也有一半在烂，我先选好的吃，到选不出来的时候，我连筐子一起丢了。"

甲乙两人是从百名应聘者之间选出来的佼佼者。听了甲与乙的话，主管经理慎重地想了又想，乍一看，甲这种人走上社会是难以有出息的，因为他的思维是属于封闭型的，不可能开创什么事业。其人生态度是悲观消沉的，这种人生观与时代格格不入，但实际上，甲虽然有逆来顺受的性格，但他有一种吃苦在前，享乐在后的精神，这样的人不会寅吃卯粮，换句话说，他把人生的理想和追求都放在以自己的吃苦和拼搏去换取上，还是有前途的。

而乙看上去是处事有主见，有魄力，思想方法独特，有开拓创新精神，有健康积极的生活态度，但是他的实用主义作风害了他，使他凡事看得比较近，做出的成绩也有限。

于是，主管经理决定选择第一个人担任部门经理的角色。

一晃五年过去了。两个应聘者的前途果然不出主管经理的预料，甲不仅在工作岗位上干得出色，而且马上就要提升了；而乙，有消息说，还在想换工作，碌碌奔波于一个个新的单位之间。

社会在进步，要与国际接轨，谁知首先完成的，却只是词汇上的对接。人家创新咱们也创新，人家开拓咱们也开拓，长此以往，就逐渐忘记了自己是谁。先贤教育我们：不管黑猫白猫，能抓耗子的就是好猫。看起来思想先进、态度积极的不一定就是人才，传统有传统的稳妥与扎实。从什么样的苹果开始吃不要紧，要紧的是先清理一下急功近利的浮躁。

感谢那位明智的主管经理，他给了有穷人意识的人一个机会，也给了我们一个新的启示，无论怎样，事业是做出来的而不是说出来的，辛勤耕耘的人，永远都有市场。

"好事多磨"，"不受磨难不成佛"，大凡伟大的事业都是在艰巨的磨难中完成的。一个人生活太优裕，道路太顺畅，未经磨难，未经人生路上的摸爬滚打，一旦遭到坎坷和挫折，往往会一筹莫展，驻足不前，甚至长期地沉沦在苦闷之中。

恰如温室里的花朵一般，未曾经风雨见世面，未曾形成你的独立自主的能力，也就没有任何承受折磨的心理准备和经验积累。而一个历尽沧桑、饱经风霜的人则不同，他是在磨难和挫折里长大和成熟起来的，他已经具备了应付挫折的心理承受力和驾驭生活的能力，面对人生事业中的大小磨难，他无所畏惧，勇往直前，凭着坚强不屈的意志，战胜挫折，取得了事业的成功和人生的幸福。